Spitzer ▪ Bertram

Hirngespinste

Manfred Spitzer ■ Wulf Bertram

Hirngespinste

Die besten Geschichten über unser wichtigstes Organ

Schattauer

Prof. Dr. Dr. Manfred Spitzer
Universität Ulm
Psychiatrische Klinik
Leimgrubenweg 12–14
89075 Ulm
manfred.spitzer@uni-ulm.de

Dr. med. Dipl.-Psych. Wulf Bertram
Arminstraße 25
70178 Stuttgart
w.bertram@klett-cotta.de

Bibliografische Information der Deutschen Nationalbibliothek
Die Deutsche Nationalbibliothek verzeichnet diese Publikation in der Deutschen Nationalbibliografie; detaillierte bibliografische Daten sind im Internet über http://dnb.d-nb.de abrufbar.

Besonderer Hinweis
Die Medizin unterliegt einem fortwährenden Entwicklungsprozess, sodass alle Angaben, insbesondere zu diagnostischen und therapeutischen Verfahren, immer nur dem Wissensstand zum Zeitpunkt der Drucklegung des Buches entsprechen können. Hinsichtlich der angegebenen Empfehlungen zur Therapie und der Auswahl sowie Dosierung von Medikamenten wurde die größtmögliche Sorgfalt beachtet. Gleichwohl werden die Benutzer aufgefordert, die Beipackzettel und Fachinformationen der Hersteller zur Kontrolle heranzuziehen und im Zweifelsfall einen Spezialisten zu konsultieren. Fragliche Unstimmigkeiten sollten bitte im allgemeinen Interesse dem Verlag mitgeteilt werden. Der Benutzer selbst bleibt verantwortlich für jede diagnostische oder therapeutische Applikation, Medikation und Dosierung.
In diesem Buch sind eingetragene Warenzeichen (geschützte Warennamen) nicht besonders kenntlich gemacht. Es kann also aus dem Fehlen eines entsprechenden Hinweises nicht geschlossen werden, dass es sich um einen freien Warennamen handelt.

Schattauer
www.schattauer.de
© 2020 by J. G. Cotta'sche Buchhandlung
Nachfolger GmbH, gegr. 1659, Stuttgart
Alle Rechte vorbehalten
Printed in Germany
Cover: Bettina Herrmann, Stuttgart
unter Verwendung einer Abbildung von © shutterstock/Anita Ponne
Gesetzt von Kösel Media GmbH, Krugzell
Gedruckt und gebunden von Friedrich Pustet GmbH & Co
Lektorat: Ruth Becker, Tübingen
Projektmanagement: Dr. Nadja Urbani, Stuttgart
ISBN 978-3-608-40042-7

Auch als E-Book erhältlich

Unseren Lehrern

Thure von Uexküll
Ursula Plog
Klaus Dörner
Michael von Cranach
W. B.

Peter Clarenbach
Brendan Maher
Manfred Neumann
Friedrich Uehlein
M. S.

Vorwort

Der Duden definiert »Hirngespinst« als »Produkt einer fehlgeleiteten oder überhitzten Einbildungskraft; fantastische, abwegige, absurde Idee«. Damit scheint das Wort als Titel für unsere kleine Anthologie zunächst wenig geeignet zu sein, präsentieren hier doch seriöse und vernünftige Wissenschaftler Forschungsergebnisse, Gedanken und Erkenntnisse über unser wichtigstes Organ. Nehmen wir allerdings das zusammengesetzte Substantiv einmal wörtlich, dann sieht die Sache schon besser aus: Das Bestimmungswort, also das was »vorne steht«, braucht keine nähere Erläuterung. Was ein Hirn ist, wissen wir alle oder meinen wenigstens, es zu wissen. Das sogenannte Grundwort, das ist das, was entsprechend »hinten steht«, also »Gespinst«, hat gemäß Duden eine respektablere Konnotation als es in der Zusammensetzung mit »Hirn« nahelegt: »zartes Gewebe« oder »Netzwerk«; in der Fachsprache der Textilindustrie: »endloser Faden«, heißt es da.

Und so möchten wir unseren Titel auch verstanden wissen: Das Buch bildet ein mehr oder weniger zartes Netzwerk ab, aus dem bunten endlosen Faden unserer bisherigen Kenntnisse und Forschungen gewebt, die sich mit dem Gehirn befassen. Endlos deshalb, weil jede neue Erkenntnis über das Gehirn zehn neue Fragen aufwirft. Daraus wiederum folgt, dass unser Nicht-Wissen schneller zunimmt als unser Wissen – und das macht es so spannend.

Unsere Erkenntnisse und Schlussfolgerungen über das Gehirn und seine Funktionen fußen auf wissenschaftlichen Studien, Analysen und statistisch abgesicherten Untersuchungen, die in Büchern und Zeitschriftenbeiträgen veröffentlicht wurden. Man sollte meinen, dass ihnen das eine ultimative Autorität verleiht. Leider eine schöne Illusion. Denn die Wissenschaft ist immer auch der gegenwärtige Stand unseres Nicht-Wissens. Dies trifft auf die Gehirnforschung genauso zu wie auf jede andere Wissenschaft, nur fällt es in der Ägyptologie beispielsweise nicht so auf, weil dort alles etwas langsamer geht.

Wie schnell sich ein Feld entwickelt, kann man an der Bedeutung des Wortes »kürzlich« in Publikationen aus diesem Feld leicht ablesen: Eine »kürzlich« entdeckte Mumie wurde vor 10 Jahren gefunden, in der Genetik hingegen bedeutet »kürzlich« etwa »vor 10 Tagen«. Manchmal ändert sich die Geschwindigkeit des Erkenntnisfortschritts und damit auch die Bedeutung des genannten relativen Zeitbestimmungsadverbs. In der Paläoanthropologie beispielsweise ging es Jahrzehnte lang sehr gemütlich zu: Eine im Neandertal im Jahr 1856 gefundene Schädelkalotte wurde zunächst ungläubig bestaunt, und erst nach dem Tode des damals bekanntesten deutschen Pathologen, Rudolf Virchow (der den Schädel einfach als krankhaft deformiert betrachtete), im Jahr 1902 fiel der Widerstand weg, den Knochenfund als zu einem Urmenschen gehörig zu betrachten. Nachgrabungen in den Jahren 1996 bis 2000 – 150 Jahre nach dem ersten Fund (!) – brachten weitere 400 Knochen und Zähne ans Tageslicht, die teilweise zu genau dem alten Schädel passten. Nicht viel anders erging es einem Unterkiefer aus dem Dorf Mauer bei Heidelberg, der 1907 gefunden wurde, und zu dem Knochen aus anderen Gebieten dieser Welt zwar nicht genau, aber doch so gut passen, dass sowohl der Name *H. heidelbergensis* als auch die Klassifikation als eigene Art lange umstritten waren.

Fortschritte in einem ganz anderen Bereich der Wissenschaft, der Molekulargenetik, sorgten dann plötzlich dafür, dass die Menschheitsgeschichte in den vergangenen

20 Jahren gefühlt mindestens jährlich völlig neu geschrieben werden musste, mit völlig neuer Verwandtschaft, wiederholtem Sex zwischen den Arten (deren Status und Zusammenhang bis heute debattiert wird), einem Mädchen, das einen Vater aus der einen und eine Mutter aus der anderen Art hatte, und sehr viel Mord und Totschlag – man könnte eine Netflix-Serie daraus machen, wenn nicht der Ausgang bislang so offen wäre.

Nicht anders, nur noch wesentlich turbulenter, ging es in der Neurowissenschaft zu: Schon im letzten Jahrtausend waren viele Wissenschaften mit dem Gehirn befasst. Die Anatomie und die Physiologie, die klinische Medizin und Pharmakologie, die Psychologie und die Philosophie; später kamen die Mathematik, Physik und (Bio-)Chemie, die Neuropsychologie und die (Evolutions-)Biologie hinzu; noch später dann die Molekulargenetik und schließlich Informatik, Computer Science und in lebenswissenschaftlich-methodischer Hinsicht nahezu alles, was man heute weltweit in den Labors mit Zellen, Organoiden, Organen und Organsystem über Tiermodelle bis zu Untersuchungen am Menschen an Methoden einsetzen kann.

Man sagt, dass in den letzten 20 Jahren im Bereich der Gehirnforschung etwa so viel entdeckt wurde wie in den 2000 Jahren davor. Wahrscheinlich ist das eher eine Untertreibung. Betrachten wir einige Beispiele:

Im Tierversuch kann man die Mechanismen von Meditation oder Psychotherapie bei der Maus auf Systemebene des Gehirns untersuchen, und damit bis hin zur praktischen Anwendung beim Menschen wichtige Erkenntnisse gewinnen. Oder man kann – im Mausmodell – Körperkraft gegen Willensanstrengung ausspielen und nachsehen, wie viel mehr Willenskraft die Maus braucht, um ein geringeres Ausmaß an körperlicher Stärke auszugleichen.

Man kann aus den funktionellen Gehirnbildern des Sehsystems eines Menschen rekonstruieren, was er gerade sieht. – Ja, Sie lesen richtig: Man analysiert die Gehirnaktivität und kann dann sagen: »Der Proband sieht den Buchstaben A« oder »der Proband sieht, wie ein Mann mit weißem Hemd von links nach rechts läuft«. Im Grunde ist das so bahnbrechend, dass man sich wundert, warum nicht mehr darüber geschrieben wird.

Beim Hören ist man noch weiter: Seit Jahrzehnten gibt es künstliche Innenohren (Cochlea-Implantate), d.h. Prothesen, die das Übersetzen von Schwingungen in Nervenimpulse leisten und bei ertaubten Menschen das Hören wieder ermöglichen. Sie funktionieren zwar (noch) nicht wie das natürliche Innenohr, erlauben aber in vielen Fällen beispielsweise das Telefonieren, d.h. das Verstehen von Sprache ohne Lippenlesen. Auch das ist eine unglaubliche Entwicklung. Obwohl man seit Jahren an einer künstlichen Netzhaut arbeitet, um Erblindung bei Erkrankungen der Netzhaut durch eine Prothese zu beheben, ist man beim Sehen noch nicht bei der routinemäßigen Anwendung solcher Prothesen. Beim Hören schon.

Beim Riechen ist es wieder anders: Man wusste lange nicht einmal um die simpelsten Zusammenhänge, die man beim Sehen und Hören seit dem vorletzten Jahrhundert kennt. Wie die Physik der Reize (die Wellenlänge und Amplitude von Licht oder Schallwellen) mit dem Sinneseindruck (Farbe und Helligkeit bzw. Tonhöhe und Lautstärke) zusammenhängt, war damals schon Gegenstand der Sinnesphysiologie. Wie aber die Eigenschaften chemischer Verbindungen mit dem Riecheindruck zusammenhängen, war bis vor wenigen Jahren völlig unklar: Manches riecht sehr ähnlich, ist aber chemisch völlig anders, und manches ist chemisch sehr ähnlich, riecht aber völlig anders. Erst der Einsatz von *Machine Learning*, also die Anwendung von Erkenntnissen aus der Gehirnforschung zu Lernprozessen und Implementierung dieses Wissens in einer lernenden Maschine, die mit etwa einer Million Sinnesdaten (»wie riecht was?«) einerseits und einer chemischen Datenbank mit etwa 2,5 Millionen Angaben zur Beschreibung chemischer Stoffe andererseits »gefüttert« wurde, brachte den Durchbruch: Diese Maschine kann mit ziemlich hoher Verlässlichkeit sagen, wie ein bestimmter Stoff riecht.

Auch zu Denken, Bewerten und Entscheiden gibt es Erkenntnisse, die man vor 20 Jahren noch als ziemlich übertriebene Science Fiction abgetan hätte: So konnte man nachweisen, dass Bilder der Gehirnaktivität bestimmter Gehirnzentren eine bessere Aussage darüber erlauben, wie gut mir etwas gefällt, als ich selbst dazu in der Lage bin. Früher galt der Spruch des bekannten Psychologen George Kelly: »Wenn Sie etwas von einem Menschen wissen wollen, fragen Sie ihn doch.« Das stimmt heute nicht mehr uneingeschränkt.

Auch die Messung der Aktivität von Gehirnzentren, die beim Schmerzerleben eine Rolle spielen, sagt mitunter mehr über das subjektive Erleben aus als das Erleben selber.

Die politische Einstellung eines Menschen lässt sich an Mandelkern und anteriorem Gyrus cinguli ablesen, und wo die Inbrunst beim Beten steckt, kann man dadurch untersuchen, dass man Probanden Psalm 23 beten lässt, mit und ohne Inbrunst, im Scanner, und dann die Unterschiede analysiert.

Man sieht an diesen wenigen Beispielen (von denen es sehr viel mehr gibt), dass die Erkenntnisse der Gehirnforschung heute vor allem von der Fantasie der Gehirnforscher abhängen und weniger (wie früher) von den zur Verfügung stehenden Methoden. Von allen Anwendungen – nicht nur in der Medizin, sondern auch in der Psychologie oder der Wirtschaftswissenschaft – solcher Erkenntnisse einmal abgesehen, liefern sie auch Puzzleteile für die »alten Fragen«, die Menschen seit Jahrtausenden stellen: nach unserer Herkunft, unserer Zukunft und nach dem Sinn von alldem.

Neu gewebt wurden die Hirn-Gespinste aus Stoffen, mit denen unseren beiden Anthologien »Braintertainment« (2007) und »Hirnforschung für Neu(ro)gierige« (2010) bereits ausstaffiert waren und die für dieses neue Textil gründlich aufgefrischt und aufgearbeitet wurden. Ein Best-of-Buch aus bereits veröffentlichen Geschichten zu unserem wichtigsten Organ wäre aber ohne eine solche Überarbeitung und Aktualisierung wie die Neuinszenierung eines Dramas mit verstaubten Kostümen aus einem historischen Theaterfundus. Dabei erhebt das Buch natürlich nicht den Anspruch, eine Synopse tagesaktueller Forschungsergebnisse aus den Neurowissenschaften zu sein, dann wären die Geschichten bei der Drucklegung bereits veraltet. Vielmehr war es unser Anliegen, aus den beiden Büchern eine Auswahl von möglichst anregenden und unterhaltsamen Essays aus verschiedenen Bereichen der Hirnforschung zusammenzustellen, deren Haltbarkeitsdatum nach der Überarbeitung um einen für dieses Genre akzeptablen weiteren Zeitraum verlängert wird.

Unser Dank gilt in erster Linie den Autorinnen und Autoren, die ihre Stoffe in die Werkstatt zurückgeholt, noch einmal Hand angelegt, aufgebürstet, mit neuen Applikationen versehen, eventuelle Webfehler beseitigt und damit für einen weiteren Zeitraum solide haltbar gemacht haben. Der Lektorin Frau Ruth Becker, die uns beide bei unseren jeweiligen Projekten schon lange mit hoher sprachlicher

Kompetenz, großer Geduld bei den (wie wir gerne behaupten: unvermeidlichen) Verzögerungen begleitet, freundlich und bestimmt auf die Einhaltung von Terminen und Zeitplänen achtet und all das bei stets guter Laune bewältigt, danken wir ganz besonders für ihren erneuten tatkräftigen Einsatz. Wenn der Eindruck entsteht, dass eine Lektorin sich gern und nachdrücklich mit einem Publikationsunterfangen identifiziert, motiviert das alle daran Beteiligten sehr, dafür und für ihr bewährtes verlagsinternes Projektmanagement danken wir Frau Dr. Nadja Urbani herzlich. Frau Sabine Sulz hat den technischen Teil trotz erheblicher Divergenzen zwischen offiziellem Zeitplan und dem Eintreffen unserer Lieferungen mit Ausdauer kompetent betreut, herzlichen Dank dafür! Nicht zuletzt gebührt unser Dank dem Marketingleiter des Klett-Cotta- und Schattauer-Programmes Herrn Ralf Tornow, der uns auf die Idee gebracht hat, dieses Best-of-Buch in Angriff zu nehmen.

Nun wünschen wir Ihrem Gehirn eine erfolgreiche Beschäftigung mit sich selber, auf dass Sie als seine Besitzerin oder sein Besitzer dabei spannende Erkenntnisse und anregende Inspirationen erleben.

Ulm und Stuttgart, im März 2020
Manfred Spitzer und Wulf Bertram

Inhalt

1 Über den Inhalt des Kopfes 1
   Sinn und Zweck des Gehirns
   Valentin Braitenberg

2 Wo bitte geht es hier zum Hippocampus? 12
   Ein kurzer Wegweiser durch die Hirnlandschaft
   Wulf Bertram

3 Ein Organ interpretiert sich selbst 34
   Eine wirklich sehr kurze Geschichte der Hirnforschung
   Kai Sammet

4 Automatik im Kopf 65
   Wie das Unbewusste arbeitet
   Manfred Spitzer

5 Hirnmüll oder Königsweg zum Unbewussten 109
   Ist der Traum ein salonfähiges Forschungsthema?
   Michael H. Wiegand

6 »Ain't no sunshine when she's gone« 142
   Wie Bindung das Gehirn verändert
   Anna Buchheim und Wulf Bertram

7 Das gewollte Klischee 171
   Der Mythos vom großen Unterschied zwischen
   Mann und Frau
   Rafaela von Bredow

8 Glück 2.0 201
Kann, darf, soll oder muss man Glück wissenschaftlich untersuchen?
Manfred Spitzer

9 Glückspille oder chemische Keule 253
Wie behandeln wir die Seele?
Josef Aldenhoff

10 Gedankenlesen 279
Fiktion oder Zukunftstechnologie?
Stephan Schleim

11 Humor ernst genommen 300
Lächeln, Erheiterung und das Gehirn
Barbara Wild

12 Glaubst du noch oder denkst du schon? 322
Moderne Hirnforschung und religiöse Gefühle
Vince Ebert

13 Transkranielle Mandelkern-Massage (TMM) 346
Wie ich eine neue Körperpsychotherapie erfand
Wulf Bertram

Autorenverzeichnis 367

Stichwortverzeichnis 377

1 Über den Inhalt des Kopfes

Sinn und Zweck des Gehirns

Valentin Braitenberg

Ganzheitliche Aspekte des Gehirns

Ich gebe zu, dass Kalbshirn, paniert und in Butter gebraten, gut schmeckt. Stierhoden auch. Aber ich will kein Hirn essen. Einmal musste ich, wohl oder übel, um die Hausfrau nicht zu beleidigen, eine Scheibe Hirn auf meinem Teller anschneiden, mit der Gabel aufspießen und meinem Munde nähern. Zu meinem Entsetzen, auf der Schnittfläche – nicht zu übersehen – die S-förmige Zeichnung des Hippocampus. Das ist ein spezialisiertes Stück der Großhirnrinde, das die Alten schon so benannt haben, weil es sie an die Seitenansicht eines Seepferdchens (»Hippocampus«) erinnerte. Da es mein Hobby ist, Geformtes zu deuten, hatte ich schon vorher über dieses Seepferdchen im Hirn gegrübelt und hatte mir meine eigene Theorie gemacht, warum es so merkwürdig gestaltet ist. Die Theorie stimmt wahrscheinlich, oder anders ausgedrückt, ich glaube immer noch daran. Die beiden Enden des Seepferdchens sind durch Fasern miteinander verbunden, und entlang dem S verlaufen auch Fasern, größtenteils in einer Richtung, sodass das Ganze in sich geschlossen ist, wunderbar geeignet, um dort Signale längere Zeit im Kreis laufen zu lassen. Möglicherweise als Gedächtnisspeicher.

Das Seepferdchen im Hirn mit den derart verlaufenden Fasern war für mich zu einem Stück geistiger Nahrung auf dem Wege zum Verständnis der Gehirnfunktion geworden. Kann man, soll man, darf man geistige Nahrung essen? Schulbücher, Musikalben, Liebesbriefe?

Eins ist sicher: Wenn man geistige Nahrung isst und verdaut, ist das Geistige daran verloren. Ähnlich wie der geistige Inhalt der Schulbücher in Rauch aufgeht und sich verflüchtigt, wenn man sie zum Heizen des Ofens im Schulzimmer verwendet.

Auch hat es mit dem geistigen Inhalt nichts zu tun, wenn man das Schulbuch ganzheitlich dem anderen Lausbub an den Kopf wirft. »Ganzheitlich« heißt in vielen Zusammenhängen dasselbe wie »geistlos«. Bei einem Ding, das Geist enthält, kommt es nicht darauf an, wieviel es wiegt, wie es riecht, wie dick es ist. Eher schon, wie es gestaltet ist, wie die Bestandteile angeordnet sind, aus denen es besteht.

Gehirngewicht und -größe

Spatzenhirn, Elefantenhirn, Frauenhirn, Walfischhirn. Ich halte es für möglich, dass ein Spatz mehr kann als ein Wal. Ein Äffchen sehr wahrscheinlich. Ein Mensch sowieso. Aber das größte Gehirn hat doch der Wal. Wird die Rolle des Gehirns überschätzt, jedenfalls was sein Gewicht und seine Größe anbelangt?

Ein bisschen, ganz grob, scheint es zu stimmen, dass ein größeres Gehirn mehr leistet als ein kleineres. Aber nur im Vergleich verschiedener, unterschiedlich großer verwandter Tierarten. Zum Beispiel innerhalb der Familie der katzenartigen Raubtiere. Es gibt zoologische Intelligenztests, bei denen die Hauskatze schlechter abschneidet als der Puma, dieser schlechter als der Leopard und der Löwe am besten, immer schön der Größe nach.

Lokalisationslehre

Kann man das Bewusstsein im Hirn suchen? Das Besoffensein? Das Beleibtsein? Das Ausländersein? Das Eingeschlafensein? Das Dummsein? Jeder sollte sich das überlegen, das bringt uns weiter.

Wo ist das Pünktlichsein in der Uhr zu finden? Auf den Zeigern oder im Uhrwerk? Und wo die Verlässlichkeit im Mercedes?

Wo sitzt das Bewusstsein im Hirn? Einige meiner Kollegen sind nahe dran, dies zu entdecken, jedenfalls schreiben sie darüber in der Zeitung. Und die anderen, die Genetiker, sind schon einen Schritt weiter, sie halten bereits das Gen des Bewusstseins in Händen, es geht nur noch um die Frage, ob die Affen dieses Gen auch besitzen, oder gar die Kaninchen.

Auch von der Geilheit ist die Rede, denn diese lässt sich besonders gut im Hirn lokalisieren. Wo sitzt die Geilheit im Gehirn? Irgendwo in der Mitte unten. Hätte man wohl auch erwartet.

Man schämt sich ein bisschen, wenn die Kollegen so reden. Haben die nicht gelernt, welches Unheil der Glaube an Geister seit Urzeiten über die Menschheit gebracht hat? Und jetzt fotografieren sie den Geist der Frömmigkeit, den Geist der Liebe und den des Pflichtbewusstseins im Gehirn mithilfe von Magnetresonanztomografen oder Positronenemissionstomografen (was das für Apparate sind, ist mittlerweile ebenfalls jedem Zeitungsleser bekannt). Dann tragen sie die Orte dieser verschiedenen Geister in verschiedenen Farben auf Fotos des Gehirns ein, von der Seite, von oben, von vorne und von hinten aufgenommen.

Ich kann nichts dafür. Ein einzelner kann den Unrat nicht wegräumen, der sich eine halbe Million Jahre lang, seit Menschen miteinander quatschen, im Volksglauben angesammelt hat (ein anderer Name dafür ist Dualismus, Animismus oder Seelenglaube).

Feinstruktur des Gehirns, 1000-fach vergrößert

Ein Blick ins Mikroskop genügt, um sich zu fragen: Wozu wäre ein Gehirn so prachtvoll komplex aufgebaut, und von Ort zu Ort so verschieden strukturiert, wenn es nur darum ginge, verschiedene Stücke der Psyche an verschiedenen Orten dort zu befestigen?

Weil nicht jeder über ein Mikroskop verfügt, will ich jetzt ein Menschenhirn tausendfach vergrößern (das ist die Vergrößerung, bei der sich ein Mikroskopiker am wohlsten fühlt) und dem Publikum zur Besichtigung freigeben.

Wir betreten freudetrunken das Heiligtum. Das ganze Gebilde füllt eine riesige Kuppel ungefähr von der Größe einer Kathedrale, 150 Meter lang, 70 Meter hoch und 90 Meter breit. Wir fühlen uns beengt angesichts der gewaltigen Masse von undurchsichtigem, feucht schwabbeligem Material und suchen nach Möglichkeiten, es in seinem Inneren zu erkunden. Dabei entdecken wir an einem Ende eine flache Höhle und treten in sie ein. Merkwürdige barocke Voluten bilden ihre Decke, ihr Boden ist relativ eben. Weiter geht es, an einem Ende der Höhle, dem Eingang gegenüber, in einen Kanal mit nicht viel mehr als ein Meter im Durchmesser. Die Neugier treibt uns weiter, etwa 30 Meter in gebückter Haltung, es lohnt sich, denn am Ende öffnet sich der Kanal in eine weitere Höhle, auch diese abgeflacht, aber im Unterschied zu der anderen, die breit und niedrig war, sehr schmal und unheimlich hoch zwischen vorgewölbten Wänden rechts und links. Wir entdecken zwei runde Öffnungen, eine rechts, eine links, und siehe da, durch sie gelangen wir in zwei noch viel größere Höhlen, die sich unübersehbar weit nach vorne und nach hinten erstrecken. Man fragt sich, wozu diese Leerräume gut sind, denn wo nichts ist, kann nichts passieren. Oder doch?

Von der Decke der hohen Höhle in der Mitte baumeln große, lappige Gebilde, wie Blumenkohl gekräuselt, von denen unentwegt eine farblose, geruchlose Flüssigkeit heruntertropft, die sie offenbar ausschwitzen. Ähnliche Gebilde, ebenfalls Wasser ausschwitzend, entdecken wir am Boden der beiden seitlichen, noch größeren Hohlräume. Es wird uns ungemütlich da drinnen, in den Höhlen, von denen wir (mit Recht) vermuten, dass sie eigentlich ganz von Flüssigkeit erfüllt sein sollten, und wir entfernen uns wieder.

Wir möchten wissen, wie das riesige, schwabbelige Ding, von dem wir bisher nur die Hohlräume gesehen haben, in seinem Innersten zusammengesetzt ist. Es kann ja nicht sein, dass es seine einzige Bestimmung ist, Hohlräume mit Wasser zu füllen.

Vorsicht: Hochspannung!

Wir betrachten die große feucht-schwabblige Masse von ihrer Oberfläche her, dort wo sie sich an das umgebende knöcherne Gewölbe anschmiegt, nicht ganz eng zwar, immerhin einen Zwischenraum frei lassend, durch den wir uns bewegen können.

Einer von uns möchte wissen, wie sich das Ding anfühlt. Er bohrt mit dem Finger ein Loch in die ledrige Hülle, die es ganz umgibt. Darunter kommt er in eine zweite, locker geflochtene Hülle und dann zu einer zarten Haut, die er mit Leichtigkeit zerreißt.

Dann kommt die Überraschung. Der Finger dringt ganz leicht ein in ein Geflecht von unzähligen zarten häutigen Röhrchen, die in allen Richtungen durcheinander verlaufen, ungefähr einen Millimeter, manche auch ein paar Millimeter dick, oder auch bloß einen halben. Das ganze Gebilde, der ganze Inhalt der Kathedrale scheint nichts anderes zu sein als ein riesiger Filz von solchen Röhrchen. Allerdings ertastet man zwischen all den zarten Röhrchen auch eine Menge von Knöllchen, so groß wie Haselnüsse oder Walnüsse, an denen jeweils viele Röhrchen festgemacht sind. (Wer sich im Gehirn auskennt, hat trotz tausendfacher Vergrößerung alles schon erkannt: die Gehirnhäute oder Meningen, die Röhrchen als Axone und Dendriten, die Knöllchen als die Nervenzellkörper.)

Und dann kommt die zweite Überraschung. Der Freund, der seinen Finger da hineingesteckt hat, fährt plötzlich mit einem Schrei zurück: ein elektrischer Schlag, und kein geringer! Und dann gleich noch ein paar weitere Schläge in rascher Folge. Schätzungsweise 100 Volt, oder gar mehr.

Diese elektrischen Schläge gibt es tatsächlich im Gehirn, aber keine Angst, in Wirklichkeit geht es dabei um kaum mehr als ein Zehntel Volt. In Volt misst man die elektrische Spannung, und diese entsteht, wo elektrische Ladungen, positive und negative, voneinander getrennt sind. Je weiter getrennt, desto höher die Spannung. Allerdings, wenn man das Gehirn tausendfach vergrößert, wie wir das getan haben, die Ladungen also tausendmal weiter als im Original voneinander entfernt sind, dann steigt die Spannung auch aufs Tausendfache, und dann sind das eben tausend mal ein Zehntel Volt = hundert Volt, und da kriegt man schon ganz ordentlich einen gewischt.

Offenbar lebt das Gehirn. Seine Tätigkeit äußert sich irgendwie in diesen Spannungsstößen. Nehmen wir an, unsere Neugier ist größer als die Angst vor dem Elektrisiertwerden und einer von uns geht gar mit zwei Fingern an das Ding heran. Interessant: Nur selten kriegen die beiden Finger gleichzeitig einen Schlag. Der erste Eindruck ist eher, dass die Schläge ganz regellos kommen, bald da, bald dort, manchmal in ganz langsamer Folge, manchmal schnell wie das Geknatter eines Maschinengewehrs.

Nur manchmal – selten, bei bestimmten Positionen der beiden Finger – scheint ein Schlag an einer Stelle immer nach ganz kurzer Zeit einen Schlag an der anderen zur Folge zu haben, auch wenn die Finger weit auseinanderliegende Gebiete betasten, und sogar wenn zwei von uns an entgegengesetzten Stellen der Kathedrale die Finger ins Gehirn stecken. Es gibt offenbar eine große Zahl kurzer und langer Verbindungen zwischen verschiedenen Stellen innerhalb des Gehirns.

Das Experiment

Aber, was bedeuten diese elektrischen Spannungsstöße? Wir vermuten, dass sie irgendwie mit Vorgängen außerhalb des Gehirns zusammenhängen. Um das zu untersuchen, verlassen wir die Kathedrale und begeben uns in die Nähe der Sinnesorgane, die über meterdicke Stränge mit dem Gehirn in Verbindung stehen. (Nicht zu vergessen: Wir haben das Gehirn tausendfach vergrößert und das ganze Zubehör ebenfalls. Die Augen werden dabei zu monumentalen Kugeln, 25 Meter im Durchmesser, der Sehnerv, von dem wir wissen, dass er eine Million Nervenfasern enthält, zu einem 4 Meter dicken Strick.)

Unser Team teilt sich in den Aufgaben, die das nun folgende Experiment mit sich bringt. Einer bleibt draußen und fuchtelt mit seinem Spazierstock vor der riesigen Pupille eines der beiden Augen. Die anderen klettern in der Kathedrale herum, verteilen sich über die Oberfläche des Gehirns und betasten sie mit ihren Fingern. Das Übliche, nichts Besonderes: Da und dort meldet einer Spannungsstöße, manchmal spärlich, manchmal in kurzen Salven. Nur einer, der ganz hinten im Gehirn am Rand einer tiefen Furche herumtastet, schreit plötzlich auf, und dann noch einmal und immer wieder. Wo er seinen Finger hineingesteckt hat, verspürt er ein ganzes Donnerwetter von Spannungsstößen, und weil er jedes Mal schreit, wenn es schlimm wird, bemerkt der Mann, der vor dem Auge fuchtelt, dass das immer dann passiert, wenn er an einer ganz bestimmten Stelle steht und seinen Stock aufrecht hält und hin und her bewegt. Wenn er den Stock waagrecht hält und auf und ab bewegt, geschieht offenbar nichts Besonderes. Aber siehe da, wenn der Mann hinten am Hirn seine Hand um einen halben Meter bewegt und wieder hineinlangt, ist es jetzt ausgerechnet der waagrechte Stock, der das Donnerwetter auslöst, und an einer Stelle daneben gar der Stock, wenn er um 45 Grad geneigt ist.

Nicht genug: Wenn der Mann, der mit dem Stock vor dem Auge steht, ein paar Schritt zur Seite tritt und wieder fuchtelt, ist es ein anderer von den Herren, die auf dem Gehirn herumkriechen, der an einem anderen Ort das Donnerwetter abkriegt.

Wir versammeln uns im Schatten des Gehirns, um die Ergebnisse zu besprechen. Eins scheint sicher: Die Welt ist irgendwie im Gehirn dargestellt – verschiedene Orte der Welt, sofern sie von den Augen gesehen werden, an verschiedenen Orten des Gehirns, und verschiedene Ereignisse, wie das Fuchteln so oder anders, ebenfalls räumlich getrennt. Wir fragen uns, ob das reicht, das hohe Ansehen zu rechtfertigen, das das Gehirn bei vielen Leuten genießt.

Was das Gehirn kann

Wir verlassen unser Riesenhirn und denken lieber an die anderthalb Kilo Gehirnsubstanz, die jeder von uns, in natürlicher Größe, in seinem Schädel mit sich herumträgt. Die Frage ist immer noch: Wozu diese vielen elektrischen Zuckungen, die wir da beobachtet haben? Viel interessanter noch als die elektrischen Entladungen, die man beobachtet, wenn sich vor dem Auge etwas bewegt, sind die, die ohne ersichtlichen äußeren Grund die ganze Zeit überall im Gehirn anscheinend in wirrem Durcheinander stattfinden. Nur wenn man schläft, herrscht dort einigermaßen Ruhe, und wenn beim besten Willen im Gehirn überhaupt keine elektrische Aktivität mehr festzustellen ist, schreibt der Amtsarzt »Hirntod«, d. h. Ende des Lebens. Ist denn dieser elektrische Nieselregen im Inneren des Gehirns gleichzusetzen mit dem Leben, oder doch mit dem Bewusstsein oder etwa mit dem Denken?

Möglich. Man kann sich das so vorstellen. Alles was um uns herum passiert und von uns wahrgenommen wird, erzeugt über die Sinnesorgane und ihre Sinnesnerven elektrische Aktivität im Gehirn. Jedes Ereignis auf seine Weise, keine zwei verschiedenen Ereignisse erzeugen im Gehirn genau die gleiche Aktivität, jedes Menschengesicht, jede Bewegung, jeder gesprochene Satz anders. Warum nicht, es stehen dafür genug Nervenzellen (Neuronen) zur Verfügung, in jedem einzelnen Gehirn mehr als es Menschen auf der ganzen Erde gibt.

Jetzt kommt das Entscheidende. Was sich in einem Gehirn oft genug zugetragen hat, wird zur gehirninternen Gewohnheit, läuft immer leichter auf die immer selbe Weise ab. Was man oft genug gehört hat, kann man auswendig. Eine oft wiederholte komplizierte Bewegung läuft irgendwann sozusagen automatisch ab. So leicht stellen sich diese gelernten Gehirnzustände ein, dass sie sich jetzt oft von selbst ergeben, ohne dass irgendwas gehört wird oder irgendeine Bewegung ausgeführt wird. Und siehe da, das nennt man Denken, und das ist es wahrscheinlich, was das ständige Knistern der elektrischen Spannungsstöße im Gehirn bedeutet, solange der Mensch (oder das Tier) nicht schläft (oder gestorben ist).

Es lohnt sich im Leben, auf dieses innere Kasperltheater zu achten, anstatt das eigene Verhalten immer auf direktem Wege von den Sinneseindrücken bestimmen zu lassen. Auf diese Weise erfährt man nämlich durch einen Blick nach innen, ehe es zu spät ist, was auf uns zukommt, was das Tier uns gegenüber im Sinn hat, wo der Stein ankommen wird, der eben vom Himmel fällt, oder was der Herr Kollege demnächst in der Diskussion sagen wird. Natürlich funktioniert das nur, wenn man oft genug beobachtet hat, nach welchen Gesetzen Steine fliegen, Tiere sich verhalten, Kollegen diskutieren. Und nur, wenn die Gesetzmäßigkeiten, die sich aus den Beobachtungen ergeben, als Denkgewohnheiten in die Gehirnfunktion eingeschliffen wurden, sodass sich die Welt in dem inneren Kasperltheater so darstellt, wie sie ist.

Die Darstellung der Regeln, nach denen die Welt funktioniert, im Gehirn ist das, was man gewöhnlich »Wissen« nennt. Allerdings: Die Welt ist viel größer als jedes Gehirn und voll von unberechenbaren Überraschungen. Das im Gehirn enthaltene Wissen ist notwendig unvollständig und man darf sich deshalb nicht wundern, wenn das gehirninterne Mitdenken und Vorausdenken oft in die Irre geht. Das Herstellen von Zusammenhängen aufgrund von ungenügendem Wissen nennt man in seiner harmlosen Form Fantasie, Wahn und Halluzination in der pathologischen Variante.

Man kann das vielleicht so sagen: Wichtigste Aufgabe des Gehirns ist es, Halluzinationen zu erzeugen, aber nur solche, die dem wirklichen Zustand der Welt möglichst ähnlich sind.

2 Wo bitte geht es hier zum Hippocampus?

Ein kurzer Wegweiser durch die Hirnlandschaft

Wulf Bertram

Wenn Sie dieses Buch mit dem Anspruch lesen, etwas mehr über Ihr Gehirn zu verstehen und zu behalten, verändert sich selbiges dabei, ob Sie wollen oder nicht. Alles was man lernt, verändert Strukturen im Gehirn, es entstehen neue Synapsen, die Verbindungen zwischen bereits bestehenden festigen sich – oder schwächen sich ab, wenn wir etwas vergessen oder verdrängen. Wenn Sie dieses Buch nicht lesen oder zur Seite legen, etwas anderes lesen oder beobachten, verändert sich die Struktur Ihres Gehirns auch. Nur anders. Unser Gehirn hat (neben der Steuerung lebenswichtiger Funktionen) keine andere Aufgabe als zu lernen, um die bestmögliche Reaktion auf gegenwärtige Bedingungen und zukünftige Erwartungen zu gewährleisten. Dabei verändert es seine Mikrostruktur.

Wollte man also einen plakativen »Hauptsatz der Neurodynamik« formulieren, so müsste er lauten: Das Gehirn lernt pausenlos, es kann gar nicht anders. Würden wir allerdings behaupten, dass wir selbst in der Hand haben, was es lernt, wäre dies eindeutig falsch. Jede Sekunde schicken unsere Sinne Millionen von Reizen an das Gehirn. Müssten wir diese Informationen alle bewusst auswerten, würden wir im wahrsten Sinne »durchdrehen«. Man geht davon aus, dass das Gehirn nach etwa 40 Sinneseindrücken, die es erreichen, auf »Autopilot« umschaltet und die Informationen erst einmal im Unterbewusstsein hortet.

Andererseits müssen wir diesem automatischen Selektionsprozess nicht tatenlos zusehen. Wir können entscheiden, welche Quellen wir lesen, woher wir unsere Informationen beziehen, auf welche Personen, Parteien oder Influencer wir uns verlassen. Es liegt an uns, ob wir uns dann mit den Meinungen oder vermeintlichen Erkenntnissen auseinandersetzen, darüber nachdenken, mit anderen diskutieren und versuchen, selbst eine Antwort zu finden. Oder vielleicht nur mal schnell in Google klicken – und gut ist's. Dann halten wir unser Lernen in Grenzen und setzen auf das, was wir immer schon zu wissen meinten. Irgendwelche Mikrostrukturen werden sich dadurch kaum nachhaltig verändern. Im »postfaktischen Zeitalter«, in dem Fake News Hochkonjunktur haben, haben wir es allerdings zunehmend schwieriger. Um auf Lügen und Falschmeldungen nicht hereinzufallen, sich seine eigene Meinung zu bilden und Nachrichten zu hinterfragen, braucht es einen soliden Fundus an Wissen und den lernt man weniger im Internet als hoffentlich schon sehr früh in Schule und Familie.

Die Veränderungen der Mikrostrukturen beim Lernen zu untersuchen ist kompliziert und in »Realtime« praktisch unmöglich. Wir beschränken uns bei diesem Rundgang daher auf die makroskopischen Hirnstrukturen, die von den Nervenzellen in maximaler Vernetzung gebildet werden und in denen diese ihre Arbeit verrichten, um die unglaubliche Vielfalt der Hirnfunktionen und -leistungen zu ermöglichen. Dazu braucht es dann natürlich eine ungeheure Menge von Hirnzellen. Lange Zeit war es eine wissenschaftliche Übereinkunft, dass es sich um unvorstellbare 100 Milliarden Zellen handele, die im Gehirn am Werk seien. An dieser magischen Zahl hat allerdings vor wenigen Jahren die brasilianische Neurowissenschaftlerin Suzana Herculano-Houzel deutlich gekratzt, sie kommt anhand einer neuen Zählmethode auf »nur« 86 Milliarden (Herculano-Houzel 2012). Die sind offensichtlich völlig ausreichend für alles das, was bisher mit dem Gehirn angestellt wurde und was es uns an Möglichkeiten bietet. Aber es ist eine interessante Überlegung, was wäre, wenn wir tatsächlich die 100 Milliarden Nervenzellen besäßen, von denen uns Frau Herculano-Houzel jetzt 14 % abspricht. Gäbe es dann mehr Empathie, wäre mehr Vernunft im Umlauf, gäbe es weniger Kriege? Wäre unter solchen Bedingungen vielleicht gar kein Klimawandel zu befürchten und die »Fridays for Future«-Demonstrationen überflüssig? Oder wären wegen der größeren Varianz noch mehr Zwist, Wettbewerb, Ausbeutung zu erwarten? Wir wissen es nicht, müssen aus unseren 86 Milliarden Hirnzellen das Bestmögliche machen, damit auskommen und sie intra- und interindividuell so gut wie möglich nutzen.

Grob makroskopisch lässt sich das Gehirn in vier Strukturen einteilen: in Großhirn, Kleinhirn, Hirnstamm und Rückenmark (Abb. 2-1). Dass man das Rückenmark, das ja vom Nacken bis zum Gesäß reicht, zum Gehirn dazuzählt, mag zunächst überraschen. Aber es ist nicht etwa nur ein simpler Kabelstrang, durch den Impulse »von höherer Ebene« oder zu ihr zurück laufen, sondern es ist selbst auch eine wichtige Schaltstelle: Wenn der Neurologe mit seinem Hämmerchen auf die Sehne unterhalb der Kniescheibe klopft, läuft das Signal nicht etwas bis ganz nach oben, wo die motorischen Felder für Bewegungen liegen und zurück, sondern nur bis ins Rückenmark, wo sich dann die Laufrichtung umkehrt und der Befehl für die Kontraktion des Muskels gegeben wird, der unser Bein in die Höhe schnellen lässt. Dadurch bekommt der Neurologe eine Information, ob dieser Reflexkreis funktioniert und keine Störungen auf der Strecke vom Rezeptor an der Kniescheibensehne bis zum Rückenmark und/oder zurück vorliegen. Reagiert der Muskel nicht, hat der Neurologe entweder an der falschen Stelle geklopft, oder die Leitung ist an irgendeiner Stelle unterbrochen oder blockiert, was dann eine weitergehende Diagnostik erfordert.

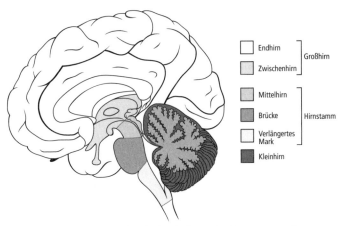

Abb. 2-1 Längsschnitt durch das Gehirn mit Abgrenzung der Hirnabschnitte.

Gehirn und Rückenmark liegen behutsam eingebettet in einen Flüssigkeitsmantel, den Liquor, und sind wie kein anderes Organ durch mehrere Häute und einen soliden Knochenmantel vor unliebsamen Einflüssen von außen geschützt. Die Ehrfurcht der alten Anatomen vor dem fürsorglichen Schutz dieser Hüllen lässt sich vielleicht schon an ihrer Namensgebung erkennen. Sie nannten die Hirnhäute »Mater«, also Mütter. Ganz außen die »harte« oder »derbe« Mutter (Dura Mater), die einen soliden Schutz vor Verletzungen und Eindringlingen gewährleistet. Bei der nächst inneren Hirnhaut wurden die Anatomen poetisch, indem sie sie »Arachnoidea« nannten (»Spinnenweb-Haut«): So fein wie eine Spinnennetz ist diese Membran, die aber eine entscheidende Barriere für die Hirnflüssigkeit, den Liquor, bildet, der dadurch nicht bis zur harten Hirnhaut vordringen kann. Die innerste Hirnhaut ist die Pia Mater, also die »fromme Mutter«. Was sich die Anatomen bei dieser Bezeichnung gedacht haben, ist nicht ganz klar. Vielleicht kommen wir mit einer anderen Übersetzung von »pia« weiter: das Adjektiv wird auch im Sinne von pflichtbewusst, folgsam, gewissenhaft gebraucht. Die Pia Mater liegt nämlich direkt dem Gehirn auf, folgt brav allen Furchen und Vertiefungen des Groß- und Kleinhirns und führt die Nerven und Gefäße auf deren Weg ins Gehirn bis in die Hirnkammern hinein.

So hochauflösend und sensibel das Gehirn in der Lage ist, Reize der peripheren Sinnesorgane (wir sprechen medizinisch von »Afferenzen«) zu registrieren und zu verarbeiten, so unempfindlich ist es selber. Es leistet sich gewissermaßen nicht den Luxus, sich – bei all der Arbeit für den Rest des Körpers – auch noch sensibel mit der eigenen Befindlichkeit zu beschäftigen. Operationen am offenen Gehirn können daher bei vollem Bewusstsein durchgeführt werden, was klinisch von Bedeutung ist, da ein Patient bei Gehirnoperationen, wenn nötig, angeben kann, was passiert, wenn bestimmte Stellen in seinem Hirn mechanisch oder elektrisch gereizt werden. Die Schutzfunktion, die der ursprüngliche biologische Sinn aller unserer Schmerzempfindung ist, wird durch die Hirnhäute ausgeübt, die wiederum äußerst sensibel sind. Die Trennung zwischen Gehirn und Rückenmark als den Teilen des zentralen Nervensystems ist funktionell eher willkürlich. Die Leitungsbahnen von Körperoberfläche und Körperinnerem erreichen die höheren Schaltstellen durch das Foramen magnum, das »Große Loch« an der Unterseite des Schädels im Hinterkopf.

Die Zentrale für Ruhe und Ordnung im Körper: der Hirnstamm

Die Verbindung zwischen Rückenmark, Groß- und Kleinhirn wird als Hirnstamm bezeichnet, der sich wiederum in drei Abschnitte gliedert: das verlängerte Mark (Medulla oblongata), die Brücke (Pons) und das Mittelhirn (Mesencephalon). Diese Strukturen sind die Transit- und Schaltstationen für die Leitungsbahnen des Groß- und Kleinhirns. Gleichzeitig werden elementare Lebensfunktionen gesteuert und koordiniert wie der Schlaf-Wach-Rhythmus, die Nahrungsaufnahme, Atmung, Kreislauf und Augenbewegungen.

Im Hirnstamm entspringen zehn der zwölf Hirnnerven, die überwiegend für Sinneswahrnehmungen und Bewegungen im Kopf- und Halsbereich zuständig sind. Sie sind nur wenige Zentimeter lang, weil sie ja überwiegend die Sinnesorgane rings um den Schädel erreichen müssen. Aber es gibt auch einen Außenseiter unter den Hirnnerven, einen »Vagabunden«: Der zehnte Hirnnerv heißt deswegen Nervus vagus, weil er im Gegensatz zu seinen Kollegen von der Hirnbasis durch den gesamten Körper vagabundiert und vom Hals über den Brustkorb bis in den Bauchraum wandert.

Neben wichtigen sensiblen und motorischen Funktionen spielt er eine entscheidende Rolle bei der Koordination vegetativer Grundfunktionen (Atmung, Herzfrequenz, Blutdruck, bis zu den Sexualfunktionen). Der Hirnstamm wird von einem Netzwerk, der **Formatio reticularis**, durchzogen, das aus zahlreichen kleineren Hirnkernen (unter Kern verstehen die Anatomen eine Ansammlung von Nervenzellen mit einer gemeinsamen Struktur und Funktion) und deren Verknüpfung durch Nervenfasern besteht. Diese Formation vereint die Zentren für die Regelung von Atmung und Kreislauf, außerdem das Brechzentrum, das dafür sorgt, dass das Verdauungssystem rasch und reflektorisch von Substanzen befreit werden kann, die da nicht hineingehören.

In der **Brücke** (Pons) liegen die Kerne mehrerer Hirnnerven, die etwa für die Bewegung der Gesichtsmuskulatur (Fazialisnerv), die Schmerzempfindung im Kopfbereich (Trigeminus-Nerv), für das Gleichgewichtsorgan und die Weiterleitung der akustischen Sinnesreize (Nervus statoacusticus) verantwortlich sind. Darüber hinaus vermittelt die Brücke Bewegungsinformationen aus der Großhirnrinde an das Kleinhirn.

Im **Mittelhirn** schließlich werden so wichtige Botenstoffe (Neurotransmitter) für die Erregungsübertragung im Nervensystem wie Noradrenalin, Dopamin und Serotonin produziert, von denen in diesem Buch noch oft die Rede sein wird.

Bewegungssupervisor und Feintuner: das Kleinhirn

Hinter der Brücke liegt das Kleinhirn (Cerebellum). Es ist ein stark verästeltes Organ mit einer Vielzahl kleiner Läppchen und Furchen, das in Form und Größe zwei aneinander gelegten Daumenballen ähnelt. Wenn man die Oberfläche auffächern würde, ergäbe sich eine Ausbreitung von weit über einem Meter. Mit drei »Armen« ist es an den Hirnstamm geheftet, durch sie läuft der Informationsaustausch. Im Netzwerk des Gehirns stellt das Kleinhirn eine eigenständige Einheit dar, die für die Feinabstimmung von Bewegungen zuständig ist. Hier laufen Informationen vom Großhirn mit Meldungen aus Rückenmark und Gleichgewichtsorgan zusammen. Gewicht, Beschleunigung und Weg werden berechnet und dann in Befehle für die Koordination von Kraft und Geschwindigkeit der Muskelkontraktionen bei den Bewegungsabläufen umgesetzt. Das sorgt dafür, dass wir mit einem Vorschlaghammer anders umgehen als mit der feinen Teetasse, die wir mit eleganter Armbewegung zum Mund führen und sie nicht mit wuchtigem Schwung an den Schneidezähnen zerschellen lassen sollten. Bei Erkrankungen des Kleinhirns, etwa durch einen Schlaganfall oder einen Tumor, kommt es infolgedessen zu schweren Störungen der Motorik: Die Patienten leiden vor allem unter Schwindel und Gangunsicherheit. Sie sprechen verwaschen oder »polternd«, weil die Koordination der Muskeln gestört ist, die an der Aussprache beteiligt sind. In der Regel haben sie Schwierigkeiten, gezielte Bewegungen auszuführen: Sie versagen im sogenannten Finger-Nase-Versuch, das heißt sie sind bei geschlossenen Augen nicht in der Lage, die Nasenspitze mit dem Zeigefinger sicher zu treffen. Im Kindesalter können diese Funktionen noch relativ schnell und problemlos von anderen Teilen des motorischen Hirnsystems übernommen werden. Diese unschätzbare Fähigkeit des Gehirns, andere Zentren für lädierte Bereiche einspringen zu lassen, nennt man »neuronale Plastizität«, sie nimmt im Laufe des Lebens allerdings leider ab. Vor allem beeinträchtigte Großhirnfunktionen nach Verletzungen oder Schlaganfällen können bei Erwachsenen daher meist nicht mehr vollständig ausgeglichen werden, sind aber durch intensives Training immerhin teilweise kompensierbar. Kleinhirnläsionen dagegen können auch bei Erwachsenen durch die Plastizität des Kleinhirns meist sehr gut »repariert« werden, vor allem wenn die Kleinhirnkerne nicht betroffen sind.

Während wir uns bei unserem bisherigen Rundgang durch das Zentralnervensystem im Bereich der Schalt- und Regelelemente aufgehalten haben, die mehr oder weniger automatische, reflektorische »primitive« Grundfunktionen koordinieren und unterhalten, bewegen wir uns jetzt in die Regionen, die in Verbindung mit dem »Geist«, mit unserem bewussten Handeln und Erleben stehen: das **Vorderhirn**, das die Hirnanatomen wiederum in ein **Zwischenhirn** (Diencephalon) und ein **Endhirn** (Telencephalon) untergliedern.

Am Schalthebel zwischen Geist und Körper: das Zwischenhirn

Die größte Struktur des Zwischenhirns ist der **Thalamus**, die wichtigste Schalt- und Integrationszentrale für Sinneseindrücke aus dem gesamten Nervensystem. Hier werden die Informationen der Sinnesorgane an die Großhirnrinde weitergeleitet. Nur die Nase, d. h. unser Geruchssinn, macht da eine Ausnahme: Sie sendet ihre Informationen außer über den Thalamus zur Großhirnrinde gleichzeitig auch auf direktem Wege zum limbischen System, also zu den Hirnstrukturen, die unter anderem für unser Gefühlsleben zuständig sind. So erklärt sich, dass wir nichts gegen unsere Aversion unternehmen können, wenn wir jemand »nicht riechen können«, auch wenn sich die grauen Zellen unseres Großhirns nach Kräften dagegen sträuben sollten, weil er oder sie doch so attraktiv ist. Eine Beziehung, bei der das limbische System nicht mitmacht, wird nicht lange anhalten.

Am hinteren Ende des Thalamus befindet sich die **Zirbeldrüse**, die das Hormon Melatonin produziert. Es regelt unseren Tag-Nacht-Rhythmus, stimuliert dabei gleichzeitig unser Immunsystem. Unterhalb des Thalamus schließt sich der **Hypothalamus** an. Er ist sowohl die oberste Leitstelle für das vegetative Nervensystem als auch für das Hormonsystem des Körpers und aktiviert mit seinen »Releasing«-Hormonen die **Hypophyse**, zu Deutsch Hirnanhangdrüse, die über das adrenokortikotrope (d. h. »das die Nebennieren ändernde«) Hormon die Nebennierenrinde anwirft, die schließlich das Hormon Kortisol freisetzt bzw. das Nebennierenmark aktiviert, das die »Stresshormone« Adrenalin und Noradrenalin sowie das Schilddrüsen- und das Wachstumshormon ausschüttet.

Die jüngste Errungenschaft der Evolution: das Großhirn

Wie ein Mantel liegt schließlich das Großhirn über diesen Zentren des Zwischenhirns. An seiner charakteristischen walnussähnlichen Form unterscheiden wir zwei Hälften, die **Großhirnhemisphären** (Abb. 2-2). Die »Kabelstränge«, die diese beiden Hälften miteinander verbinden, bilden eine derbe Faserplatte, den Balken (Corpus callosum), die als annähernd waagerechte, nach unten gekrümmte Struktur eine charakteristische »Landmarke« in den Hirnschnitten darstellt. In der Feinstruktur der Großhirnhälften unterscheidet man die **Großhirnrinde** (Kortex), mit den berühmten »kleinen grauen Zellen«, (die sogenannte

»graue Substanz« (substantia grisea) und das Hirnmark (»weiße Substanz«). Der schmale Saum der Hirnrinde weist im Hirnschnitt eine dunklere, mit etwas gutem Willen graue, Färbung auf. Viele Beschreibungen und Begriffe aus der Hirnanatomie gehen aus nachvollziehbaren Gründen auf die Verhältnisse im toten Körper zurück. Im Gegensatz zu anderen Körperregionen, die häufig auch am Lebenden, also zum Beispiel bei Operationen, beobachtet und beschrieben werden konnten, führten Untersuchungen am lebenden Gehirn schnell zu einem Ergebnis, das sich von dem bei der Leichensektion wenig unterscheidet.

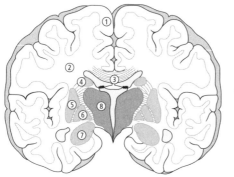

1 Großhirnrinde
2 Großhirnmark
3 Balken (Corpus callosum)
4 Schweifkern (Nucleus caudatus)
5 Schale (Putamen)
6 Pallidum
7 Mandelkern (Amygdala)
8 Zwischenhirn (Hypothalamus, Thalamus, Epiphyse)

Abb. 2-2   Querschnitt durch das Vorderhirn.

Die Großhirnrinde wird in vier deutlich voneinander abgrenzbare Gebiete unterteilt, die die Anatomen wenig respektvoll als »Lappen« bezeichnen (Abb. 2-3): der **Stirnlappen** (Lobus frontalis), der **Scheitellappen** (Lobus parietalis), der **Hinterhauptslappen** (Lobus occipitalis) und der **Schläfenlappen** (Lobus temporalis). (Dass sich im Sinne einer Spontanmutation als fünfter Hirnlappen gewissermaßen endemisch ein Lobus lamentationis – Jammerlappen – gebildet haben soll, ist angesichts der bei vielen Zeitgenossen hierzulande zu beobachtenden Klagsamkeit eine interessante Hypothese, die einmal von dem Arzt und Kabarettisten Eckart von Hirschhausen aufgestellt wurde, aber sicherlich noch der empirischen Bestätigung bedarf.) Die tiefen Furchen zwischen diesen Lappen bezeichnet man als Sulci, während sich die einzelnen Lappen aus denjenigen Strukturen zusammensetzen, von denen es heißt, man solle sie anstrengen, wenn man vernünftig nachdenkt: den Hirnwindungen oder Gyri.

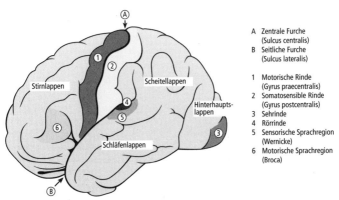

Abb. 2-3   Lappengliederung und Rindenfelder der linken Hemisphäre des Großhirns.

Den Hirnwindungen lassen sich unterschiedliche motorische und sensorische Funktionen zuordnen. Besonders berühmt geworden ist der sogenannte Homunculus (= »Menschlein«): Jeweils vor und hinter der mittleren, schräg senkrecht verlaufenden Furche (Sulcus centralis) ist das gesamte Körperschema abgebildet, wenngleich gegenüber den Größenverhältnissen der Peripherie grotesk verzerrt. Organe, die eine sehr subtile, komplexe Koordination der Muskulatur verlangen oder die eine feine Auflösung der Sinneszellen besitzen, wie z. B. Finger und Lippen, beanspruchen verständlicherweise einen größeren Platz auf den Hirnwindungen als die Organe, bei denen feine Bewegungsmuster oder hochdifferenzierte Tastempfindungen keine so große Rolle spielen (Abb. 2-4).

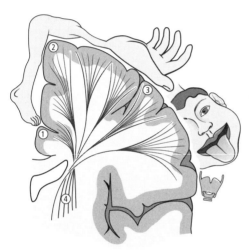

1 Innenfläche der Großhirnhemisphäre
2 Mantelkante (Kante zwischen Innen- und Seitenfläche des Großhirns)
3 Seitenfläche des Großhirns
4 Fasern der absteigenden Nervenstränge für die Willkürbewegung (Pyramidenbahn)

Abb. 2-4 Motorischer »Homunculus«: Repräsentation der einzelnen Körperzonen auf dem Gyrus praecentralis.

Mit den Fortschritten der Hirnanatomie und den immer feineren Methoden der mikroskopischen Zelldifferenzierung setzte gegen Ende des 19. Jahrhunderts ein Kartierungsboom ein. Mit dem gleichen Enthusiasmus wie einst die Kartografen um Alexander von Humboldt, die an Orinoko, Kongo und im Himalaja versuchten, die Vermessung der Welt zu perfektionieren und letzte weißen Flecken zu tilgen, widmeten sich nun die Anatomen den Hirnarealen. 1909 verfertigte der Berliner Anatom Korbinian Brodmann schließlich einen Hirnatlas, in dem die Regionen verzeichnet waren, zu denen sich bestimmte Neuronengruppen zusammenfassen lassen und die in Verbindung mit bestimmten motorischen oder sensorischen Funktionen gebracht werden können. Typische Ausfallerscheinungen bei bestimmten Hirnläsionen wie Schlaganfällen oder Verletzungen und später die funktionelle Bildgebung bestätigten die grobe Zuordnung der kartografierten Domänen zu den entsprechenden Funktionen. Allerdings zeigte sich zunehmend, dass die Vernetzungen untereinander so vielschichtig und komplex sind, dass exakte Zuordnungen bestimmter Funktionen zu umschriebenen Regionen der Hirnwindungen kaum möglich sind. Gut belegt sind allerdings die Lokalisation des motorischen Sprachzentrums (auch Broca-Zentrum nach seinem Entdecker genannt) und der Ort des Sprachverständnisses. Beide sind immer in nur einer der beiden Hirnhälften lokalisiert. Bei den meisten Menschen ist dies die linke Hemisphäre (s. Abb. 2-3). Schädigungen in der linken Hirnhälfte führen daher meist nicht nur zu Sprachstörungen (Aphasien), sondern wegen der Kreuzung der motorischen Nervenbahnen auch zu Lähmungserscheinungen der rechten Extremitäten.

Der größte Teil des Großhirns wird vom **Großhirnmark**, der sogenannten »weißen Substanz« eingenommen. Verlassen wir also die Hirnrinde mit ihren ca. 10 Milliarden untereinander vernetzten grauen Zellen und begeben uns in die »weiße Substanz«, das Großhirnmark. Sie gliedert sich in sogenannte Assoziationsbahnen, die den Informationsaustausch innerhalb einer Hemisphäre vermitteln, und in Kommissurenbahnen, die die Verbindung zwischen den beiden Hirnhälften gewährleisten. Darüber hinaus gibt es noch Projektionsbahnen, die zu anderen, tiefer gelegenen Hirnabschnitten führen.

Die größte Kommissur des Gehirns ist der Balken, der

alle vier Hirnlappen miteinander verbindet und bei Hirnschnitten in Scheitelrichtung von der Seite als kräftige, bogenförmige Struktur erkennbar wird.

Im Zentrum der weißen Substanz des Großhirns liegen anatomisch gut voneinander abgrenzbare Kerngebiete, die Basalganglien. Wir unterscheiden einen »Streifenkörper« (Striatum), der wiederum in einen »Schweifkern« (Nucleus caudatus), eine »Schale« (Putamen) und den Nucleus accumbens untergliedert wird (s. Abb. 2-2). Das Striatum sorgt dafür, dass unsere Bewegungen nicht außer Kontrolle geraten und sendet vor allem hemmende Impulse an »untergebene« Motorikzentren. Störungen der Balance von Erregung und Hemmung innerhalb des Basalgangliensystems führen zu unwillkürlichen, ungehemmten Bewegungen wie bei der Parkinson-Krankheit oder der Chorea Huntington (»Veitstanz«).

Die Regie von Erinnern und Empfinden: das limbische System

Über seine Funktion zur Bewegungskoordination hinaus hat das Basalgangliensystem Anteil am limbischen System. Dieses wiederum wird von verschiedenen Strukturen unterschiedlicher Hirnregionen gebildet, reguliert nicht nur unser Motivations- und Triebverhalten und verbindet es mit vegetativen Körperfunktionen, sondern ist auch für das Gedächtnis von Bedeutung.

Die zahlreichen miteinander vernetzten Hirnzentren, die als limbisches System zusammengefasst werden, machen deutlich, dass die topografische Einteilung der Hirnareale in ein End-, Zwischen- und Mittelhirn, wie wir sie bisher kennen gelernt haben, eher willkürlich ist und offenbar mehr den Präparationsgewohnheiten der alten Anatomen entsprach als den funktionellen Zusammenhängen, die erst später erkannt wurden, denn die Elemente dieses Systems setzen sich aus Teilen aller drei großen Hirnabschnitte zusammen (Abb. 2-5).

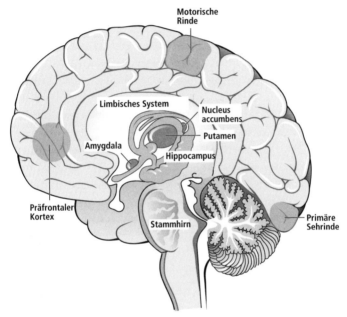

Abb. 2-5   Das limbische System.

Sie sind in parallelen Schaltkreisen miteinander »verlinkt«. Deren zentrale Relaisstationen sind der **Hippocampus** (zu Deutsch interessanterweise »Seepferdchen«, weil die anatomischen Pioniere mit viel Fantasie Ähnlichkeiten zwischen der Form dieser Struktur und dem bekannten Fischchen sahen) und die **Amygdala** (»Mandelkerne«). Hauptaufgabe des limbischen Systems ist es, die Bedeutung von Sinneswahrnehmungen bzw. Gedächtnisinhalten (»positiv vs. negativ«, »gut vs. böse«, »angenehm vs. ungemütlich«) zu prägen – also gewissermaßen das emotionale Salz in die Suppe der Wahrnehmung zu streuen. Wenn wir uns ein Gesicht merken, eine Melodie einprägen, uns an einen typischen Geruch erinnern oder aufgrund vorangegangener Bredouillen eine Situation als bedrohlich einschätzen, ist das limbische System als maßgeblicher Prozessor für Lernen und Gedächtnis daran stets beteiligt. Damit aber noch nicht genug: Die Verarbeitung von Emotionen und die Koordination unserer Gefühlseindrücke mit den Reaktionen des gesamten Körpers wird von den Knotenpunkten des limbischen Systems gesteuert und koordiniert. Viele dieser Körperreaktionen waren im Verlauf der Evolution einmal überlebenswichtig, haben aber in dem Maße ihren Nutzen verloren, wie sich Gesellschaft und Umwelt entwickelt haben. Für unsere Urahnen im Neandertal oder in der afrikanischen Steppe war es noch absolut sinnvoll, beim plötzlichen Auftauchen eines Mammuts oder Säbelzahntigers umgehend und reflexartig durch Beschleunigung des Herzschlags, Vertiefung der Atmung und Bereitstellung von Blutzucker für eine möglichst optimale Nutzung der Muskeln zu sorgen, um so schnell wie möglich die Beine in die Hand zu nehmen und das Weite zu suchen. Für den heutigen Homo sapiens sind solche vegetativen »fight or flight«-Reaktionen beim Anblick des gefürchteten Chefs (der Prüfungskommission, der gestrengen Oberschwester, des Polizisten mit dem Alkoholteströhrchen – Nichtzutreffendes bitte streichen) wenig hilfreich. Hier ist dann eine sehr intensive, mäßigende Intervention des Frontalhirns, also des klaren, kritischen Bewusstseins vonnöten, um einen »kühlen Kopf« (!) zu behalten und nicht kontraproduktiv zu handeln.

Diese hirneigene Alarmanlage, die Mandelkerne (Amygdala, obwohl es sich um ein paariges Organ handelt, hat es sich – grammatikalisch unkorrekt – eingebürgert, von »der Amygdala« zu sprechen), spielt tatsächlich eine erste Geige im Orchester des limbischen Systems. Sie wird von allen Hirnzentren bedient, die Sinneseindrücke aufnehmen, und erhält darüber hinaus Informationen vom Thalamus. Die Mandelkerne selbst bestehen wieder aus mehreren Kernen, und ihr gesamtes System ordnet den Impulsen positive oder negative Bewertungen zu. So programmieren uns die Mandelkerne beispielsweise darauf, die Quellen der wahrgenommenen Eindrücke aufzusuchen oder zu vermeiden. Auch das muss nicht unbedingt immer zum Nutzen des Mandelkern-Besitzers geschehen: Durch wiederholte Kopplungen von Sinneseindrücken mit gleichzeitig erlebten unbehaglichen Gefühlszuständen kann es unter Umständen zu paradoxen Reaktionen kommen, wie etwa, dass jemand genau die Situationen oder Menschen mit Angst besetzt, die ihm eigentlich gut tun würden, oder dass er sich bevorzugt mit solchen einlässt, denen man besser aus dem Weg gehen sollte.

Damit deutet sich bereits an, welch wichtige Rolle das limbische System, und hier ganz besonders die Mandelkerne, für die Psychotherapieforschung spielen. Beidseitige Zerstörung der Amygdala führt zum Verlust von Furcht und Aggressivität, zu Fresssucht, Merkfähigkeitsstörungen und gesteigerter sexueller Aktivität. Bereits in den 1940er-Jahren entdeckten zwei amerikanische Hirnforscher in stark umstrittenen Tierversuchen an Rhesusaffen diese Zusammenhänge, die nach ihnen als Klüver-Bucy-Syndrom bezeichnet wurden. Später konnten die Befunde durch Beobachtungen nach »natürlichen« Verletzungen bei Menschen bestätigt werden.

Gewissermaßen die Frohnatur der Hirnkerne und damit der Gegenspieler des Mandelkerns ist der **Nucleus accumbens** (»accumbere« war ursprünglich die Bezeichnung der Position, die die alten Römer bei der Einnahme ihrer Mahlzeiten bevorzugten, die Struktur wäre also mit »der zu Tische liegende Kern« zu übersetzen). Die Nomenklatur der Hirnstrukturen ist voller Rätsel: Da gibt es nicht nur das schon beschriebene »Seepferdchen«, sondern auch ein »Schlafgemach« (Thalamus), eine »Wasserleitung« (aquaeductus), einen »Schnabel« (rostrum) und sogar »Busenkörper« (corpora mamillaria). Neben ihrem Entdeckergeist hatten die alten Anatomen offensichtlich viel Fantasie und sprachliche Kreativität. Im Gegensatz zu seiner Bezeichnung als faul zu Tische liegender Kern ist der Nucleus accumbens allerdings ein sehr »waches« Modul im Gehirn. Er dient als Sensor für positive Schlüsselreize: Witze (s. Kap. 11 von Barbara Wild), persönliche Erfolgserlebnisse, der Anblick einer attraktiven Person oder eines ebensolchen Sportwagens (bei Männern durch Magnetresonanztomografie empirisch gesichert), Schokolade oder guter Sex regen ihn dazu an, hirneigene Endorphine ins Frontalhirn freizusetzen, was dann den Zustand hervorruft, dem Manfred Spitzer wiederum einen eigenen Beitrag in diesem Buch gewidmet hat: Glück (s. Kap. 8). Leider geht das aber auch anders, denn Kokain, Ecstasy und was es sonst noch alles an Designerdrogen gibt, haben die gleiche Wirkung. Da man für Erfolgserlebnisse, Sportwagen und die Beziehung zu attraktiven Personen oft hart und lange arbeiten muss, die Wirkung der Drogen aber ohne großen Aufwand schnell und sicher einsetzt, liegt es auf der Hand, dass sie süchtig machen: Warum sich so blödsinnig anstrengen, wenn »Dope« oder »Meth« mühelos und rasch Dopamin ausschütten, Endorphine ins Frontalhirn pumpen und glücklich machen?

Eine weitere Schlüsselposition im limbischen System hat der **Hippocampus**. Abrufbare Gedächtnisinhalte können nur durch diesen »Prozessor« in der »Festplatte« des Langzeitgedächtnisses gespeichert werden.

Unsere Wahrnehmungen und Sinneseindrücke werden zunächst in spezifischen Feldern der Großhirnrinde abgebildet und dann nach der Passage einiger Schaltstellen in das Verarbeitungssystem des Hippocampus eingespeist, der sie an den Thalamus weiterleitet. Von dort läuft die Erregung über den Gyrus cinguli der Großhirnrinde, um dann im abrufbaren Bewusstseinsspeicher (dem sogenannten »expliziten Gedächtnis«) hinterlegt zu werden und manchmal leider viel zu kurz, manchmal auch unerträglich lange zur Verfügung zu stehen.

Für Valentin Braitenberg (s. Kap. 1) weist die geschweifte Form des Hippocampus mit der Verbindung seiner beiden Enden auf eine ideale Konfiguration für die Speicherung von Informationen hin, weil die Signale auf diese Weise längere Zeit im Kreis laufen können. Schädigungen im Hippocampus sind immer mit Störungen der Merkfähigkeit verbunden, vor allem der des Kurzzeitgedächtnisses. Informationen, die unsere Hippocampusschleife bereits durchlaufen und im Großhirn einen sicheren Hafen gefunden haben, sind demgegenüber weniger beeinträchtigt. Alzheimer-Patienten, bei denen sich im Hippocampus Abfallprodukte des Stoffwechsels ablagern, können sich daher noch lange Zeit gut an Ereignisse aus Kindheit und Jugend erinnern. Auch das Lernen von neuen Bewegungsabläufen und das Konditionieren von Reflexen sind durch die Schädigung des Hippocampus nicht betroffen, weil sie über andere Bahnen laufen. Das Speichern soeben erlebter Ereignisse oder kurzfristig erworbener Erkenntnisse ist dem gegenüber stark beeinträchtigt.

Dauerstress führt dazu, dass das Hippocampusvolumen abnimmt, wie sich an Obduktionen des Gehirns bei betroffenen Menschen und durch Messungen mit bildgebenden Verfahren am lebenden Menschen feststellen lässt: Man lernt schlecht unter Stress. Nur ein entspanntes, möglichst gar vergnügtes Hirn lernt gut und gern. Was das für unser Bildungssystem vom Kindergarten bis hin zur innerbetrieblichen Fortbildung bedeutet, liegt auf der Hand. Eine anregende Umgebung, viel Bewegung, die Begrenzung des Datenmülls von Smartphones, Fernsehen und Playstations und vor allem Spaß sind für ein effizientes Lernen vonnöten. Da ist in unserem Bildungssystem noch viel Luft nach oben!

Wir sind also bei unserem Zielpunkt, dem Hippocampus angelangt, dessen neuronale Macht und Kompetenz in eigenartigem Kontrast zu seiner niedlichen Titulierung als »Seepferdchen« steht. Da das Gehirn ein unendlich komplexes Netzwerk ist, hätte er auch der Ausgangspunkt für unsere orientierende Rundreise durch die Hirnlandschaft sein können. Wir sind dabei einer Reihe von markanten Punkten begegnet, haben ein paar Sehenswürdigkeiten herausgegriffen, einige eher links liegen gelassen, kurz gestreift oder aus einer Perspektive beobachtet, die ihre Beschaffenheit nur oberflächlich wiedergibt. Das gesamte Gebiet ist ja schier grenzenlos und in Teilen immer noch unerforscht. Ich hoffe aber, diese kurze tour d'horizon hat Ihre Neu(ro)gier für weitere Exkursionen in die spannende Welt des Nervensystems geweckt. Die Autoren der nachfolgenden Kapitel stehen Ihnen als Reiseführer zur Verfügung.

Weiterführende Literatur

Herculano-Houzel, S (2012). The remarkable, yet not extraordinary, human brain as a scaled-up primate brain and its associated cost. PNAS; 109 (Suppl 1): 10661–10668.

3 Ein Organ interpretiert sich selbst

Eine wirklich sehr kurze Geschichte der Hirnforschung

Kai Sammet

Bettler, Beppo, Bohrlöcher

Gehirne lassen sich unterschiedlich verwenden. Dass es Geld bringt, das wusste ein kopfarbeitender Bettler um 1700, dessen Schädel durch Knochenfraß so derangiert war, dass das Hirn sichtbar wurde: Und das ließ er sich gegen Bezahlung eindrücken. Zuerst sah er Funken vor den Augen, bei stärkerem Druck sah er nichts mehr, er fiel in Schlaf, aus dem er erwachte, wenn die zahlenden Gäste seines Hirns ihre Finger wieder hoben. Hier benutzte einer sein Hirn mit Unternehmer-Geist (hoffentlich kam ihm schlafend kein Geld abhanden). Ob diese Geschichte wahr ist oder in die Wissenschaftsfolklore gehört – Wissen über Zusammenhänge von Sinnesfunktion, Bewusstlosigkeit und Gehirn existiert schon lange. Hirn und Schädel hatten vielleicht schon bei Vor- und Frühmenschen eine herausgehobene Bedeutung. Spiegeln heutige Deutungen nur unsere Zerebralverliebtheit? Auch. Aber unsere weitläufige phylogenetische Verwandtschaft frönte auch Schädelkulten. Neandertaler veranstalteten Kopfjagden, um Hirn zu speisen. Ob es sich hier um Nouvelle (Humaine) Cuisine oder um magische Einverleibung der Kraft des Feindes handelte – wer weiß? (Nebenbei: Mehr Hirn via Verdauungstrakt bedeutet nicht mehr Geist. Das zeigt die Krankheit Kuru auf Papua-Neuguinea, die zu neurologischen Ausfällen und zum Tod führt. Verursacht durch Kannibalismus, zählt sie neben BSE und der Creutzfeldt-Jakob-Krankheit zu den Prion-Krankheiten.) Schon Australopithecinen, eine unserer Vorformen, die sich vor etwa vier Millionen Jahren in Afrika tummelten, benutzten wohl Schädelbecher, ein zu den Schädelkulten gehöriges Phänomen, das sich lang hielt, wie Herodot (484–425 v. Chr.) über die Skythen berichtet, die den Schädel unter den Brauen absägten, mit Rindshaut überzogen oder innen vergoldeten, um daraus zu trinken.

Unsicher bleibt auch der Sinn der seit der Steinzeit verbreiteten Trepanation. Als am Ende des 17. Jahrhunderts ein Schädel mit einem Loch an der falschen Stelle gefunden wurde, wusste man damit nichts anzufangen. Erst die Aufschließung anderer Wissensräume wie das Interesse an Evolution, Archäologie und die Schädelmanie im 19. Jahrhundert lenkte die Aufmerksamkeit auf diese Schädel, was sich in Funden in Europa und bei südamerikanischen Hochkulturen bis zu den Inkas niederschlug: Schädel mit absichtlich, nicht durch Gewalttat verursachten Löchern unterschiedlicher Größe, beigebracht mit Schabern, Bohrern, Meißeln. Viele der traktierten Personen überlebten, das zeigt die Knochenneubildung an den Rändern. Doch wozu wurde das Hirn angebohrt? Zwei Deutungen bieten sich an: Das Loch sollte bei Kopfschmerzen, Epilepsie oder Geisteskrankheiten zur Flucht für Dämonen aus dem Kopf (in den sie nicht gehörten) oder der Entlastung von Hirndruck bei eingedellten Schädelfrakturen dienen.

Die Trepanation verweist auf zweierlei. Die Beschäftigung des Geistes mit dem Kopf ist nicht selbstverständlich, sondern an Geschichte gebunden (sonst hätte man sich schon um 1700 um dies löcherige Nichts gekümmert). Und: Der Kopf nimmt in vielen Kulturen eine prominente Stellung ein – wenn auch sicher nur deshalb, weil hieraus geredet, dort hineingehört, von da aus gesehen wird. Doch sollte man die Beispiele aus Vor- und Frühgeschichte nicht überschätzen. Es gab kluge Völker, denen das Hirn so fad war, dass sie es nach dem Tod dem Müll überantworteten. Im alten Ägypten wurde die schleimige Masse beim Mumifizieren mit Haken aus der Nase gezogen, während das Herz als psychisches Zentralorgan im Körper blieb.

Welche Bedeutung das Hirn hat, hängt davon ab, wie der, der eines hat, seines interpretiert und jenes, das ein anderer hat, auffassen möchte. Dass dies Organ sich selbst interpretiert, heißt, dass es sich auch anders verstehen könnte. Nehmen wir Kater Beppo – was sieht er, wenn wir seinem Interpreten Jorge Luis Borges folgen? Beppo »beschaut sich/in der hellen Spiegeltür, und er kann/nicht wissen, dass dies Weiß und die Goldaugen,/die er niemals in diesem Haus gesehen hat,/sein eigenes Bild sind« – er sieht offensichtlich einen anderen Kater, unendlich von ihm getrennt, weil ihm Reflexivverben ein Rätsel sind. Fehlt es Beppos Gehirn an Geist? Und wer ist derjenige, der ihm, ihn beobachtend, den Geist des Selbst-Bewusstseins abspricht?

Hirnforschung bedeutet Verstehen, oft fragmentarisch. Carl Weigert (1845–1904) beschrieb 1904 die Vorgeschichte der von ihm in den 1880er-Jahren entwickelten Weigertschen Markscheidenfärbung, die Myelinscheiden, aus Fetten aufgebaute Umhüllungen der Nerven, gut sichtbar machten. Was hatte man vorher (alles nicht) gesehen? Das seit 1860 benutzte Carmin färbte alles rot – bis auf die Markscheiden. Die später verwendete Osmiumsäure zeigte zwar feinste Nervenfasern schwarz auf weiß, doch waren die Präparate wenig haltbar, die Säure drang nicht tief ein, sie zerstörte andere Gewebebestandteile. Erst Weigerts aus Kenntnissen der Farbchemie, der Morphologie, Laboratoriumshandwerk, Geduld und Spucke zurechtgebastelte Färbung wurde zur Standardmethode. Das Gehirn gab seine Strukturgeheimnisse schlecht preis (und oft noch sträubt sich das Dunkel, sich zu offenbaren), es bedurfte tastender, fragmentierter Deutung.

Ist das alles Hirnforschung? Es ist Wissen, Mutmaßung, Naturwissenschaft, Hermeneutik. Annäherungen und Probleme im Verständnis des Gehirns. Nachfolgend sollen einige Wegmarken der Hirndeutung abgeschritten werden (bis wir uns mit Beppo entspannen).

Kühlschrank oder Kugel ohne Beine?

Aristoteles (384–322 v. Chr.) wusste, wann man gehen sollte. Er hatte gute Beziehungen zu Makedonien, sein Vater Nikomachos war Arzt am dortigen Hof gewesen. Als 347 v. Chr. in Athen eine antimakedonische Regierung an die Macht kam, war es Zeit, nach 20 Jahren die Stadt zu verlassen. Er ließ sich in Assos nieder, später auf Lesbos. Ob das Exil schmerzte? Jedenfalls entstanden dort die meisten seiner zoologischen Forschungen. Er beschrieb Körperbau und Lebensweise von über 500 Tieren. Die fortgeschrittenste medizinische Theorie, die der hippokratischen Schriften, war ihm bekannt. Wahrscheinlich sezierte er selbst Tiere. Seine Kenntnisse über das Gehirn könnte er an Fischen gewonnen haben. Aristoteles wusste also gut Bescheid. Doch in der Geschichte der Neurowissenschaften wird er als Kardiozentriker (das Herz sei das psychische Zentralorgan) gescholten, während sein Lehrer Platon (427–347 v. Chr.) für seine kephalozentrische Position (das Gehirn als Zentrum) gelobt wird. Dieses Notenverteilen verdeckt, dass der Empiriker Aristoteles, gemessen an damaligen Standards, clevere Argumente bot, überdies war seine Theorie der Psyche klug (und folgenreich).

Warum sollte das Herz Lebensquell, Ursprung von Bewegung und Empfindung sein? Es gab zwei Grundprinzipien organischen Lebens – Wärme und Pneuma (eine Art dynamisches Lebensprinzip), das Herz lieferte psychisches Pneuma. Auch naturphilosophische Überlegungen sprachen für die Prominenz des Herzens und für die Funktion des Gehirns als Kühlschrank. Denn das bestand aus den kalten Elementen Erde und Wasser. Beweis: Beim Kochen wurde es trocken, hart. Überdies: Alles bedarf eines Gegengewichts, daher hatte die Natur das Hirn zur Mäßigung des Siedens im Herzen geschaffen. Und schließlich (das foppte noch Physiologen im 19. Jahrhundert) konnte ein Organ, das unempfindlich war, kaum Sitz von Bewegung und Empfindung sein.

Aristoteles wusste, dass er sich gegen den griechischen Mainstream wandte. Schon der Vorsokratiker Alkmaion von Kroton (6. Jh. v. Chr.), der Tiere sezierte, meinte, das Gehirn ermögliche Sinneswahrnehmungen, aus denen sich Gedächtnis und Vorstellung bildeten, die wiederum, »wenn sie sich gesetzt haben«, Wissen erzeugten. Diese Ansicht kannte auch Platon. Doch dessen Hirn-Präferenz hatte mehr mit seiner Seelen- und seiner politischen Theorie (die wiederum die aktuelle athenische Politik reflektierte) als mit Sektionen zu tun. In der Trias des erkennenden Seelenteils (*logistikon*, im Gehirn), dem mutigen (*thymoides*, in der Herzgegend) und dem begehrenden (*epithymetikon*, im Unterbauch), die beide der Herrschaft des *logistikon* unterworfen sein sollten, zeigt sich seine Theorie des Staats, in dessen Vollendung die Vernunft, verkörpert in den Philosophenkönigen, über die tapferen Soldaten als Wächter und das Stimmungen folgende Volk herrschen sollte. Außerdem bot Platon ein alltagsanatomisches Argument. Das *logistikon* war der edelste Seelenteil. Es musste dort wohnen, von wo es alles sehen und wie von einer hohen Burg aus befehlen konnte. Die vollendete Kugel des Kopfes benötigte (eigentlich) keinen Körper, die unsterbliche Seele war sich selbst genug, doch sahen die Götter ein, dass eine Kugel hilflos wäre:

> »*Damit der Kopf nun nicht auf der Erde herumrolle, die ja Höhen und Tiefen aller Art besitzt, und demzufolge die einen nicht zu übersteigen und aus den anderen nicht herauszukommen verstehe, gaben sie ihm diesen Körper als eine Art Fahrzeug und Hilfsmittel.*«

Das war so spekulativ wie Aristoteles' Kardiozentrismus – auch der hatte eine kluge Seelentheorie erdacht.

Alle Wahrnehmungen stammen aus den Sinnen. Doch muss ein *sensus communis* hinzutreten, da das Gehör nur hören, das Auge nur sehen kann. Wir integrieren aber Sinnesqualitäten zu einem Ganzen. Ausgehend vom Gemeinsinn, postulierte Aristoteles ein zweites Vermögen: *phantasia* (Einbildungskraft), die – als reproduktive – ein »Sehen mit geschlossenen Augen« ist. Das so gebildete *phantasma* (Vorstellungsbild) wanderte in das Gedächtnis – wir erkennen ja, ob wir etwas schon einmal gesehen haben. Doch sind wir nicht nur reproduktiv, wir haben schöpferische Einbildung. Schließlich müssen Wahrnehmung und Erinnerung beurteilt, abgewogen werden. Unser Verstand zerfällt in einen passiven Teil und einen Intellectus agens, der als unsterblicher Seelenteil nicht nur auf die Zufuhr aus den Sinnen angewiesen ist.

Der römische Arzt Galen (ca. 130–201 n. Chr.) übernahm die aristotelische Pneumatheorie und baute sie in sein physiologisches Konzept ein. (Doch die Vorstellung vom Hirn als Kühlschrank fand er absurd. Dann hätte die Natur es doch nicht so fern vom Herzen platziert, sondern drumherum!) Galen war kephalozentrisch und hierarchisierte die pneumata oder den spiritus. Zuerst wurde aus den Nährstoffen in der Leber *spiritus naturalis* gefertigt, von den Venen ins Herz gebracht und in der linken Herzkammer zu *spiritus vitalis* verwandelt. Von dort ging es über die Arterien zum Gehirn, wo der feine *spiritus animalis*, psychisches *pneuma*, gebildet wurde.

Transport im Lager

Tema con variazioni: So funktionierte eine Theorie, die lange wahr war. Das waren andere Hirntiere (um ein bisschen Bennianisch zu sprechen), nicht mit einer dunklen Masse in einer Schale, durchzuckt, erhellt von elektrischen Blitzen, sondern mit Löchern des Geistes ausgestattet: Die Theorie der Hirnventrikel als Sitz der Seele war ein uniformer, jeweils leicht variierter Cocktail aus aristotelischer Psychologie, galenischer Physiologie und persönlichem Gusto des jeweiligen Autors und beherrschte die Vorstellungen zu Hirn und Psyche im Mittelalter.

Eine frühe Version vertrat Oreibasios von Pergamon (ca. 325–400), der als Leibarzt Kaiser Julian Apostatas (331–363) einen Abriss der Heilkunde verfasste und sich kräftig bei Galen bediente. Die vorderen Ventrikel dienen der Aus- und Einatmung des Gehirns, hier wurde das *psychikon pneuma* produziert. Eine Urform der Ventrikeltheorie vertrat der Arzt Posidonios (4. Jh. n. Chr.). Die *phantasia* war im vorderen, das Gedächtnis im hinteren Teil des Gehirns, der Verstand in der mittleren Hirnhöhle beheimatet – eine Vorstellung, die Nemesios, Bischof von Emesa in Syrien (um 400 n. Chr.) zur Dreizellentheorie variierte. Jetzt waren drei Ventrikel je einer psychischen Funktion zugeordnet. Augustinus (354–430) bot eine andere Version. Der vordere Ventrikel, nahe dem Gesicht, enthielt den *sensus communis*, der hintere, am Hals, bot der Bewegungsfähigkeit Obdach, zwischen beiden lag das Gedächtnis. Diese Grundmodelle gelangten in die arabische und in die philosophisch-christliche Tradition in Hoch- und Spätmittelalter – es wäre ermüdend, alle Autoren aufzulisten, die die Dreizellentheorie raubkopierten und variierten. Einige Beispiele mögen genügen. Costa ben Luca (864–923), ein reisefreudiger christlicher Arzt aus Baalbek in Syrien, brachte aus Griechenland Bücher als Präsente mit und untergliederte das Hirn in zwei Teile, einen vorderen und hinteren, die sich in einen gemeinsamen Raum in der Mitte des Hirns öffneten. Denken, Vorausplanung und Überlegung wurden durch den *spiritus* in der Mitte, Sinnestätigkeit und *phantasia* durch den *spiritus* im vorderen Teil des Gehirns, Gedächtnis und Bewegung durch jenen im hinteren Teil bewerkstelligt. Dass dieser Transport in den Lagern für das Funktionieren des Geistes unabdingbar war, machten die »lauteren Brüder«, ein syrischer Geheimbund, klar. Vom Vorderhirn breiteten sich mit den Sinnesorganen verbundene Nerven aus, die sich dahinter teilten wie ein Spinngewebe. Die Sinne sandten Abbilder der Dinge zur Vorstellungskraft, die diese sammelte und der Denkkraft in der Mitte übergab, wo sie beurteilt wurden, um dann ins Gedächtnis zu gelangen. Eine weitere Version, kombiniert mit der antiken Säftelehre, bot Wilhelm von Conchis (1080–1150). Die erste Zelle, Heimat des Wahrnehmungsvermögens, war warm und trocken, so konnte sie die Formen und Farben der Dinge anziehen. Der mittleren Zelle, die Vernunft und Urteil beherbergte, wurde, was die Einbildung anzog, geliefert, sie war warm und feucht. Die dritte, die Gedächtniszelle, war kalt und trocken. So wurde das im Verstand Verarbeitete zurückgehalten, denn Trockenes und Kaltes ziehen zusammen.

Die Dreizellentheorie herrschte bis ins 15. Jahrhundert hinein. Ihr Dualismus und die oft deutliche Anlehnung an aristotelische Psychologie kennzeichneten auch eine etwas andere Theorie, die in der frühen Neuzeit den Grundgedanken der Unsterblichkeit der Seele und des unteilbaren Ich hochhielt.

Der König in der Hauptstadt

In der Mitte des Hirns wohnt der König in der Hauptstadt. Er sieht und lenkt Untertanen. Mal wird ihm ein Sinneseindruck präsentiert, den er in seine Gedanken einbaut (aber nur, wenn er will), mal wird ihm eine unkeusche Begierde (ausgelöst durch den Anblick des verlockend geschwungenen Fußes einer Londoner Schönheit) aus den Eingeweiden gefunkt, die er prompt zurückweist, ein anderer Affekt ist angemessen, und der König verstärkt ihn zur Steuerung der Gliederpuppe, die sein Körper ist – das ist eine Theorie, die, wie Michael Hagner bemerkte, von 1650 bis 1800 die Neurowissenschaft bestimmte und auf Descartes' Dualismus aus *res extensa* (ausgedehnte Materie) und *res cogitans* (unausgedehnte, unsterbliche, immaterielle Seele) zurückging. So wurde die Figur des Seelenorgans konstruiert, eines Interaktionsortes, einer Verlötung des Materiellen mit dem Immateriellen, des Gehirns mit der Seele, der Ort, wo die Seele wohnt (oder ihre Wirkung ausübt).

Während Descartes Mensch und Tier klar trennte (Tiere waren Automaten) fand Thomas Willis (1621–1675), auf den das Wort »Neurologie« zurückgeht, eine andere, an den Descartes-Kritiker Pierre Gassendi (1592–1655) angelehnte Lösung. Statt Tieren eine Seele abzusprechen, sollten diese – Sektionen an Hunden, Schafen, Schweinen, Austern, Hummern, Regenwürmern bezeugten dies – eine zentrale Gemeinsamkeit mit dem Menschen haben. Sie besaßen eine *anima brutorum*, eine Körper- oder Tierseele, bestehend aus einer »flammenartigen« *anima vitalis*, Lebensseele, entstanden aus der Verbrennung im Blut, und einer *anima sensitiva*, jene nervösen Funktionen umfassend, die Mensch und Tier gemein hatten. Doch auch Willis mochte vom Dualismus nicht lassen. Nur der Mensch hatte eine *anima rationalis*, einen obersten Lenker, den oben erwähnten kapitalen König, Arbeitsplatzbeschreibung: Überlegung, Urteil. Doch Willis' absoluter König war so absolut nicht mehr, Willis lebte in bewegten Zeiten. Seine Theorie der Interaktion zwischen König, rationaler Seele und Körperseele darf als Reflex auf das englische 17. Jahrhundert gesehen werden. In der Nähe Oxfords geboren, studierte Willis dort seit 1637 Medizin. Als 1642 der Bürgerkrieg zwischen Royalisten und »parlamentarians« ausbrach, kam Karl I. nach Oxford. Willis schloss sich den Royalisten an, fand aber besonders Interesse an neuen medizinischen Theorien. Das wurde belohnt, als Karl 1646 fliehen musste und die »parlamentarians« in Oxford die Macht übernahmen, in ihrem Gepäck junge hungrige Wissenschaftler einer Gruppe, die sich »Virtuosi« nannten, unter ihnen Robert Boyle (1627–1691), der in Oxford ein privates Labor einrichtete, und Christopher Wren (1632–1723), einer der wichtigsten englischen Architekten und Baumeister, der die neuroanatomischen Bilder für Willis' Werke lieferte. Später siedelte Willis nach London über, wo er eine ausgedehnte Praxis betrieb (und hier mag ihm bei einem Patientenbesuch jener laszive Londoner Frauenfuß begegnet sein).

Doch Willis' zentrale Werke zur Neuroanatomie – 1664 erschien »Cerebri anatome«, 1672 »De Anima brutorum« – lassen sich nicht simpel aus der Zähmung des Absolutismus ableiten. Die Erfindung der neuzeitlichen Anatomie durch Andreas Vesal (1514–1564) hatte Maßstäbe anatomischer Präzision gesetzt, die sich in Willis' Neuroanatomie zeigten. Dieses Wissen verband er mit der Iatrochemie, einer Theorie, die Gesundheit und Krankheit auf chemische Vorgänge zurückführte, bei denen einige Grundstoffe bzw. -prinzipien zentral waren (z. B. terra und aqua). Dass in des Königs Reich gewerkelt, destilliert, gebastelt wurde, diese Theoreme stammten nicht aus der Politik, sondern aus avantgardistischem medizinischem Wissen. Wie gingen nun die Aktionen in der Körperseele vonstatten? Im warmen, ernährenden Blut wurde durch Verbrennung die anima vitalis, die Lebensflamme als dynamisches Prinzip, erzeugt. Die anima sensitiva bediente sich der spiritus, Transportmedien ihrer Funktionen, verfeinerte lichtartige Teile der Flamme, die in der Groß- oder Kleinhirnrinde durch Destillation in Blutgefäßen gebildet wurden. Von der Rinde wurden die spiritus verteilt, im Balken, einer Struktur in der Mitte des Gehirns, wie auf einem Marktplatz gesammelt und dann an Rückenmark oder Eingeweide weitergegeben. Zentral war das Kleinhirn, Organ unwillkürlicher Bewegung und vegetativer Steuerung wie Herzschlag und Atmung. Das schloss Willis aus der vergleichenden Anatomie. Das regelmäßige Windungsrelief, bei Mensch und Tier ähnlich, bewies die Regelmäßigkeit der Funktionen. Dagegen zeigte die einmalig komplexe

Faltung der menschlichen Hirnrinde, dass hier viel Platz nötig war. Der Mensch, mit vielfältigen Sinneseindrücken bombardiert, benötigte für deren Ablagerung viele Fächer (»apothecis et cellulis«). Das Kleinhirn funktionierte wie ein rhythmischer Automat – Herzschlag für Herzschlag, Atemzug für Atemzug. Hier flossen die spiritus ohne Lenker gleichmäßig, ununterbrochen zu Darm, Herz und Lunge. Das aber hieß, dass das Großhirn vom Kleinhirn abhing. Dessen Versorgung mit spiritushaltigem Arterienblut setzte regelmäßige Herz-Kreislauf-Aktionen voraus – die Beherrschung des Königs aus den Eingeweiden. Damit war die Theorie des Seelenorgans als König noch nicht abgeschafft, sie wurde nur fragwürdiger. Um 1800 wurde die immaterielle Seele verabschiedet – und die Lokalisation pluraler Einzelvermögen in der Hirnrinde erfunden.

Ausbeulungen und Verhalten

Es gehört zum Geschäft, wissenschaftliche Gegner vorzuführen. Der französische Physiologie François Magendie (1783–1855) präsentierte dem österreichischen Arzt Johann Spurzheim (1776–1832) das Gehirn eines Imbezilen und gab es für jenes des Mathematikers Laplace (1749–1827) aus, dessen Wohlgeformtheit Spurzheim natürlich bewunderte. Doch so leicht lässt sich eine Idee nicht vernichten. Denn der Ansatz, den der Begründer dieser Art Hirnschau verfolgte, war alles andere als lächerlich. Magendies diebische Freude kann auch als Ausdruck der Angst vor den Konsequenzen dieser Theorie gedeutet werden. Deren Grundgedanke lässt sich in Freuds Aussage fassen, man solle »nicht an die Buntheit der Menschenwelt vergessen«. Der im badischen Tiefenbronn geborene Franz Joseph Gall

(1758–1828) interessierte sich nicht für das unsterbliche Ich, sondern für die Mannigfaltigkeit des Verhaltens, das in seiner Pluralität im Gehirn lokalisiert war. Gemeinsinn, *phantasia*, Verstand, Gedächtnis: Die paar Fächer sortierten zu grob. Gall war empirisch orientiert, weil er, als praktischer Arzt in Wien bis 1805 tätig, viel sah, zum Beispiel Geisteskranke im Wiener Narrenturm. Gall hatte als Kind einen anderen Jungen wegen dessen Fähigkeit zum Auswendiglernen bewundert. Während seines Studiums sah er, dass gute Auswendiglerner vorstehende Augen hatten – das konnte nur heißen, dass sich das Hirn dahinter buckelte. Gall las am Schädel ab, was im Hirn lag (daher hatte er um 1802 schon eine imposante Schädelsammlung von über 300 Exemplaren, und so mancher Wiener Hirnbucklige soll um sein edelstes Teil, den Kopf, gefürchtet haben), die Organologie erkannte »aus Erhabenheiten und Vertiefungen« am Schädel in der Hirnrinde liegende, abgrenzbare, funktionell verbundene Organe, bei Tieren 19, beim Menschen kamen 8 weitere hinzu. Sicher sind aus heutiger Sicht Galls Beobachtungen fragwürdig. Zum Beispiel fand sich für die Lokalisation des »Destruktions- oder Mordtriebs« über den Ohren ein bunter Begründungsstrauß. Diese Gegend war bei Carnivoren kräftiger entwickelt als bei Grasfressern. Sie fiel bei einem Geschäftsmann auf, der sein erfolgreiches Leben aufgab, um Schlachter zu werden, ebenso bei einem Studenten, der so gern Tiere quälte, dass er Chirurg wurde, oder einem Apotheker, der sich zum Scharfrichter umschulen ließ.

Doch Gall war kein Spinner. Seine neuroanatomischen Fähigkeiten wurden zum Beispiel von dem ebenfalls nicht unbedarften Hirnanatom Johann Christian Reil (1759–1813) anerkannt, der bemerkte, er habe bei einer gallschen Hirnsektion mehr gesehen, als er je geglaubt habe, dass ein Mann in seiner gesamten Lebenszeit entdecken könnte. Als Gall 1796 in Wien begann, öffentliche Vorlesungen zu halten, bekam er Probleme, nicht weil seine Theorie abstrus, sondern weil sie gefährlich war. Ende 1801 wurden seine Vorlesungen als subversiv, atheistisch und materialistisch verboten, Gall verließ Wien 1805, hielt Vorträge in ganz Europa und ging im November 1807 nach Paris, wo ihm wieder Ablehnung entgegenschlug – Magendies Streich gehört zu einer restaurativen (Hirn-) Politik, die antilokalisatorisch gestimmt war, um Freiheit, Einheit und Unsterblichkeit der Seele zu bewahren.

Dennoch trat Galls Theorie, wenn auch umgemodelt, ihren Siegeszug an. Seit 1804 arbeitete Gall mit Spurzheim zusammen, von dem er sich 1813 trennte, weil dieser Galls Positionen änderte. Spurzheim transformierte die nun Phrenologie genannte Lehre in ein optimistisches Hirnverbesserungsprogramm um. Nicht angeborene, damit durch die Umwelt kaum veränderbare Rindenorgane buckelten den Schädel vor. Geistes-Training konnte die Morphologie modifizieren, Perfektionierung durch Hirnjogging. Spurzheim, Vortragsreisender in Sachen Geist, gewann in vielen Ländern Anhänger. In den optimistischen USA wurde die Phrenologie Grundlage für philanthropisch-reformerische Projekte, sinterte aber, geschäftsmäßig betrieben, in die Unterhaltungsindustrie ab.

Tantantan

Freiliegende Hirne lassen sich nicht nur für Geld, sondern auch für die Wissenschaft eindellen. Der französische Arzt Simon Alexandre Ernest Aubertin (1825–1865) beschrieb im April 1861 einen Patienten, der sich so in den Kopf geschossen hatte, dass ein Teil des Stirnlappens freilag. Befragte man ihn und drückte auf die Stelle, so stoppte die Sprachproduktion, er sprach weiter, wenn man die Kompression aufhob, das Wort wurde geradezu auseinandergeschnitten. Aubertin wollte die Lokalisation des Sprachvermögens in den Vorderlappen des Gehirns beweisen – nicht verwunderlich, war er doch der Schwiegersohn Jean-Baptiste Bouillauds (1796–1881), der um 1830 lokalisationische Ideen gegen den Mainstream vertrat, der seinerseits meinte, das Gehirn agiere als Gesamtheit, umgrenzte Bezirke für definierte Funktionen existierten nicht. Bouillaud war ein anerkannter Kliniker, ihn interessierten neurologische Ausfälle, und er hatte die statistische Methode tief inhaliert (bis zum Ende seines Lebens wertete er mehr als 700 Fälle aus). 1825 berichtete er über Patienten mit Hirnverletzungen, die nicht sprechen konnten, andere Funktionen waren intakt. Der Sektionstisch bewies dann, dass Sprache in den Stirnlappen wohnte.

Doch die Sache war vertrackter. Es gab Fälle, wo Sprache fehlte – doch ebenso eine Läsion im Stirnlappen. Dann wieder sollte das angebliche Sprachzentrum verletzt sein – doch wurde munter geplaudert. Ein Grund für diese verwirrenden Befunde lag darin, dass Bouillaud die Hemisphärendominanz noch nicht kannte. Dennoch bestand nun Interesse an einer Lokalisation von Sprache (und Intelligenz) im Vorderhirn, wiesen doch Indianerschädel größere Volumina als Europäerschädel auf. Das konnte nicht sein, das musste hinwegerklärt werden. Eine aussichtsreiche Idee bestand darin, Teile genau zu betrachten – Paul Broca (1824–1880), Sohn eines protestantischen Militärchirurgen und anerkannter Wissenschaftler (er hatte z. B. über Krebszellen und Muskeldystrophie geforscht), wurde fündig: Intelligenz war keine Funktion bloßer Größe, sondern der Frontalhirnentwicklung. Dies ließ Broca zum Lokalisationismus geneigt sein. Er fand Bouillaud überzeugend. Eigene mikroskopische Rindenuntersuchungen hatten morphologische Variationen gezeigt – das sprach für funktionelle Variation. Broca war also für einen der berühmtesten Fälle in der Geschichte der Neurowissenschaft gut gerüstet.

Am 12. April 1861 wurde der 51-jährige Monsieur Leborgne auf die Chirurgische Station Brocas im Pariser Krankenhaus Bicêtre aufgenommen, er hatte am rechten Bein Geschwüre. Leborgne litt seit seiner Jugend an Epilepsie, seit seinem 41. Lebensjahr war sein rechtes Bein gelähmt, er verlor seine Sprache. Wenn er seinen Namen sagen sollte, konnte er nur »Tantantan« äußern. Leborgne war dem Tod geweiht. Broca lud Aubertin ein, der eine Läsion im Vorderhirn postulierte – ein Befund, den die Sektion als »chronische und fortschreitende Erweichung« in dieser Region linkshemisphäriell bestätigte.

Warum überzeugte Brocas Fall so viele vom Lokalisationismus? Erstens lieferte Broca eine äußerst präzise Darstellung. Zweitens war die Scientific Community inzwischen nicht mehr völlig antilokalisatorisch gestimmt. Drittens genoss Broca um 1861 großes Renommee, er galt als kreativ und sorgfältig. Viertens machte er im Frontallappen nicht nur die Sprache fest. Leborgne zeigte am Ende seines Lebens auch intellektuelle Ausfälle – das Frontalhirn hatte etwas mit Intelligenz zu tun, das war für die Hierarchie der Rassen wichtig. Spätere Fälle bestätigten Broca, Überlegungen zur Dominanz der linken Hemisphäre lösten manches Problem. Doch blieben Rätsel. 1865 zeigte die Autopsie einer Frau, die im Leben gesprochen hatte, das (angeborene) Fehlen der Broca-Region im Tod. Broca nahm an, ihre gesunde rechte Seite habe die linke ersetzt.

1874 versuchte der deutsche Psychiater Carl Wernicke (1848–1905) einen »aphasischen Symptomencomplex« abzugrenzen. Ein Patient sprach zwar, konnte aber gesprochene Worte nicht verstehen – im Gegensatz zu Patienten mit motorischer Aphasie. Die zu dieser sensorischen Aphasie zugehörige Läsion ließ sich im hinteren Teil der oberen Schläfenwindung lokalisieren. In Anwendung einer Theorie, die auf den Überlegungen Theodor Meynerts (1833–1892) basierte, nahm Wernicke an, dass zwei Sprachzentren existierten, die über Assoziationsfasern verbunden seien. Damit ließen sich viele Symptomschwankungen erklären. Rein motorische Sprachstörungen zeigten Läsionen in der Broca-Region, rein sensorische im Wernicke-Areal. Waren Bahnen betroffen, so zeigten sich je nach genauer Lokalisation Variationen von Sprachstörungssymptomen. Brocas und Wernickes Befunde und Theorien reichten noch nicht für den völligen Siegeszug des Lokalisationismus, aber eine kräftige Schneise war geschlagen.

Das Labor auf dem Frisiertisch

Ob das Geraschel der Röcke der Hausherrin die Hunde beruhigte? Walter Benjamin beschrieb das bürgerliche Interieur des 19. Jahrhunderts als Schreckenskammer, in der die Geometrie der Möbel den Lageplan tödlicher Fallen, die Flucht der Zimmer die Fluchtbahn geängstigter Opfer vorzeichnete. Diese dunklen Raumgedärme, »adäquat allein der Leiche zur Behausung«, verschlangen Büffets und Sofas ebenso wie Experimentalhunde. Die Geschichte der Hirnforschung ist ebenso eine Geschichte des Verbrauchs von Lebewesen wie der Anhäufung von Wissen und dessen Interpretation. Nicht der Schlaf der Vernunft, deren Wachbewusstsein gebar Monstren, experimentell verfertigte Hunde, denen der Schädel bis auf eine schmale Knochenbrücke in der Mitte abgemeißelt worden war. Dazwischen waltete züchtig die Hausfrau. Etta Ranke, Nichte des Historikers Leopold von Ranke (1795–1886), seit 1866 mit dem jungen Arzt Eduard Hitzig (1838–1907) verheiratet, half bei ersten Versuchen mit ihrem Frisiertisch als Werkbank aus, assistierte und pflegte die in einer Kammer neben dem Schlafzimmer verwahrten operierten Hunde.

Worum ging es? Hitzig arbeitete in den 1860er-Jahren als Elektrotherapeut (ein Verfahren, das z. B. bei Lähmungen half). Ihm fiel auf, dass das Anlegen von Elektroden am Hinterkopf Augenmuskelbewegungen auslöste, die »ihrer Natur nach nur durch directe Reizung cerebraler Centren« bedingt sein sollten. War das Großhirn doch erregbar, gab es umgrenzte Rindenabschnitte mit spezifischer Funktion? Bis dahin galt das Großhirn unter Physiologen als »absolut unerregbar«. Was brachte Hitzig zur gegenteiligen Ansicht? Die französische Aphaseologie à la Broca hatte Hinweise geliefert. Theodor Meynerts Anatomie hatte eine Hierarchie von Fasern nahe gelegt. Außerdem mochte Hitzig die Vorstellung nicht, dass das Gehirn in seiner Gänze anarchisch ohne kaiserliche Führung tätig sein könnte. Er selbst hatte zu wenig technisches und anatomisches Know-how, um Genaueres festzustellen, und tat sich daher mit dem Anatom Gustav Fritsch (1838–1927) zusammen (jetzt wurde die gute Stube mit dem Assistentenzimmer der Anatomie vertauscht).

In einem epochemachenden Aufsatz von 1870 berichteten Fritsch und Hitzig über vorsichtig und penibel durchgeführte Experimente. Sie entfernten nichtnarkotisierten Hunden die Knochen über den Hirnvorderlappen. Sie verwendeten sehr schwache Ströme (gerade so stark, dass es noch auf der Zunge der Experimentatoren kitzelte). Die Resultate waren eindeutig: »Ein Theil der Convexität des grossen Hirnes des Hundes ist motorisch«, ein anderer Teil nicht. Es gab umschriebene »Centra«, sehr klein, auf deren Reizung hin isolierte Erregung einer bestimmten Muskelgruppe erfolgte. Um zu überprüfen, ob die Centra konstant waren, markierten Fritsch und Hitzig die Stelle mit einer Stecknadel und verglichen das Ergebnis nach der Sektion mit älteren Spirituspräparaten. Aber warum hatten ihre Vorgänger nichts gefunden? Weil der motorische Kortex schlecht einsehbar war, Reizungen waren nur dort erfolgt, wo nichts zu reizen war, frühere Experimentatoren gaben sich damit zufrieden.

Fritsch und Hitzig war klar, dass sich Einwände gegen ihre Versuche erhoben. Was war mit Stromschleifen? Startete die Erregung irgendwo anders als in den angeblichen Centra? Dagegen sprach, dass die Stromstärke sehr gering war, das Gehirn hatte einen großen Widerstand, die Stromdichte unweit der Elektroden war minimal.

Aber fanden sich nicht Hirnverletzungen, bei denen keinerlei Funktion gestört war? Das war kein Widerspruch zu ihrer Position. Man hätte nachweisen müssen, dass hierbei gerade jene Region, die sie gefunden hatten, betroffen war. Außerdem wusste man zu wenig über die anderen Teile des Gehirns – außer dem, was sich über die Broca-Region sagen ließ, und das sprach für Fritsch und Hitzig.

Vieles blieb aber offen. Bewiesen war, dass zentralnervöse Strukturen elektrisch erregbar und psychische »Facultäten« lokalisiert waren, die Seele war keine »Gesammtfunction der Gesammtheit des Grosshirns« mehr.

Unklar blieb, ob die Reaktion auf den Reiz durch »directe Einwirkung auf diejenigen Centren der grauen Rinde, in denen der motorische Willensimpuls entsteht«, zustande kam oder zum Beispiel durch Reizung der Markfasern. Wo war der Ursprung der Bewegung, wo saß der Wille? Der lag vielleicht ganz woanders. Die Centra waren vielleicht nur »Sammelplätze« zur Anordnung der Bewegungen. Ebenso unklar blieb, was erregt wurde. Weiße oder graue Substanz, Fasern oder Zellen? Fritsch und Hitzig hielten die zellulären Elemente für erregbar, doch das war nicht zu entscheiden. Schließlich blieb die Frage, ob organische und experimentelle Reizung gleich abliefen. Das konnten nur Ausschaltungsexperimente zeigen. Daher exstirpierten Fritsch und Hitzig umgrenzte Areale. Bei zwei Hunden wurde im Zentrum für die rechte Vorderpfote ein linsengroßes Rindenstück entnommen. Ergebnis: Beim Laufen wurde die Pfote tapsig aufgesetzt, sie rutschte nach außen weg, keine Bewegung fiel ganz aus. Die Motilität war »nur unvollkommen verloren«, die Hunde hatten »ein mangelhaftes Bewusstsein von den Zuständen dieses Gliedes«, sie konnten sich keine »vollkommene(n) Vorstellungen« über die Pfote bilden.

Die Forschungen von Fritsch und Hitzig lagen in der Luft. Wenig später untersuchte der Physiologe David Ferrier (1843–1928) mit noch feineren Strömen Affengehirne und bastelte detaillierte Landkarten – dass das Konsequenzen hatte, war kein Nebenprodukt, sondern beabsichtigt. Die neu installierte Neurochirurgie konnte nur übers Land des Gehirns fahren, wenn es »maps« gab. Ohne deren Führung wären Operateure hilflos in der Wüste aus Furchen und Windungen verdurstet. Die Feststellung der elektrischen Erregbarkeit der Hirnrinde war methodisch äußerst bedeutsam. Damit war klarer (und es konnte weiter besser geklärt werden), wie das Gehirn in sich funktionierte. Aber wie war dieser komische Elektroapparat zusammengebastelt?

Küche, Kerzenlicht, Konflikte

Dezember 1906, Stockholm, Mittagszeit. Das war nicht das, was eine Festgesellschaft hören wollte. Der eine Nobelpreisträger für Medizin oder Physiologie, Camillo Golgi (1844–1926), nutzte seine Rede zu einem Verriss der Ansichten des anderen Preisträgers Santiago Ramón y Cajal (1852–1934) (der später bekannte, vor Ungeduld gezittert zu haben, weil er nicht reagieren konnte, er war Tage später dran). Die Neuronendoktrin, die 1891 durch einen Aufsatz des renommierten Berliner Anatom Wilhelm von Waldeyer-Hartz (1836–1921) prominent gemacht worden war, hielt Golgi für falsch. Das Neuron, die Einheit aus Zellkörper und Fortsätzen, war nicht das anatomisch und funktionell unabhängige Grundelement des Nervensystems, denn das bestand aus einem zusammenhängenden Netz, Golgis Studien widersprachen der Cajal-Theorie der »dynamischen Polarisation«, jener Ansicht also, wonach Dendriten als die eine Form der Fortsätze der Nervenzelle wie diese selbst als rezeptive Strukturen Impulse aufnahmen, während der Hauptfortsatz, das Axon, den efferenten Schenkel bildete. Golgi vertrat um 1900 eine Minderheitenposition, aber er blieb dabei: Man durfte Nervenzellen nicht individualisieren, sie agierten zusammen, es gab eine einheitliche Aktion des Nervensystems. Hatte sich hier ein altersstarrer Mann sein wissenschaftliches Grab geschaufelt, noch dazu durch seine eigene Erfindung, die Cajal gegen ihn wandte? Die Antwort ist komplizierter. Es ging nicht nur um Befunde, sondern um Ideen.

Golgi musste sich aus finanziellen Gründen eine pensions- und existenzsichernde Stelle suchen und nahm daher, trotz seines Wunsches nach einer Universitätskarriere, den Chefarztposten in den Pie Case degli Incurabili in Abbiategrasso, einer kleinen Stadt in der Lombardei, an. Um 1872 befand sich dort ein buntes Spektrum pflegebedürftiger Patienten: Epileptiker, Paralytiker, geistig Behinderte, an Altersdemenz Leidende, Psychotiker, Kranke, die an Uterus- oder Rectumprolaps litten und inkontinent waren. Zwei Ärzte teilten sich die Betreuung, der eine, Golgi, wohnte im Hospital, versorgte die Frauenabteilung und hatte Nachtbereitschaft, der andere war für die Männer und am Tag zuständig. Doch blieb viel Zeit, die einzige Verpflichtung war eine tägliche Visite, die eine Stunde dauerte. Golgis wissenschaftliche Ausstattung war bescheiden, doch das genügte um 1870: ein Mikroskop, Instrumente zur Präparation. Golgi entwickelte eine Färbetechnik weiter, die er 1873 vorstellte (es dauerte bis 1880, bis der Wert der noch heute gebräuchlichen »schwarzen Reaktion« erkannt wurde – und Cajal entwickelte sie so weiter, dass er Golgis Ansichten angreifen konnte). Nach Härtung in Kaliumbichromat imprägnierte Golgi Präparate mit Silbernitrat. Doch warum bastelte er in seiner Wohnung, in der Küche, nachts bei Kerzenlicht an einer neuen Färbung? (Deren Wert in einer Art ontologischem Taschenspielertrick besteht, nur 1 bis 5 % aller Zellen färben sich, mithin sind 95 bis 99 % des Gewebes nicht sichtbar. Das ist die Pointe der Reaktion: Sähe man alles, so sähe man vor lauter Verdrahtung nichts mehr.)

Der Aufbau des Nervengewebes war aus drei Gründen unklar. Erstens gab es erst seit etwa 1830 achromatische Mikroskope, die die zelluläre Struktur zu sehen erlaubten. Doch das nervöse Gewebe war fragil und weich. Solch buchstäblich flüchtige Substanz war kaum untersuchbar. Erst die Einführung von Chromsäure und Kaliumbichromat machten das Gewebe konstanter. Aber ohne selektive Färbungen war kaum etwas zu sehen. Bei der bereits erwähnten Carminfärbung blieb unklar, ob und wie eine Verbindung zwischen den einzelnen zellulären Elementen hergestellt wurde. Um 1880 wurde die Retikulartheorie präferiert. Das Nervensystem war ein kontinuierliches Netz, eine Art holistisches Maschenwerk. Das widersprach zwar der Grundannahme der 1839 entwickelten Zelltheorie, der zufolge die Zelle das Grundelement allen Gewebes sein sollte, hatte aber beim Stand der Forschung etwas für sich. Die schiere Komplexität dessen, was man sah (wenn man etwas sah), ließ ein Netz erkennen. Golgis Methode erlaubte eine bis dahin nicht erreichte Sichtbarkeit von Zelle und Fortsätzen. Vertreter der Neuronentheorie glaubten jetzt zu sehen, dass es keine unmittelbaren Verbindungen zwischen den Zellen gab, die Fasern endigten »frei«. Waldeyer zum Beispiel betonte, dass sich nie »Anastomosen« zeigten, Fasern traten nah an Zellen heran, verbanden sich aber nie, die Impulsübertragung fand »nicht per continuitatem«, sondern durch Berührung oder »Ausstrahlung« statt. Doch war das bewiesen?

Im Streit zwischen Golgi und Cajal ging es nicht nur um richtiges Sehen. Die Lücke zwischen den Neuronen sah damals niemand. Synapsen (ein Ausdruck, den 1897 Charles Scott Sherrington [1857–1952] prägte) konnten erst im Elektronenmikroskop in den 1950er-Jahren gesehen werden. Hier ging es vor allem um zukunftsträchtige Theoreme. Cajals Theorie hatte um 1900 zwei Vorteile. Das Gesetz der »dynamischen Polarisation« machte das Hirn lesbar. Wenn der Impulsstrom in einer Richtung floss, dann hatte man eine funktionelle Hierarchie: Aufnahme, Weiterleitung, Efferenz. Dies wie auch die Annahme, die Einzelzelle sei das nervöse Grundelement, reduzierten die unhandliche Komplexität auf die Einzelzelle hin. Deren Aktion konnte untersucht werden, Elemente waren isolierbar, also wissenschaftlich behandelbar. Die neuen Informationen konnten übertragen, verglichen, modifiziert werden. Golgis Filz war ohne Anfang und Ende, gleichförmig, anarchisch, unübersichtlich. Überdies fügte sich die Neuronentheorie in den Rahmen der Zelltheorie als Paradigma der Biologie. Das machte deren Erkenntnisse anschlussfähig. Doch spielten auch philosophische Präferenzen eine Rolle. Für Golgi ging es auch um Reduktionismus versus Holismus, um eine spezifische Perspektive auf das Gehirn: Individuum oder kollektives Agieren?

Träume und Versionen

Schlafstörungen können quälen. Oder Geistesblitze vermitteln. Oder Legenden stricken helfen (wenn man seinen Freud kennt). Es gibt zwei Versionen über die Entstehung eines Experiments, das ein kniffliges, durch die Neuronendoktrin aufgeworfenes Problem lösen half. Nachdem man sich geeinigt hatte, dass es kein Netz gab, sondern Neuronen, wie erfolgte dann die Kommunikation zwischen diesen Individuen? Durch eine elektrische Welle? Einen überspringenden Funken? Verbanden sich die Zellen ab und an laszig? Oder berührten sich nur scheu? War die Übertragung elektrisch oder chemisch?

Eines Nachts in den 1920er-Jahren erwachte Otto Loewi (1873–1961), Sohn aus bürgerlich-jüdischem Elternhaus und seit 1909 Chef des Pharmakologischen Instituts in Graz, und kannte das richtige Experiment. Loewi notierte sich den Versuchsaufbau, schlief wieder ein. Am Morgen konnte er seinen winzigen Zettel nicht mehr lesen. Was sagte die Traumschrift an der Wand? In der nächsten Nacht hatte er um 3 Uhr die gleiche Idee und ging in sein

Labor. Um 5 Uhr war alles erledigt. Eine andere Version (von Loewis Freund und Nobelpreiskollegen von 1936, Henry Dale [1875–1961]) ist nüchterner. Loewi legte sich in der ersten Nacht wieder hin, nachdem er eine lesbare Version notiert hatte, las später das Papier, und ging an die Arbeit.

Was machte Loewi, was war damit bewiesen? Er entnahm einem Frosch das Herz, an dem noch der Vagus-Nerv hing, badete es in einer Lösung und reizte den Vagus – die Herzaktion wurde, wie es sich gehörte, vermindert. In diese Lösung legte er ein zweites Froschherz ohne Vagus-Nerv: wiederum Frequenzminderung. In gleicher Weise prüfte er, ob sympathische Herznerven die Schlagfolge erhöhten. Auch dies traf zu. Die »scharf gemachte« Lösung musste also eine Substanz enthalten, die – isoliert vom Nerv – dennoch dessen Wirkung auf Muskeln übertrug. Diese Experimente bewiesen erstmalig die Existenz von chemischen Agenzien, die im Nervensystem die Kommunikation zwischen Zellen herstellte, Neurotransmittern, auch wenn es hier um die Übertragung von Nerv zu Muskel im autonomen Nervensystem (das um 1900 Physiologen und Pharmakologen faszinierte und verwirrte) und nicht um Nerv-Nerv-Übertragungen ging. Loewi selbst hätte beinahe nicht die Früchte seines Erfolgs ernten können. Nach dem nationalsozialistischen Anschluss Österreichs 1938 konnte er mit knapper Not nach Großbritannien emigrieren, 1940 erhielt er ein Angebot der New Yorker Universität, wo er bis 1955 forschte. Es dauerte noch mehrere Jahrzehnte, bis auch die im Zentralnervensystem agierenden Transmitter wie Dopamin oder Serotonin nachgewiesen werden konnten, doch Loewis Traumgesichte (er kannte sich in der Psychoanalyse aus, hatte Freud mehrfach in Wien besucht) wirkten, zusammen mit Forschungen Dales, bahnbrechend auf das Verständnis der chemischen Übertragung im Nervensystem.

Epilog

Weder beginnt die Geschichte des Wissens vom Gehirn und der entsprechenden Deutungen mit dem Menü der Neandertaler noch endet sie mit Transmittern. Sie geht auch nicht auf in Transmittern. Ich konnte nur auf Weniges hinweisen. Zumindest drei Aspekte sollen noch erwähnt werden. Es gibt immer wieder Diskussionen zu einem angewandten Bereich der Forschung zu Hirn und Geist, der Intelligenz-»Forschung«. Dabei wird meist vergessen, dass deren Geschichte und Ursprung rassistisch und misogyn kontaminiert waren (und sind) und sie nur dazu diente, angestammte Hierarchien in Klassengesellschaften zu zementieren.

Welche Auswirkungen die Entwicklung der Künstlichen Intelligenz(en?) auf die Hirnforschung haben wird, lässt sich nicht abschätzen. Wird es dazu kommen, dass dieses weiche, wabbelige Organ Hirn sich bald nicht mehr selbst interpretiert, sondern sich von Chips und Steuerelementen sagen lässt, was es zu tun, zu lassen hat und was es ist?

Zumindest ist vieles in Fluss geraten: *panta rhei*. Die seit etwas mehr als einer Dekade stark diskutierte (neuronale) Plastizität scheint das für lange Zeit eher statisch gedachte Gehirn in ein »User«-abhängiges Organ zu verflüssigen, das, parallel zur Transformation der westlichen Volkswirtschaften, in permanentem, anfangs- und endlosem Wechsel begriffen ist. Doch auch hier gilt: Je mehr gewusst wird (darauf soll die Auflistung der für neurowissenschaftliche Themen vergebenen Nobelpreise für Medizin oder Physiologie seit 1900 in der Tabelle 3-1 hinweisen), desto mehr wird interpretiert. Ein Organ, das sich selbst interpretiert, (miss)versteht sich immer wieder neu. Mal freuen sich Lokalisationisten, mal reiben sich Holisten die Hände. Räuspern sich die Neurobiologen allzu laut, holen bald schon Philosophen ihr fein zieseliertes Begriffsskalpell aus ihrem Hirn. Nach über 2500 Jahren Geschichte der Hirn- und Seelenforschung und -deutung darf man sich entspannen – wie Kater Beppo. Nach den Anstrengungen meines Geistes, am Ende dieses Aufsatzes, blicke ich zu meinem Beppo. Vielleicht erkennt er sich nicht selbst (wer tut das schon?), weil ihm die Kenntnis reflexiver Verben fehlt. Beppo frönt gerade zweier seiner Lieblingsbeschäftigungen. Er hat sich auf einen Schrank zurückgezogen und liegt auf einem von seiner Körperwärme angenehm temperierten Tuch. Hin und wieder entscheidet sein Wille, das Augenlid zu heben, um in eine ihm vertraute Ecke nach unten zu schielen. So sieht er, der wahre Platoniker, über die Dinge mit dem ganzen Körper erhaben, den Füllungszustand seines Fressnapfes. Muss er wissen, dass der Kopf der edelste Teil des Körpers ist? Kaum. Er weiß aber, wie man ihn und die Anhängsel der Kugel klug benutzt.

Tab. 3-1 Nobelpreisträger im Bereich der Neurobiologie und Hirnforschung.

Jahr	Preisträger	Gegenstand
1906	Camillo Golgi (IT) und Santiago Ramón y Cajal (ES)	Struktur des Nervensystems

Jahr	Preisträger	Gegenstand
1932	Charles Scott Sherrington (UK) und Edgar Douglas Adrian (UK)	Funktion der Neuronen
1936	Henry Hallett Dale (UK) und Otto Loewi (AT)	Chemische Übertragung der Nervenimpulse (Dalesches Prinzip)
1944	Joseph Erlanger (US) und Herbert Spencer Gasser (US)	Funktionen der einzelnen Nervenfasern
1949	Walter Rudolf Hess (CH) und Egas Moniz (PT)	Organisation des Zwischenhirns für die Koordination der Tätigkeit von inneren Organen
1961	Georg von Békésy (HUN/US)	Mechanismus der Erregungen in der Schnecke des Ohres
1963	John C. Eccles (AU), Alan L. Hodgkin (UK) und Andrew F. Huxley (UK)	Ionen-Mechanismus bei der Erregung und Hemmung in den peripheren und zentralen Bereichen der Nervenzellenmembran
1967	Ragnar Granit (SE), Haldan K. Hartline (US) und George Wald (US)	Primäre physiologische und chemische Sehvorgänge im Auge
1970	Bernard Katz (UK), Ulf von Euler (SE) und Julius Axelrod (US)	Signalsubstanzen in den Kontaktorganen der Nervenzellen. Mechanismen für ihre Lagerung, Freisetzung und Inaktivierung
1977	Roger Guillemin (US) und Andrew V. Schally (US)	Produktion von Peptidhormonen im Gehirn

Jahr	Preisträger	Gegenstand
1981	Roger Sperry (US) David H. Hubel (US) und Torsten N. Wiesel (SE)	Funktionelle Spezialisierung der Gehirnhemisphären Informationsbearbeitung im Sehwahrnehmungssystem
1986	Stanley Cohen (US) und Rita Levi-Montalcini (IT)	Entdeckung des Nervenwachstumsfaktors
1991	Erwin Nehcr (DE) und Bert Sakmann (DE)	Nachweis von Ionenkanälen in Zellmembranen zur Erforschung der Signalübertragung innerhalb der Zelle und zwischen den Zellen
2000	Arvid Carlsson (SE), Paul Greengard (US) und Eric R. Kandel (US)	Signalübertragung im Nervensystem
2004	Richard Axel (US) und Linda B. Buck (US)	Erforschung der Riechrezeptoren und der Organisation des olfaktorischen Systems
2014	John O'Keefe (US/GB), May-Brit Moser (NO), Edvard Moser (NO)	Entdeckung von Zellen, die ein Positionierungssystem im Gehirn bilden

Literatur

Draisma, D (2008). Geist auf Abwegen: Alzheimer, Parkinson und Co.: Von den Wegbereitern der Gehirnforschung und ihren Fällen. Frankfurt a. M.: Eichborn.

Eckholdt, M (2016). Eine kurze Geschichte von Gehirn und Geist: Woher wir wissen, wie wir fühlen und denken. München: Pantheon.

Fancher, R (1987). The Intelligence Men: Makers of the IQ Controversy. New York u. a.: Norton.

Finger, S (1994). Origins of Neuroscience. A History of Explorations into Brain Function. Oxford, New York: Oxford University Press.

Finger, S (2000). Minds Behind the Brain. A History of the Pioneers and Their Discoveries. Oxford, New York: Oxford University Press.

Finger, S, Boller, F, Tyler, K L (2010). History of Neurology (Handbook of Clinical Neurology, Vol. 95). Edinburgh u. a.: Elsevier.

Fletcher, R, Hattie, J (2011). Intelligence and Intelligence Testing. London u. a.: Routledge.

Gould, S J (1988). Der falsch vermessene Mensch. Frankfurt a. M.: Suhrkamp.

Hagner, M (1997). Homo cerebralis. Der Wandel vom Seelenorgan zum Gehirn. Berlin: Berlin Verlag.

Hagner, M (2004). Geniale Gehirne. Zur Geschichte der Elitegehirnforschung. Göttingen: Wallstein Verlag.

Heinemann, T (2012). Populäre Wissenschaft: Hirnforschung zwischen Labor und Talkshow. Göttingen: Wallstein.

Harrington, A (1987). Medicine, Mind and the Double Brain: A Study in Nineteenth-Century Thought. Princeton: Princeton University Press.

Isler, H (1965). Thomas Willis: ein Wegbereiter der modernen Medizin 1621–1675. Große Naturforscher, Bd. 29. Stuttgart: Wissenschaftliche Verlagsgesellschaft.

Jacyna, L S, Clarke, E (1987). Nineteenth-Century Origins of Neuroscientific Concepts. Berkeley u. a.: University of California Press.

Mazzarello, P (1999). The Hidden Structure. A Scientific Biography of Camillo Golgi. Oxford, New York: Oxford University Press.

Neuburger, M (1897). Die historische Entwicklung der experimentellen Gehirn- und Rückenmarksphysiologie vor Flourens. Stuttgart: Ferdinand Enke.

Nilsson, N J (2014). Die Suche nach künstlicher Intelligenz: Eine Geschichte von Ideen und Erfolgen. Berlin: AKA.

Oeser, E (2002). Geschichte der Hirnforschung. Von der Antike bis zur Gegenwart. Darmstadt: Primusverlag.

Pauen, M (2007). Was ist der Mensch? Die Entdeckung der Natur des Geistes. München: dtv.

Pascual-Leone, A, Amedi, A, Fregni, F, Merabet, L B (2005). The plastic human brain cortex. Ann Rev Neurosci; 28: 377–401.

Révész, B (1917). Geschichte des Seelenbegriffs und der Seelenlokalisation. Stuttgart: Ferdinand Enke.

Robinson, JD (2001). Mechanisms of Synaptic Transmission. Bridging the Gaps (1890–1990). Oxford, New York: Oxford University Press.

Sudhoff, W (1914). Die Lehre von den Hirnventrikeln in textlicher und graphischer Tradition des Altertums und Mittelalters. Archiv für Geschichte der Medizin; 7: 149–205.

4 Automatik im Kopf

Wie das Unbewusste arbeitet

Manfred Spitzer

Vom Feuer-Stoff zur Wissenschaft

In den vergangenen etwa 100 Jahren wurde sehr viel über das Unbewusste geschrieben. Populär wurde es durch die Schriften des Wiener Nervenarztes Sigmund Freud, der sich vor dem Hintergrund des damaligen neurobiologischen Wissens Gedanken darüber machte, dass wir vieles tun, ohne groß darüber nachzudenken, und wie unser Gehirn solche höheren geistigen Leistungen vollbringt. Im Jahr 1895 sprach er von Neuronen im Gehirn, zeichnete sogar als einer der ersten neuronale Netzwerke (Abb. 4-1) und beschrieb – rein hypothetisch – deren Funktion. Er erkannte aber bald, dass die Gehirnforschung einfach noch nicht so weit war, um ausreichende, die Gehirnfunktion charakterisierende Fakten liefern zu können, die als Randbedingungen in eine neurobiologische Theorie des Geistes eingehen könnten.

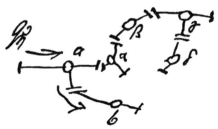

Abb. 4-1 Neuronales Netz, gezeichnet von Sigmund Freud (1895).

Er wollte daher nicht, dass seine Zeichnungen publiziert werden und bestand auf ihrer Verbrennung. Aus heutiger wissenschaftshistorischer Sicht sind sie eine Fundgrube, denn sie zeigen sehr deutlich auf, wie Freud sich die Funktionsweise des von ihm später, in seiner 1900 erschienenen »Traumdeutung« so bezeichneten »psychischen Apparats«, vorstellte.

Aus seiner Sicht war der »psychische Apparat« letztlich wie ein Reflexbogen aufgebaut: Energie kommt von außen hinein, wird innen abgelenkt, umgelenkt, neu mit anderen Bedeutungsgehalten verknüpft, kann auch manchmal rückwärts laufen etc. – und muss schließlich den Weg wieder nach außen nehmen, um nicht drinnen steckenzubleiben. Das in hydraulischer Art im Geist ablaufende Verschieben, Verdichten, Speichern und Wieder-Entladen von Energie beschrieb Freud im Einzelnen als die Arbeit bzw. Funktion unbewusster Prozesse.

Was Freud nicht wissen konnte: Neuronen speichern keine Energie und sie leiten auch keine Energie weiter. Sie verarbeiten vielmehr Informationen. Der Begriff der Information wird bis heute zwar nicht einheitlich gebraucht, hat jedoch in Naturwissenschaft und Technik eine präzise Bedeutung, mit der er auch in die Neurowissenschaft Eingang gefunden hat. Wenn nun aber unser Geist keine Energie aufnimmt und wieder abführt, ist jede Theorie des Unbewussten, die auf einer derartigen Seelenhydraulik aufbaut, notwendigerweise falsch. Können wir also das Unbewusste ebenso behandeln wie andere vermeintlich existierende Formen (oder Träger) von Energie wie (1) den Äther, (2) das Phlogiston, (3) den Orgon-Akkumulator oder (4) den Todestrieb?

Erinnern wir uns:

(ad 1) In der Physik galt lange Zeit unumstritten, dass jede Schwingung voraussetzt, dass etwas da ist, das schwingt. Betrachtet man Wellen am Meer, so schwingen letztlich Wassermoleküle auf und ab. Beim Schall schwingen Luftmoleküle. Was schwingt aber bei elektromagnetischen Wellen? Die Antwort der Physik auf diese Frage war lange Zeit: der Äther. Hiermit war nicht die leicht verdampfende organische Verbindung, die heute Diethylether genannt wird und mit mit der man gegen Ende des vorletzten Jahrhunderts Narkosen durchführte, gemeint, sondern ein ganz feiner Stoff, der alles durchdringen muss, damit elektromagnetische Wellen, die ebenfalls alles durchdringen, einen Träger besitzen, sodass irgendetwas schwingen kann. Es war letztlich Einstein, dessen Überlegungen zu bereits vorliegenden experimentellen Daten deutlich machten, dass es den Äther nicht gibt bzw. dass man den Äther nicht annehmen braucht, um die Phänomene in der Natur zu erklären.

(ad 2) Ähnlich wie dem Äther in der Physik erging es dem Phlogiston in der Chemie: Man nahm lange an, dass bei jeder Verbrennung ein Stoff eine Rolle spielt, und diesen Feuer-Stoff nannte man Phlogiston. Es handelte sich also gleichsam um den Stoff, aus dem eine Flamme besteht. Die genaue Aufklärung von Verbrennungsprozessen als Oxidation und die physikalische Erklärung vom Leuchten heißer Gase machten das Phlogiston überflüssig. Es gibt keinen solchen Stoff.

(ad 3) Der Psychoanalytiker Wilhelm Reich nahm die von Freud konzipierte psychische Energie (er nannte sie »Orgon«) sehr ernst und baute gar eine Maschine, mit der man sie sammeln kann. Diesen sogenannten Orgon-Akkumulator gab es also wirklich, obgleich es die entsprechende Energie niemals gab. Entsprechend wurden seine diesbezüglichen Schriften mit Recht belächelt.

(ad 4) Der Todestrieb war nicht nur seit seiner Einführung durch Freud umstritten; er spielt in der psychoanalytischen Diskussion und vor allem Praxis heute keine Rolle mehr.

Gehört also das Unbewusste auf den Theorienfriedhof? – Ja und nein! Freuds Theorien vom innerseelischen Geschiebe immer neuer Zusammensetzungen von Energie und Bedeutungsgehalt – dies ist letztlich der Bedeutungskern des Wortes »Psychodynamik« – landete zu Recht auf dem Theorienfriedhof. Wer aber meint, dass das Unbewusste damit dem gleichen Schicksal überantwortet werden muss, der irrt – und zwar gründlich!

Das Unbewusste als Idee zur Funktionsweise unbemerkter seelischer Prozesse gab es nämlich schon zwei Jahrhunderte vor Freud und es feiert gegenwärtig, etwa ein Jahrhundert nach Freud, eine überaus lebhafte Renaissance. Ich möchte im Folgenden zeigen,

- wie die gegenwärtige Forschung letztlich auf die über 300 Jahre alten Ursprünge der Idee des Unbewussten zurückgeht;
- wie man die Idee des Unbewussten mit gegenwärtigen Erkenntnissen aus der Neurobiologie völlig unproblematisch verknüpfen kann;
- welche zum Teil sehr verblüffenden und ebenso praktisch relevanten Erkenntnisse die wissenschaftliche Erforschung unbewusster Prozesse gerade in den letzten Jahren zutage gebracht hat.

Geschichte: unendlich viel, unendlich klein

Der Philosoph und Mathematiker Gottfried Wilhelm Leibniz (Abb. 4-2) ist nicht zuletzt dafür weltbekannt, dass er parallel zu Isaac Newton die Integral- und Differentialrechnung entwickelt hatte. Beim mathematischen Verfahren der Integration geht es darum, unendlich viele unendlich kleine Summanden aufzuaddieren und dabei – dennoch, möchte man sagen – ein klares Ergebnis zu bekommen: 17,3 beispielsweise (beträgt die Fläche unter der Kurve) oder 29,7.

Bislang wenig Beachtung gefunden hat die Tatsache, dass Leibniz den Grundgedanken der Integralrechnung auf die Arbeitsweise des Gehirns im Hinblick auf seelische

Abb. 4-2 Gottfried Wilhelm Leibniz (1646–1716) (Gemälde von B. Chr. Francke, um 1700).

Phänomene übertragen hat. Vor über 300 Jahren publizierte er diese Überlegungen in der Schrift »Neue Abhandlungen über den menschlichen Verstand« (Leibniz 1700) bei der es sich um einen Kommentar zu John Lockes zehn Jahre zuvor erschienenen »Essay Concerning Human Understanding« handelte (Abb. 4-3). Auch erfand Leibniz einen Terminus technicus für kleinste, von der betreffenden Person nicht bemerkte innerseelische Prozesse, die in ihrer Summe dann das psychische Geschehen ausmachen: Er sprach von »kleinen Perzeptionen«, die einerseits unbemerkt sind, aber andererseits Wirkungen haben. Die folgenden Zitate mögen verdeutlichen, wie modern Leibniz' Ansichten im Hinblick auf unbewusste Prozesse im Grunde sind:

Abb. 4-3   Titelblatt der Zeitschrift »Monatlicher Auszug aus allerhand neu-herausgegebenen, nützlichen und artigen Büchern«, in der Leibniz im Jahr 1700 Lockes Werk, das 1690 erstmals erschienen war, kommentierte, nachdem es kurz zuvor in französischer Übersetzung erschienen war.

»*So gibt es auch wenig hervorstechende Perzeptionen, die sich nicht deutlich genug abheben, um bemerkt und in der Erinnerung wieder hervorgerufen zu werden, die sich aber in bestimmten Folgen erkennbar machen.*«   (Leibniz 1700, S. 86)

»*Alle Eindrücke haben ihre Wirkung, aber nicht alle Wirkungen sind immer bemerkbar.*«   (S. 90)

»*Solche kleinen Perzeptionen sind also von größerer Wirksamkeit, als man denken mag.*«   (S. 11)

» Wenn ich noch hinzufüge, dass diese kleinen Perzeptionen es sind, die uns bei vielen Vorfällen, ohne dass man daran denkt, bestimmen.« (S. 12)

»Mit einem Wort, der Glaube, dass es in der Seele keine anderen Perzeptionen gibt, als die, die sie gewahr wird, ist eine große Quelle von Irrtümern.« (S. 92)

Gut eineinhalb Jahrhunderte nachdem die Idee kleinster wirksamer, aber unbemerkter Gedanken erstmals konzipiert worden war, machte sich der Engländer Francis Galton (Abb. 4-4), ein Neffe Charles Darwins, daran, unbewusste Prozesse experimentell zu untersuchen. Er beobachtete hierzu nicht zuletzt sein eigenes Denken sozusagen minu-

Abb. 4-4 Sir Francis Galton (1822–1911), der Begründer des Verfahrens der freien Assoziationen zur Untersuchung der Arbeitsweise des Denkens (Gemälde aus Galton 1910).

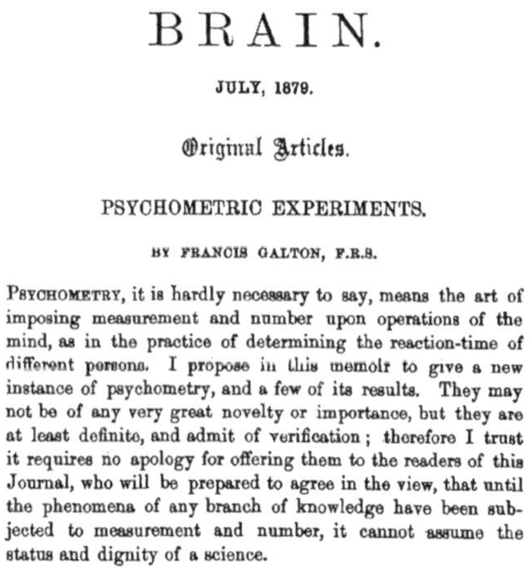

BRAIN.

JULY, 1879.

Original Articles.

PSYCHOMETRIC EXPERIMENTS.

BY FRANCIS GALTON, F.R.S.

PSYCHOMETRY, it is hardly necessary to say, means the art of imposing measurement and number upon operations of the mind, as in the practice of determining the reaction-time of different persons. I propose in this memoir to give a new instance of psychometry, and a few of its results. They may not be of any very great novelty or importance, but they are at least definite, and admit of verification; therefore I trust it requires no apology for offering them to the readers of this Journal, who will be prepared to agree in the view, that until the phenomena of any branch of knowledge have been subjected to measurement and number, it cannot assume the status and dignity of a science.

Abb. 4-5 Faksimile der ersten Seite von Galtons in »Brain« publizierter Arbeit.

tiös bei der Arbeit. Hierdurch gelangte er zu interessanten Schlussfolgerungen darüber, wie sich einzelne Gedankengänge aneinanderreihen. Zudem versuchte er auch durch Befragung gesunder Versuchspersonen, Assoziationen hervorzurufen und damit Gesetzmäßigkeiten des Gedankenflusses experimentell zu untersuchen. Galton publizierte seine »psychometrischen Experimente«, wie er sie nannte (Abb. 4-5), im zweiten Band der damals noch sehr jungen Zeitschrift »Brain« (Galton 1879) sowie vier Jahre später in seinem Buch über die Fähigkeiten des Menschen und ihre Entwicklung (Galton 1883).

Insbesondere die Beobachtungen an sich selbst, die Galton sehr detailreich beschreibt, sind heute noch lesenswert:

» Wenn wir versuchen, die ersten Schritte jeder Operation unseres Geistes nachzuzeichnen, sind wir für gewöhnlich durch die Schwierigkeit des Beobachtens

selbst, ohne die Freiheit der Aktionen durcheinanderzubringen, behindert. Die Schwierigkeit ist (...) insbesondere dadurch bedingt, dass die elementaren Funktionen des Geistes extrem schwach, undeutlich und flüchtig sind, so dass es größter Sorgfalt bedarf, sie ordentlich zu beobachten. Es erscheint zunächst unmöglich, die notwendige Aufmerksamkeit dem Prozess des Denkens zu widmen und gleichzeitig frei zu denken, als ob der Geist in keiner anderen Weise beschäftigt wäre. Die Besonderheit des Experimentes, das ich jetzt gleich beschreiben werde, besteht darin, dass ich es geschafft habe, diese Schwierigkeit zu umgehen. Meine Methode besteht darin, dem Geist freies Spiel für eine kurze Zeit zu erlauben, bis ein paar Ideen durch ihn gewandert sind, und dann, während die Spuren und Echos dieser Ideen noch immer im Gehirn nachklingen, die Aufmerksamkeit auf sie ganz plötzlich und hellwach zu richten, so dass sie festgehalten und untersucht werden können, vor allem im Hinblick auf die genaue Art ihrer Erscheinung.«

(Galton 1883, S. 185)

Galton begann diese Untersuchungen zunächst damit, dass er in der Gegend herumlief, verschiedene Objekte betrachtete und zugleich beobachtete, was ihm dabei einfiel. Später entwickelte er die Technik einer Wortliste, die zum Teil abgedeckt war, sodass immer nur ein Wort zu sehen war. Zu diesem Wort assoziierte er dann frei. Auch nahm er bereits Messungen der Zeit vor, die diese Assoziationen brauchten:

»*Ich hatte eine kleine Stoppuhr in der Hand, die ich startete, indem ich eine Feder herunterdrückte, genau in dem Moment, in dem ein Wort meinen Blick erhaschte, und die in dem Augenblick stoppte, in dem ich die Feder wieder gehen ließ. Ich tat dies genau in dem Moment, als ein paar Ideen, die mit dem Wort direkt assoziiert waren, in meinem Geist auftauchten.«*

(Galton 1883, S. 188)

Galton fasste die Quintessenz seiner Untersuchungen mit bemerkenswerter Schärfe wie folgt zusammen:

»Ich habe versucht zu zeigen, wie ganze Schichten geistiger Operationen, die aus dem normalen Bewusstsein verschwinden, dennoch ans Licht gezogen, aufgeschrieben und statistisch analysiert werden können und wie dadurch die Unverständlichkeit der ersten Schritte unsere Gedanken durchlöchert und zerstreut werden kann. (...) Der stärkste Eindruck, den diese Experimente hinterlassen, betrifft vielleicht die Verschiedenhaftigkeit der Arbeit des Geistes in einem Zustand des Halb-Unbewussten und die guten Gründe, die durch sie geliefert werden, um an die Existenz noch tieferer Schichten geistiger Operationen zu glauben, die völlig unterhalb des Niveaus des Bewusstseins versunken liegen und die vielleicht solche geistigen Phänomene verursachen, die wir anderweitig nicht erklären können.«

(Galton 1879, S. 162)

Das Zitat (vgl. auch Galton 1883, S. 202 f.) macht deutlich, dass Sigmund Freud und Carl-Gustav Jung auf den Spuren Galtons wanderten, als sie die Methode des freien Assoziierens in die Diagnose und Therapie psychischer Störungen einführten. Man kann sich heute kaum noch vorstellen, in welch großem Stil um die Jahrhundertwende des vorletzten zum letzten Jahrhundert Gedankengänge mittels der Wort-Assoziationen untersucht wurden, zumal im Jahr 1879 in Leipzig das weltweit erste psychologische Labor durch Wilhelm Wundt (Abb. 4-6) begründet worden war. Dieser wird allgemein auch als Begründer der empirisch-experimentellen Psychologie betrachtet. An diesem Ort lernte kein Geringerer als Emil Kraepelin, der Begründer der modernen Psychiatrie, im Rahmen einer zweijährigen Tätigkeit als Assistent die Methode des Wort-Assoziierens.

Abb. 4-6   Wilhelm Wundt (1832–1920).

Die Methode bestand darin, der Versuchsperson ein Wort vorzugeben und sie aufzufordern, das erste ihr in den Sinn kommende Wort zu nennen. Bevor Sie weiterlesen, versuchen Sie es selbst! Bitte sagen Sie so rasch wie möglich, was Ihnen zu den folgenden zehn Wörtern einfällt:

weiß –	Lied –
Mutter –	Messer –
Tisch –	Hammer –
kalt –	Sonne –
Bruder –	gut –

Mit großer Wahrscheinlichkeit haben sie auf die zehn Wörter die folgenden Assoziationen produziert:

– schwarz	– singen
– Vater	– Gabel
– Stuhl	– Nagel
– heiß	– Mond
– Schwester	– schlecht

Vielleicht lagen Sie auch bei einem oder zwei Wörtern anders, aber Sie werden zugeben, dass die bereits zur Jahrhundertwende bekannten Befunde zutreffend sind, nach denen die meisten gesunden Menschen in relativ einförmiger Weise reagieren (vgl. Spitzer 1992). Man hat in mehreren Ländern und Sprachen Assoziationsnormen durch die Untersuchung einer größeren Anzahl von Personen aufgestellt (vgl. z. B. Francis & Kucera 1982). Man kann somit in Büchern (die ein bisschen aussehen wie Telefonbücher: links ein Wort, rechts eine Zahl) nachschlagen, was Otto Normalverbraucher zu einem bestimmten Wort einfällt.

Assoziationsforschung in der Psychiatrie

Es ist erstaunlich, welche Fragen bereits vor 100 Jahren mit der Methode des Assoziierens bearbeitet wurden (vgl. Spitzer 1992). Gustav Aschaffenburg (1866–1944; Abb. 4-7) war Assistent bei Emil Kraepelin und interessierte sich für die Auswirkungen von Ermüdung auf unser Denken. Um dies zu untersuchen, führte er bei seinen Kollegen im Nachtdienst den Assoziationsversuch durch, um 21.00 Uhr, gegen Mitternacht, um 3.00 und um 6.00 Uhr morgens! (Ob er sich damit bei seinen Kollegen besonders beliebt gemacht hat oder eher im Gegenteil, wird nicht berichtet.) Die Kollegen mussten jeweils zu 100 Wörtern sagen, was ihnen einfällt. Die resultierenden 400 assoziierten Wörter – 100 bei jedem Durchgang – wurden dann von Aschaffenburg jedes für sich daraufhin untersucht, in welcher Beziehung sie mit dem »Reizwort« stehen.

Normalerweise ist diese Beziehung begrifflicher Natur, also durch Bedeutungsstrukturen bzw. durch begriffliches

Abb. 4-7 Der deutsche Psychiater Gustav Aschaffenburg.

Denken geprägt. Beispiele hierfür haben Sie oben selbst generiert: »Sonne – Mond«, »weiß – schwarz« etc. sind *begriffliche* Assoziationen, denn sie sind durch die *Bedeutung* der Wörter geprägt. Bei »weiß« hätte Ihnen auch »heiß« einfallen können, nämlich dann, wenn Ihr begriffliches Denken nicht mehr so gut funktioniert. Dann wird das Denken weniger durch den Begriff und mehr durch niederstufigere klangliche Strukturen bestimmt. Genau dies ist unter Ermüdung der Fall, wie Aschaffenburg herausfand. Die Häufigkeit begrifflicher Assoziationen nahm ab, während »oberflächliche« und klangliche (reimende) Assoziationen zunahmen:

> *» Worin besteht nun überhaupt die Wirkung der Erschöpfung auf den Assoziationsvorgang? Das, was allen Nachtversuchen gemeinsam zukommt, ist die Verschlechterung in der Qualität der gebildeten Vorstellungen. An die Stelle des begrifflichen Zusammenhangs tritt die lockere Verknüpfung nach dem Klange des Reizwortes, dessen Bedeutung für die angereihte Reaktion ganz gleichgültig ist.«*
> (Aschaffenburg 1899, S. 48)

Aschaffenburg konnte seine Ergebnisse nur durch Auszählen einzelner Nächte und durch Vergleich der Assoziationshäufigkeiten gewinnen. Er konnte nicht sagen, wie dies heute üblich ist, dass Klangassoziationen bei Ermüdung signifikant häufiger sind als beim wachen klaren Denken (Abb. 4-8). Das Konzept der statistischen Signifikanz wurde erst ein Vierteljahrhundert später von Fischer entwickelt, und es dauerte noch einige Jahrzehnte, bis es in der medizinischen Forschung Verbreitung fand. Aschaffenburg hat jedoch seine Rohdaten, d. h. die Anzahl der unter-

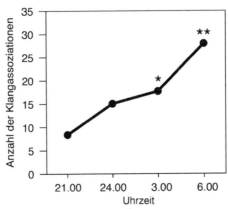

Abb. 4-8 Einfluss zunehmender Ermüdung auf die Häufigkeit von Assoziationen, die durch den Wortklang bedingt sind (reimende Wörter; bedeutungslose reimende Silben; Ergänzungen von Wörtern, die sich durch den Wortklang ergeben). Dargestellt sind die Mittelwerte, die bei neun freiwilligen Versuchspersonen (den Kollegen Aschaffenburgs im Nachtdienst) erhoben wurden. Um 3.00 Uhr war die Zunahme signifikant (*), um 6.00 Uhr hochsignifikant (**). Die Daten entstammen der Originalarbeit von Aschaffenburg (1899).

schiedlichen Assoziationen je Versuch, in Form von Tabellen sehr detailreich publiziert, sodass man heute mit diesen Daten statistisch rechnen kann. So kann man zeigen, dass die Zunahme der Klangassoziationen im Vergleich zum Versuch am Abend nachts um 3.00 Uhr signifikant, die Zunahme morgens um 6.00 Uhr hochsignifikant ist.

Die Ergebnisse lassen sich unter Zuhilfenahme des heute vorliegenden Wissens über die Repräsentation semantischer Gehalte leicht interpretieren: Wort-Assoziationen werden aufgrund des häufigen gemeinsamen Auftretens von Wörtern in Sätzen oder in Bedeutungszusammenhängen produziert. Beim wachen klaren Denken sind strukturbildende Prozesse in semantischen Arealen der Gehirnrinde am Werk und sorgen für zielgerichtete Handlungen und sinnstiftende Sprache, kurz: für eine »hochstufige« Ordnung. Je stärker die Ermüdung, desto schwächer werden diese »höheren« Leistungen. Damit können Denkabläufe umso eher von der Struktur »einfacherer«, »niederer« Areale geprägt werden, die nicht Bedeutungen, sondern beispielsweise lautliche Aspekte von Wörtern repräsentieren. Kurz: Wird der begriffliche Einfluss schwächer, dann steigt der Einfluss einfacherer Strukturen auf das Denken. Dieses wird dann weniger durch Bedeutungsaspekte und in stärkerem Maße durch lautliche Aspekte geprägt. Dieses Prinzip des bei Wegfall »höherer« Zentren zunehmend sichtbaren Einflusses »niederer« Zentren des Nervensystems auf die jeweils betrachtete Leistung wurde bereits von dem Neurologen John Hughlings Jackson im vorletzten Jahrhundert formuliert.

Aschaffenburg diskutierte seine experimentellen Befunde vor dem Hintergrund von Alltagserfahrungen. Er meinte, dass Witze, die sich reimender Wörter bedienen, bei müden Zuhörern besser ankommen als bei wachen. Um den einen oder anderen Leser zu Replikationsversuchen zu ermuntern, seien Aschaffenburgs Beobachtungen im Original zitiert:

»Schon vor mehreren Jahren versuchte ich gelegentlich einiger Bergtouren in der Schweiz mit den mich begleitenden Personen in einer dem Experiment ähnlichen Weise im Beginne und gegen Schluss der Märsche durch Zurufen von Worten die Assoziationsformen festzustellen. Wenn ich dabei auch durch die äußeren Umstände verhindert war, genauere Notizen zu machen, so kann ich doch versichern, dass fast stets

eine außerordentlich große Anzahl von klangähnlichen Worten und Reimen auftrat. Schon die einfache Beachtung des Gespräches bei solchen Gelegenheiten aber genügt für denjenigen, der weiß, worauf er zu achten hat, um zu bemerken, welche Rolle die Klangassoziation spielt, sowohl in der Form des Reimes, als vor allem in der des typischen Wortwitzes.«

(Aschaffenburg 1899, S. 51)

Eine weitere von Aschaffenburg gemachte Beobachtung möchte ich ebenfalls direkt zitieren:

»Eine direkte Bestätigung, wie eng die Neigung zum Reimen mit starker – in solchen Fällen fast ausschließlich körperlicher – Anstrengung verbunden ist, bietet jedes beliebige Fremdenbuch auf Berggipfeln und in Schutzhütten. Ich sehe dabei selbstverständlich von solchen Produkten ab, die unter ausschließlicher oder gleichzeitiger Wirkung des Alkohols verfasst sind. Es wird wohl jeder zugeben müssen, dass ein wirklich inhaltreiches Gedicht nur selten die Fremdenbücher der Schutzhütten ziert; dabei sind es durchaus nicht ungebildete Personen, wenigstens nicht immer, die als Verfasser der albernsten Reimereien unterzeichnet sind, sondern oft genug solche, die in der Stille des Studierzimmers sich schämen würden, so gedankenarme Reimereien niederzuschreiben.«

(ebd., S. 51f)

Bevor Carl Gustav Jung sich der Welt der Mythen und Märchen widmete, war er ein ausgezeichneter experimenteller Psychologe. Er arbeitete von 1902 bis 1909 als Assistenzarzt unter Eugen Bleuler an der Klinik Burghölzli bei

Zürich und widmete sich sehr intensiv dem Studium von Assoziationen. In seiner Antrittsvorlesung beschreibt er das Assoziationsexperiment wie folgt:

> *»Das Experiment ist also ähnlich irgendeinem anderen Experiment aus der Physiologie, wo wir an einem lebenden Versuchsobjekt einen adäquaten Reiz anbringen, also zum Beispiel elektrische Reizungen an verschiedenen Stellen des Nervensystems, Lichtreize am Auge, akustische am Ohr. So bringen wir mit dem Reizwort am psychischen Organ einen psychischen Reiz an. Wir führen in das Bewusstsein der Versuchsperson eine Vorstellung ein und lassen uns angeben, was für eine weitere Vorstellung im Gehirn der Versuchsperson dadurch ausgelöst wurde. Auf diese Weise können wir in kurzer Zeit eine große Anzahl von Vorstellungsverbindungen oder Assoziationen erhalten. Bei dem gewonnenen Material können wir konstatieren in Vergleichung mit anderen Versuchspersonen, dass der und der bestimmte Reiz meist eine bestimmte Reaktion auslöst. Wir haben auf diese Weise das Mittel in der Hand zur Erforschung der ›Gesetzmäßigkeit von Ideenverbindungen‹.«*
>
> (Jung 1906/1979, S. 431)

Zusammen mit Franz Riklin publizierte Jung im Jahr 1906 eine sehr detaillierte Arbeit mit dem Titel »Experimentelle Untersuchungen über Assoziationen Gesunder«, in der er über 35 000 (!) Assoziationen bei insgesamt etwa 150 Versuchspersonen einer genauen Analyse unterzog. Ausgehend von den Studien Aschaffenburgs wollte Jung zeigen, dass nicht Ermüdung, sondern ganz allgemein die Verminderung der zielgerichteten Aufmerksamkeit für die Effekte der Abnahme der begrifflichen Assoziationen bzw. der Zunahme der klanglichen Assoziationen verantwortlich war. Er verwendete hierzu einen experimentellen Ansatz, der erst Jahrzehnte später von angloamerikanischen Psychologen wiederentdeckt wurde, die sogenannte Zwei-Aufgaben-Methode.

Jung stellte den Versuchspersonen die Aufgabe, im Takt eines Metronoms (das sich auf verschiedene Geschwindigkeiten einstellen ließ) Striche mit Bleistift auf ein Papier zu zeichnen, z. B. ein oder zwei Striche je Sekunde. Während die Versuchspersonen dies taten, führte Jung den Assoziationsversuch durch: Er rief ihnen nacheinander 100 Wörter zu und ließ sie sagen, welches Wort ihnen einfiel. Die Versuchspersonen mussten also zwei Aufgaben gleichzeitig bewältigen. Die dahintersteckende Idee ist einfach: Um zu untersuchen, welchen Einfluss die geistige Funktion A auf die geistige Funktion B hat, wird Funktion A für etwas anderes benutzt und werden die Änderungen der Funktion B aufgezeichnet (daher der Name dieses Verfahrens: Zwei-Aufgaben-Methode, »dual task method«). Jung zog die Aufmerksamkeit vom Assoziieren ab, indem er die Versuchspersonen Striche zeichnen ließ. Der Effekt dieser »experimentellen Manipulation der Variable ›Aufmerksamkeit‹« (wie man sich heute in der Psychologie ausdrückt) wurde dann durch Analyse der einzelnen assoziierten Wörter bestimmt.

Wie Aschaffenburg hat Jung seine Rohdaten in Tabellenform publiziert, sodass man seine Ergebnisse ebenfalls nachrechnen kann (Abb. 4-9). Jung konnte tatsächlich zeigen, dass Klangassoziationen nicht an den besonderen Zustand der Ermüdung geknüpft sind, sondern immer dann auftreten, wenn Aufmerksamkeit vom assoziativen Denken gleichsam abgezogen wird. Dies ist im Zustand der

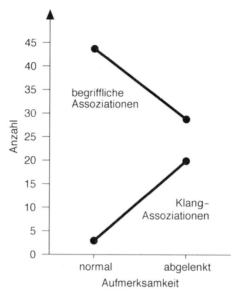

Abb. 4-9 Anzahl begrifflicher und klanglicher Assoziationen unter Normalbedingungen sowie unter der Bedingung abgelenkter Aufmerksamkeit (Mittelwerte von drei Versuchspersonen; Daten aus Jung 1903/1978, S. 180f). Die Abnahme der begrifflichen und die gleichzeitige Zunahme der klanglichen Assoziationen sind sehr deutlich.

Ermüdung sicherlich auch der Fall, betrifft aber auch andere Zustände verminderter Aufmerksamkeit.

Das vorläufige Ende

100 Jahre später lesen sich die Forschungsergebnisse von damals einerseits recht kauzig und andererseits überaus modern. Man beforschte nicht nur die Denkgewohnheiten der Kollegen im Nachtdienst oder die Ursachen für ins De-

menzielle spielende kognitive Defizite gipfelstürmender Professoren, sondern durchaus auch medizinisch relevante Sachverhalte, beispielsweise die Schizophrenie. Bis heute geht unser Verständnis dieser schweren seelischen Störung auf die Arbeiten von Eugen Bleuler und dessen Schüler Carl-Gustav Jung zurück, die beide das schizophrene Denken mit den experimentellen Mitteln der Assoziationsforschung minutiös genau beschrieben und so einen bleibenden Beitrag zur Aufklärung schizophrener Denkstörungen geleistet haben.

- Warum sind diese Dinge heute weitgehend unbekannt?
- Warum redet niemand über Galton, wenn vom Unbewussten die Rede ist?
- Warum ist C.-G. Jung für Mythen und Märchen, nicht aber für empirische Psychologie bekannt?

Die Forschungsarbeiten zu unbewussten Prozessen in der Psychologie und Psychiatrie von vor 100 Jahren lagen wissenschaftsgeschichtlich mitten im Strom des damals herrschenden Forschungsparadigmas im Psycho-Bereich: der Assoziationspsychologie. Anders ausgedrückt: Psychologie (und damit auch psychologische Forschung in der Psychiatrie) war Assoziationspsychologie. Aus genau diesem Grunde war es für diese Art der Forschung folgenschwer, dass die Assoziationspsychologie in den 1920er-Jahre, nahezu zeitgleich, sowohl in Europa als auch in den USA durch andere Paradigmen abgelöst wurde: Hierzulande war den Wissenschaftlern das Konzept der Assoziation zu eng und zu trocken, um die komplexe Natur menschlichen Denkens und Erlebens abzubilden. Die Assoziationspsychologie wurde aus letztlich diesem inhaltlichen Grund durch die Gestaltpsychologie und deren weitaus komplexere und reichere Begrifflichkeit abgelöst. In den USA fand die gegenteilige Bewegung statt: Dort war den führenden Psychologen das Konzept der Assoziation noch zu vage und schwammig, sodass man sich von der Psyche gänzlich verabschiedete und die Psychologie als reine Verhaltenswissenschaft (Behaviorismus) zu verstehen begann. In den USA erschien im Jahr 1913 Watsons Arbeit »Psychology as the Behaviorist Views It«, die von vielen als Beginn des Behaviorismus angesehen wird.

Zum vorläufigen Ende der wissenschaftlichen Beschäftigung mit unbewussten Prozessen hat sicherlich nicht zuletzt auch die Psychoanalyse beigetragen. Ihre deutlich anti-akademische Ausrichtung, ihre Immunisierungsstrategien gegenüber empirischen Widerlegungen (ein Befund wird so lange interpretiert, bis er wieder passt) und die insgesamt anti-akademische sowie zum Teil bis in die Esoterik hineinreichende Geisteshaltung ihrer Vertreter (Man denke nur an Wilhelm Reich und seinen »Orgon-Akkumulator«!) ließ das Unbewusste zu etwas nahezu Mystischem werden, das ehrfurchtsvoll bestaunt, aber nicht mehr wissenschaftlich untersucht wurde. Aus heutiger Sicht hat die Psychoanalyse damit das Unbewusste im Denken unserer Kultur fest verankert, zugleich aber für sehr viel Verwirrung, Unklarheit und sogar definitive (und teilweise bewusst lancierte) Falschinformation gesorgt.

Gewiss gab es da und dort kleine zeitlich-räumliche Inseln von Forschungsaktivität zu unbewussten Prozessen, sei es in der Wahrnehmung oder im Denken. Wenn man großzügig ist, kann man sogar viele Forschungsaktivitäten des letzten Jahrhunderts als Bemühungen verstehen, unbewusste Prozesse aufzuklären: Der gesamte Behaviorismus handelt definitionsgemäß von Gesetzmäßigkeiten, Reiz-Input und Verhaltens-Output, also von nicht bewussten Vorgängen.

Der verpatzte Neubeginn

Ein weiterer Grund für die »schlechte Presse« unbewusster Prozesse ist mit dem Namen James Vicary verbunden (vgl. Dijksterhuis et al. 2005; Theus 1994): Im Herbst 1957 erschienen Sätze wie »Trink Cola!«, »Hungrig? Iss Popcorn!« alle fünf Sekunden auf der Leinwand während eines Kinofilms in der Stadt Fort Lee im Bundesstaat New Jersey. Man hatte einfach in den ganz normalen Film, der aus 24 Bildern pro Sekunden besteht, ein zusätzliches Bild hineingeschnitten. Dieses 25. Bild, für weniger als 40 Millisekunden projiziert, wird nicht gesondert wahrgenommen, es erreicht nicht das Bewusstsein der Zuschauer. Obwohl die Botschaft also unterhalb der subjektiven Wahrnehmungsschwelle lag, publizierte Vicary, dass sich das Verhalten der Zuschauer geändert habe: Der Konsum von Cola sei um 58 %, der von Popcorn während des Kinofilms um 18 % gestiegen.

Während die Werbebranche euphorisch reagierte, fand Otto Normalverbraucher die Sache überhaupt nicht lustig: Die Idee, den Werbefachleuten über deren Zugriff auf das Unbewusste gleichsam willenlos ausgeliefert zu sein, verbreitete sich sehr rasch in der Allgemeinbevölkerung. Schon 1959 ergab eine Umfrage, dass nahezu jeder Zweite davon gehört hatte (vgl. Rogers & Smith 1993). Bis heute gehört diese Geschichte zum Bekanntesten, das die Psychologie der letzten 60 Jahre zu bieten hat, und man kann keinen Vortrag halten, nicht einmal eine Konversation über das Unbewusste beim Kaffee oder Bier führen, ohne dass diese Sache aufkommt. Dabei handelt es sich bei den »Erkenntnissen« des Herrn Vicary definitiv um gefälschte Daten, wie andere zunächst herausfanden und er selbst letztlich sogar öffentlich gestehen musste: Sehr bald nach dem Erscheinen seiner diesbezüglichen Publikation wurden erste Zweifel an der Wirksamkeit des neuen Verfahrens laut. Denn obwohl zahlreiche Werbefirmen die neue Technik einsetzten, stieg der Verkauf nicht im erwarteten Maß; die unbewusste Manipulation führte also keineswegs zu einem signifikant geänderten Kaufverhalten.

In einem in der Zeitschrift »Advertising Age« 1962 publizierten Interview gab Vicary schließlich zu, dass seine Daten die weitreichenden Schlussfolgerungen nicht erlaubten, obgleich er am Effekt im Prinzip festhielt. Seine Firma, Subliminal Projection Co., ging jedenfalls in jenem Jahr – fünf Jahre nach der Erstveröffentlichung – pleite, und der öffentliche Aufschrei über die Manipulation durch die »geheimen Verführer« (so der Titel der berühmten Monografie von Vance Packard zum Thema Werbung aus dem Jahr 1957, in Deutschland 1958 erschienen) ebbte langsam ab. Was blieb, ist die Tatsache, dass das Wort »subliminale Wahrnehmung« in den Sprachschatz der Bevölkerung eingegangen ist und dass jeder als erstes Beispiel hierfür die Experimente im Kino mit Pepsi und Popcorn nennt. Unter Wissenschaftlern blieb zunächst die Skepsis gegenüber subliminaler Werbung (vgl. Moore 1982; Pratkanis 1992) und subliminaler Wahrnehmung. Kein ernst zu nehmender Wissenschaftler (bzw. keiner, der ernst genommen werden wollte) wagte es in den nächsten etwa zwei Jahrzehnten mehr, solcherart unbewusste Prozesse zu untersuchen.

Der wirkliche Wiederanfang

Die akademische Psychologie tangierte das Feld jedoch immer wieder und immer deutlicher: Studien zu den sogenannten präattentiven Prozessen in der Wahrnehmung (beim Sehen und Hören geschieht Vieles an komplexer Vorverarbeitung, ohne dass wir davon etwas merken) und zum Lernen von motorischen Fähigkeiten (man wird z. B. auch zwischendurch besser, wenn man gerade nicht übt) zeigten, dass in uns permanent sehr viele clevere geistige Prozesse ablaufen, von denen unser Geist nicht das Geringste mitbekommt. Die alte Erkenntnis von Leibniz drängte sich mit erdrückender Evidenz auf: Unser Geist arbeitet zu einem Gutteil vollautomatisch.

Bereits 1967 publizierten Benjamin Libet und Mitarbeiter ein Experiment, bei dem Versuchspersonen taktil so schwach gereizt wurden, dass sie nichts spürten, bei dem man aber dennoch somatosensorisch evozierte Potenziale nachweisen konnte. Reize kamen also nachweislich im Gehirn an, obwohl sie nicht gespürt worden waren (Libet et al. 1967). In den 1980er-Jahren wurden schließlich auch methodisch aufwändige Studien publiziert, die kaum einen Zweifel daran ließen, dass es Unterschiede zwischen objektiver und subjektiver Wahrnehmung geben kann: Man sieht oder hört den Reiz nicht, aber er hat einen messbaren Effekt auf nachfolgende geistige Leistungen (Marcel 1983).

Nicht zuletzt die seit den 90er-Jahren immer bedeutsamer werdende kognitive Neurowissenschaft bewirkte ein verstärktes Interesse an unbemerkt ablaufenden Prozessen, wurden diese doch durch Methoden der Gehirnforschung besser zugänglich als durch die Messung von Verhaltensdaten wie Reaktionszeiten und Fehlern allein. Schließlich brachte die neurowissenschaftliche Grundlagenforschung Einsichten zur Neuroplastizität und zur Modularität des Gehirns, mit denen sich die Gedanken von Leibniz unschwer verknüpfen lassen. Synapsen ändern sich durch ihren Gebrauch, und obgleich sie sehr klein und zugleich sehr zahlreich sind, lassen sich Lernprozesse ganz allgemein als synaptische Modifikationsprozesse verstehen.

Der Aufbau unseres Gehirns ist modular (Abb. 4-10). Das bedeutet, dass es spezialisierte Module gibt, die beispielsweise für Sprache, das Farbensehen, die Gesichter-Erkennung oder den Tastsinn zuständig sind. Wie wir alle zuweilen leidvoll erfahren, wenn uns beispielsweise ein Wort auf der Zunge liegt oder der Name einer Person, die wir uns lebhaft vorstellen, einfach nicht einfallen will, können modular gespeicherte Informationen zuweilen nicht für uns verfügbar sein, weil der Zugriff nicht möglich ist. Hinzu kommt, dass unser Gehirn sehr viele Informationen implizit gespeichert hat, über die wir explizit nicht verfügen: Unser Sprachproduktionsapparat hat beispielsweise die gesamte Grammatik der Muttersprache gespeichert, obwohl kaum jemand diese explizit aufschreiben kann. Unsere Motorik muss die Hebelgesetze und die Gravitationskonstante der Erde gespeichert haben, sonst könnten wir beispielsweise nicht laufen. Dennoch können wir diese Informationen nicht direkt auslesen.

Aus dieser expliziten Unzugänglichkeit vieler implizit gespeicherter Informationen folgt keineswegs, dass diese Informationen nicht abgerufen und verwendet werden. Ganz im Gegenteil: Die Module sind vielmehr in einem hohen Grad miteinander vernetzt. Zudem muss man – wenn man die am visuellen System gemachten Erfahrungen berücksichtigt – annehmen, dass der Informationsfluss keineswegs nur von einfacheren zu komplexeren Arealen geht (Bottom-up), sondern dass vielmehr ebenso massive Verbindungen in die andere Richtung vorliegen, dass also ein Top-down-Einfluss gespeicherter Informationen auf einfachere Verarbeitungsareale wahrscheinlich ist. Aus rein quantitativen Überlegungen folgt weiterhin, dass über

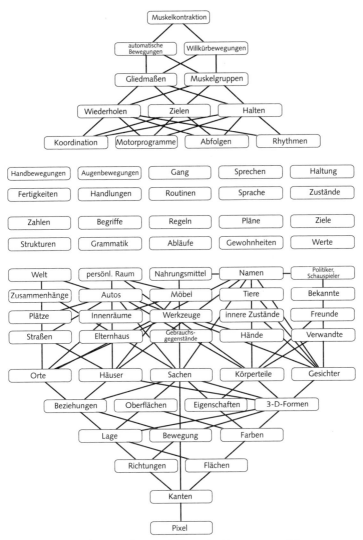

Abb. 4-10 Schematische Darstellung des Zusammenspiels von Modulen (vom visuellen Input zum motorischen Output) (nach Spitzer 2005).

nur wenige zwischengeschaltete Synapsen jedes Neuron im Gehirn prinzipiell mit jedem anderen Neuron verbunden ist.

Modularität und Plastizität

Die Modularität des Kortex und die Plastizität der Synapsen sind damit als wesentliche Mechanismen unbewusster Prozesse neurobiologisch identifiziert. Betrachten wir hierzu zwei Beispiele, eines aus der visuellen Wahrnehmung und eines aus der Motorik.

In Abbildung 4-11 sind zwei Tische dargestellt, ganz unterschiedliche Tische, wie man leicht sehen kann: ein quadratischer Couchtisch rechts und ein länglicher Esstisch links. Was würden Sie sagen, wenn jemand behauptete, die beiden Tischplatten seien identisch? »Unsinn«, würden sie sagen: Die Tischplatte links ist lang und schmal, die rechts kürzer und breiter, eben quadratisch. In Wahrheit jedoch sind beide Platten wirklich gleich groß. Wer es nicht glaubt, der lege ein durchsichtiges Blatt Pergamentpapier über eine der beiden Tischzeichnungen, zeichne die

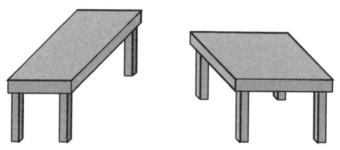

Abb. 4-11 Zwei Tische mit ganz unterschiedlichen Tischplatten – oder?

Platte ab, schneide sie aus und lege sie dann, leicht gedreht, auf den anderen Tisch. Voilà: Passt haargenau. (Ja, und wenn Sie es jetzt beim Lesen noch immer nicht glauben, dann holen Sie sich bitte eine Schere – bitte, denn dann werden Sie es glauben!)

Der Grund dafür, dass Sie hier gar nicht anders können als zwei ganz verschiedene Tischplatten zu sehen, liegt in Ihnen, genau genommen: in Ihren vielen Seherfahrungen mit Tischen. Sie können gar nicht anders, als Ihr Wissen über Tische zu verwenden – und somit sehen Sie sich einen Couchtisch und einen länglichen Esstisch gewissermaßen »zurecht«. Das Ganze erledigt Ihr Sehsystem für Sie, Sie machen das also keineswegs »selbst«. Vielmehr wird der Effekt durch unbewusste Prozesse in Ihnen erledigt.

Betrachten wir das zweite Beispiel, das ebenfalls ganz einfach ist (Abb. 4-12). »Nehmen Sie einen Klotz und legen Sie ihn oben hin!« So lautete die Aufforderung an die Versuchspersonen, die einen der beiden Klötze ergreifen und oben wieder ablegen sollten. Das war schon alles. Die einfachsten Experimente sind eben noch immer die besten!

Die einzige experimentelle Variation besteht in Folgendem: Auf den Klötzen befindet sich jeweils eine Zahl, z. B. eine 8 oder eine 2. Analysiert man nun die Handbewegung im Einzelnen, d. h., betrachtet man die Öffnung zwischen Daumen und Zeigefinger im Verlauf der Bewegung (Andres et al. 2008), so stellt sich heraus, dass die Zahl auf dem Klotz den Grad der Öffnung der greifenden Hand beeinflusst: Insbesondere zu Beginn der Bewegung geht die Hand weiter auf, wenn ein Klotz gegriffen wird, auf dem eine 8 steht, als wenn ein Klotz gegriffen wird, auf dem eine 2 steht. Gegen Ende der Bewegung gibt es keinen Unterschied mehr. Ganz offensichtlich bestimmt jetzt die physikalische Größe des Klotzes die Programmierung der Be-

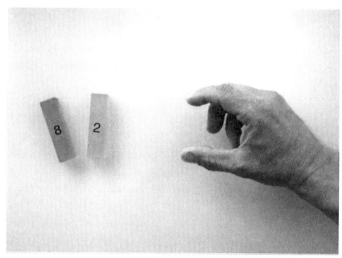

Abb. 4-12 Experiment zum Ergreifen eines Klotzes. Der Vorgang des Greifens wird dabei mittels geeigneter Instrumente genau aufgezeichnet, um z. B. die Entfernung zwischen Daumen und Zeigefinger in jeder Phase der Bewegung genau zu ermitteln.

wegung und die Finger zoomen gewissermaßen genau an den Ort, der für das Ergreifen des Klotzes jeweils optimal ist. Zu Beginn der Bewegung hingegen spielt die abstrakte Größe der Zahl eine Rolle: Die 8 ist größer als die 2 und ganz offensichtlich führt diese Information dazu, dass Daumen und Zeigefinger etwas weiter auseinandergehen, denn sie müssen ja »etwas Größeres« greifen, als wenn sie »nur eine 2« greifen (Abb. 4-13).

Aber ist die Zahl nicht vollkommen irrelevant? Natürlich ist sie das, für unser bewusstes Denken und unsere bewusste Steuerung. Unbewusst jedoch, d. h. ohne unser willentliches und bewusst gesteuertes Denken nehmen wir die Zahl zur Kenntnis, wenn wir auf den Klotz schauen, ebenso wie wir ein Wort zur Kenntnis nehmen, wenn wir

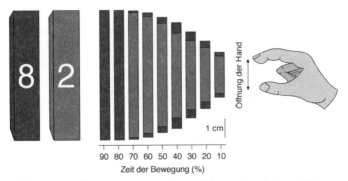

Abb. 4-13 Zahlen in Bewegung. Je nachdem, ob auf einem Klotz, den man ergreift, eine große oder kleine Zahl steht, öffnet sich die Hand beim Greifen, insbesondere zu Beginn der Bewegung (mod. nach Andres et al. 2008).

es ganz kurz gezeigt bekommen. Was wir nicht können, ist ein Wort oder eine Zahl zu sehen und sie *nicht* zur Kenntnis nehmen. Wir haben Wort oder Zahl immer schon zur Kenntnis genommen, wenn wir Wort oder Zahl wahrgenommen haben, ganz gleich, ob wir dies wollen oder nicht.

Das bekannteste Beispiel hierfür ist der Stroop-Effekt: Sie sollen die Farbe eines Wortes benennen, das Wort jedoch nicht lesen. Wenn Sie nun das Wort »Rot« in blauer Tinte gedruckt wahrnehmen und sollen dann die Farbe des Wortes angeben, also »Blau« sagen, so brauchen Sie hierfür länger als beispielsweise dann, wenn das blaue Wort auch tatsächlich »Blau« lautet. Mit anderen Worten, das gelesene Wort geht in Ihre Antwort ein (die Farbe des Wortes zu benennen), ob Sie dies wollen oder nicht. Genauso ist es im Falle der Zahlen: Die Größe der Zahl (8 oder 2) geht in Ihr Denken ein, ob Sie dies wollen oder nicht. Wenn Sie dann den entsprechenden Gegenstand greifen, geht diese wahrgenommene Größe in die Programmierung der

Greifbewegung ein, und zwar vor allem am Anfang, also dann, wenn die Physik des Gegenstandes (seine Länge) noch nicht die allergrößte Rolle spielt. Das Experiment zeigt aus meiner Sicht sehr schön, wie viel Geist in einer simplen Bewegung steckt.

Unbewusste Prozesse: überall!

Diese Erkenntnis fügt sich mühelos in die Reihe der in den vergangenen 20 Jahren publizierten Befunde zu unbewussten Prozessen ein: Sehe ich das Wort »Greifen«, so werden Bereiche in primären sensomotorischen Arealen aktiviert, die der Repräsentation der Hand entsprechen. Entsprechendes gilt für das Wort »Treten« (»Fußareale« werden aktiviert) und auch für das Wort »Lecken« (Bereiche für Mund und Zunge werden aktiviert; Hauk et al. 2004).

Wenn man sich darüber Gedanken macht, ob man gerade eine Tuba oder eine Harfe sieht, wird dabei auch die primäre Hörrinde aktiviert, aber nur, wenn man Musiker ist (Hoenig et al. 2011). Wer gerade französische Musik hört, greift eher zu französischem Wein und wer deutsche Musik hört, greift eher zu deutschem Wein, wie eine Studie in der Weinabteilung eines britischen Supermarktes, der sowohl deutsche als auch französische Weine feilbot und in dem an aufeinanderfolgenden Tagen entweder deutsche oder französische Musik im Hintergrund lief, zeigen konnte (Abb. 4-14). Wie eine bei 44 Kunden nach dem Kauf durchgeführte Befragung zeigte, war nur einem einzigen der befragten Käufer der Einfluss der Musik auf die Kaufentscheidung bewusst (North et al. 1999).

Seit mehr als 20 Jahren wird der Implizite Assoziationstest (IAT) zur experimentellen Erfassung der Existenz und

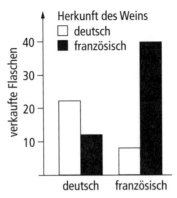

Abb. 4-14 Ergebnis der Studie von North und Mitarbeitern (1999). Links sind die Verkäufe von deutschem (weiße Säule) und französischem Wein (schwarze Säule) bei »Berieselung« der Kunden mit deutscher Musik dargestellt, rechts die entsprechenden Verkäufe bei französischer Hintergrundmusik. Der Einfluss der Musik auf das Käuferverhalten war mit $p < 0{,}001$ hoch signifikant (Chi-Quadrat-Test).

der Stärke unbewusster Vorurteile vielfach verwendet (Greenwald et al. 1998). Der Test beruht auf der Idee, dass die Bedeutung von Wörtern im Gedächtnis mittels assoziativer Netzwerke gespeichert ist. Wird das Netzwerk irgendwo aktiviert, breitet sich die Aktivierung innerhalb des Netzwerks aus, wodurch assoziierte Knoten ebenfalls aktiviert werden (Abb. 4-15). In einer Vielzahl von Experimenten konnte während des letzten halben Jahrhunderts gezeigt werden, dass Personen beispielsweise schneller auf das Wort »Sonne« reagieren, wenn kurz vorher das Wort »Mond« präsentiert wurde, und langsamer, wenn vorher beispielsweise das Wort »Baum« präsentiert wurde (Meyer & Schvaneveldt 1971). Solche Experimente werden seit den 90er-Jahren am Computer durchgeführt, der die Wörter am Bildschirm für eine bestimmte (in der Regel kurze)

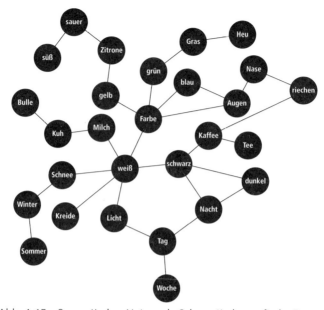

Abb. 4-15   Semantisches Netzwerk: Schematische grafische Darstellung der Idee, dass Bedeutung als »Knoten« in einem Netzwerk gedacht werden kann, über dessen Verbindungen sich die Aktivierung ausbreiten kann. Dies kann semantische Bahnungseffekte erklären, die man phänomenologisch (Versprecher und Tippfehler) als auch experimentell gleichsam überall finden kann (Spitzer 1993b). In neurobiologischer Hinsicht handelt sich um eine starke Vereinfachung, denn in der Gehirnrinde ist »Bedeutung« nicht als *eine* Ansammlung von Neuronen in *einem* bestimmten Areal gespeichert, sondern nahezu überall (Huth et al. 2016), wobei die beteiligten kortikalen Areale eine Hierarchie bilden. Bei dieser Hierarchie gibt es kein »unten« und »oben«, sondern ein »außen« und »innen« (vgl. Abb. 4-10), denn die am weitesten von Input und Output des Netzwerks entfernten Bereiche kodieren die von den jeweils konkreten (Input- und Output-) Mustern am weitesten – im Hinblick auf ihre »Abstraktheit« – entfernten neuronalen Repräsentationen in den Zwischenschichten des vielschichtigen Netzwerks, das dadurch zu »deep learning« fähig ist. Dass diese Zwischenschichten (die einzelnen Kästchen in Abb. 4-10) selbst noch einmal eine allgemeine nach Häufigkeit und Ähnlichkeit geordnete räumliche Struktur aufweisen, ist nach allem, was wir über den Aufbau der Gehirnrinde und Kohonen-Netzwerke wissen, nicht unwahrscheinlich (Spitzer 1996).

Zeit von einigen hundert Millisekunden) präsentiert und die Zeit bis zum Tastendruck (in Millisekunden) misst. Oft geschieht dies in sogenannten Wort-Entscheidungsaufgaben, bei denen die Versuchspersonen entscheiden müssen, ob es sich bei einer Buchstabenfolge um eine Wort (»Sonne«) oder um eine sinnlose Buchstabenfolge (ein »Nicht-Wort« wie beispielsweise »Simta«) handelt. Erklärt wird dies durch die gemeinsame Aktivierung von Neuronen der allgemeineren (abstrakteren) Anteile beider Repräsentationen (sie überlappen) und durch die, wobei man davon ausgehen kann, dass die Aktivierungsausbreitung durch diese hierarchisch organisierten Areale Zeit braucht. Je größer die Überlappung, desto rascher die gemeinsame Aktivierung, die sich dann in kürzeren Reaktionszeiten niederschlägt. Diesen Bahnungseffekt (es werden raschere Reaktionen gebahnt) durch Bedeutungsähnlichkeit nennt man auf Neudeutsch seit Jahrzehnten semantisches Priming (Spitzer 1993a).

Auch Emotionen gehören zur Bedeutung eines Wortes, d.h. »schwingen« bei dessen Wahrnehmungsprozess »mit«. So konnte schon im Jahr 1986 gezeigt werden, dass Personen bei Kategorisierungsaufgaben schneller reagieren, wenn ihnen vor dem zu bewertenden Wort ein Wort präsentiert wurde, das die gleiche affektive Valenz (d.h. positiv oder negativ) aufweist. Diesen Effekt nennt man affektives Priming (Fazio et al. 1986). Da Bahnungseffekte automatisch ablaufen, findet mithin auch eine automatische Bewertung beim Wahrnehmen statt. Diesen Umstand macht man sich beim Impliziten Assoziationstest zunutze: Personen reagieren dann schneller, wenn die mit einem Wort verbundene Emotion schon vorgebahnt ist.

Ganz konkret läuft der IAT beispielsweise wie folgt ab (Abb. 4-16): Die Versuchsperson sitzt vor einem Bildschirm,

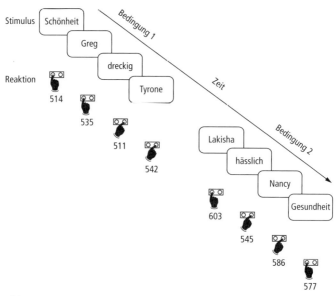

Abb. 4-16 Schematische Darstellung des Ablaufs eines IAT zur Messung impliziter Assoziationen (aus Spitzer 2004, S. 2). Der Test ist leicht und die Reaktionen sind schneller, wenn auf »weiße« Vornamen und positive Wörter mit der gleichen Taste zu reagieren ist und auf »schwarze« Vornamen und negative Wörter ebenfalls mit der gleichen anderen Taste (links oben, Bedingung 1). Sollen die Versuchspersonen jedoch auf »weiße« Vornamen und negative Wörter mit der gleichen Taste und auf »schwarze« Vornamen und positive Wörter mit der anderen, zweiten Taste reagieren, sind die Reaktionszeiten länger und es werden mehr Fehler gemacht (rechts unten, Bedingung 2).

auf dem Wörter zu sehen sind, auf die durch das Drücken eines von zwei Knöpfen reagiert werden muss. In der einen Bedingung soll man links bei positiven Wörtern und bei Vornamen, die in der weißen Bevölkerung häufig vorkommen (z.B. Greg, Nancy), drücken, rechts sollen die Versuchspersonen bei negativen Wörtern und Vornamen, die in der schwarzen Bevölkerung typisch sind (z. B. Tyrone, Lakisha), drücken.

In der anderen Bedingung soll die Versuchsperson links bei positiven Wörtern und einem »typisch schwarzen« Vornamen sowie rechts bei negativen Wörtern und einem »typisch weißen« Vornamen drücken. Diese zweite Bedingung ist für die meisten Versuchspersonen – einschließlich der schwarzen Bevölkerung – schwerer als die erste. Die Idee dahinter ist, dass die meisten Menschen gewohnt sind, Menschen mit heller Hautfarbe positiver zu betrachten als Menschen mit dunkler Hautfarbe. Auch wenn wir dieses Vorurteil nicht wahrhaben wollen und uns bewusst dagegen aussprechen, zeigen die kürzeren Reaktionszeiten unter Bedingung eins, dass »positiv« und »weiße Hautfarbe« sowie »negativ« und »schwarze Hautfarbe« in unserem Geist enger verknüpft sind. Die Gesellschaft einschließlich der Medien versorgt uns dauernd mit genügend Erfahrungen, die in uns entsprechende Spuren hinterlassen. Auch wenn wir diese Vorurteile bewusst ablehnen, sind sie deswegen noch lange nicht verschwunden. Sie sind vielmehr noch immer vorhanden und lassen sich durch Tests wie den IAT nachweisen. Der Unterschied in den Reaktionszeiten und Fehlern unter der Bedingung »weiß-positiv/schwarz-negativ« und der Bedingung »schwarz-positiv/weiß-negativ« zeigt das Ausmaß automatischer Reaktionstendenzen einer Person und lässt sich damit als ein Maß für deren (unbewusste) Vorurteile gegenüber Personen mit dunkler Hautfarbe verwenden (Gehring et al. 2003).

Mittlerweile wurde der IAT in verschiedenen Formen bei insgesamt mehr als 20 Millionen Menschen durchgeführt und die Effekte wurden theoretisch in vielfacher Hinsicht eingeordnet und diskutiert (Greenwald et al. 2009, 2015; Jost 2019; Sleek 2018), teilweise auch recht kritisch (Oswald et al. 2013). Dies wundert nicht, denn in Anbetracht der ungünstigen Auswirkungen von unbewussten Vorurteilen ganz allgemein auf unser gesellschaftliches Zusammenleben können solche Studien solche Vorurteile verdeutlichen, bewusst machen und damit deren Auswirkungen abmildern.

Es gab sogar den im Fachblatt »Science« im Jahr 2015 publizierten Versuch, unbewusste Vorurteile durch (1) Aktivierung, (2) Verbindung mit einem konditionierten Reiz (ein bestimmter Ton) und (3) anschließende Darbietung dieses Reizes während des Schlafs besonders effektiv zu *löschen* (Hu et al. 2015). Wenn man Vorurteile tatsächlich so leicht »behandeln« könnte, wäre dies von kaum zu überschätzender Bedeutung für das Funktionieren unserer Gesellschaft. Daher wurden die Daten noch im Jahr ihrer Publikation nachgerechnet, wobei gefunden wurde, dass die Ergebnisse nicht so klar herauskamen, wie dies von den Autoren dargestellt worden war (Aczel et al. 2015). Zudem scheiterte ein Replikationsversuch aus dem Jahr 2019 (Humiston & Wamsley 2019), sodass man heute leider noch immer nicht weiß, wie man unbewusste Vorgänge anders ändern kann (und vielleicht eben noch besser) als durch ihre Bewusstmachung.

Dieses Beispiel ist leider kein Einzelfall. Die gesamte Wissenschaft vom Unbewussten bekam vielmehr in den letzten Jahren einen Dämpfer im Rahmen der sogenannten *Replikationskrise in der Psychologie* ab (Fidler & Wilcox 2018; Spitzer & Spitzer in Vorb.). Eine größere Zahl recht bekannter experimenteller Ergebnisse zu unbewussten Vorgängen vor allem aus der Sozialpsychologie konnte nicht repliziert werden: Dass man langsamer läuft, wenn man zuvor an das allgemeine Konzept »Alter« durch eine bestimmte Technik, ohne dass man es bemerkte, erinnert wurde (Bargh et al. 1996), wurde nicht bestätigt, ebenso wenig der Geiz erzeugende (Vohs et al. 2006) und zugleich schmerzlindernde (Zhou et al. 2009) Effekt des Umgangs mit Geldscheinen oder der Einfluss von Müll auf die Häufigkeit von Eigentumsdelikten (Keizer et al. 2008), der Zusammenhang von physikalischer und sozialer Wärme bzw. Kälte (Zhong & Leonardelli 2008) oder der zwischen sozialer und moralischer Reinheit (Zhong & Lilyenquist 2006).

Was folgt aus diesen Erkenntnissen? – Zunächst einmal nur, dass auch bei psychologischen Experimenten zu unbewussten Prozessen gelegentlich nicht sauber gearbeitet wurde. Dies geschah aber auch anderswo in der Psychologie und auch in anderen Wissenschaften wie der Biologie oder der Medizin. Letztlich kommt es auf die Einbindung der Ergebnisse verschiedener Studien in einen theoretischen Gesamtrahmen an, sodass sich die Befunde gegenseitig stützen. Je größer dieser Rahmen, desto wahrscheinlicher ist es, dass man nicht falsch liegt, sondern tatsächlich den Dingen (um nicht zu sagen: der Wahrheit) auf der Spur ist.

Unbewusste Prozesse, die bei Meditation oder Psychotherapie ablaufen, lassen sich mittlerweile im Mausmodell untersuchen, wodurch die neurobiologischen Korrelate solcher Prozesse ausfindig gemacht werden können. Man gewinnt dadurch ein vom Verhalten bis zum Schaltkreis hinunter bruchloses mechanistisches Verständnis der beteiligten Strukturen und Prozesse (Beispiele in Spitzer 2018, 2019). Dass man das Unbewusste einmal tierexperimentell untersuchen würde, um die Seelenmechanik besser zu verstehen, wäre Sigmund Freud wahrscheinlich nicht mal im Traum eingefallen. Dass man unter Berücksichtigung solcher Erkenntnisse unbewusste unerwünschte Assoziationen nicht nur untersuchen, sondern sogar (z. B.

mittels EMDR nicht nur bei der Maus, sondern auch beim Menschen) therapeutisch angehen kann, auch nicht. Hundertzwanzig Jahre nach der Traumdeutung ist das ganz normale Realität. Die Erforschung unbewusster Prozesse hat in den vergangenen zwanzig Jahren einen ungeahnten Aufschwung erfahren hat. Freud hätte seine Freude ...

Literatur

Aczel, B, Palfi, B, Szaszi, B, Szollosi, A, Dienes, Z (2015). Commentary: Unlearning implicit social biases during sleep. Front Psychol 6: 1428.

Andres, M, Olivier, E, Badets, A (2008). Actions, words, and numbers. A motor contribution to semantic processing? Curr Dir Psychol Sci; 17: 313–317.

Aschaffenburg, G (1896). Experimentelle Studien über Associationen I. In: Kraepelin, E (Hrsg). Psychologische Arbeiten I. Leipzig: Engelmann; S. 209–299.

Aschaffenburg, G (1899). Experimentelle Studien über Associationen II. In: Kraepelin, E (Hrsg). Psychologische Arbeiten II. Leipzig: Engelmann; S. 1–83.

Aschaffenburg, G (1904). Experimentelle Studien über Associationen III. In: Kraepelin, E (Hrsg). Psychologische Arbeiten IV. Leipzig: Engelmann; S. 235–373.

Bargh, JA, Chen, M, Burrows, L (1996). Automaticity of social behavior: Direct effects of trait construct and stereotype activation on action. Journal of Personality and Social Psychology; 71: 230–244.

Bargh, JA, Williams, EL (2006). The automaticity of social life. Current Directions in Psychological Science; 15: 1–4.

Bechterew, VM (1913). Objektive Psychologie oder Psychoreflexologie. Die Lehre von den Assoziationsreflexen. Leipzig: Teubner.

Bleuler, E (1911). Dementia Praecox or the Group of Schizophrenias, transl. by Ziskin J, Lewis ND; New York: International Universities Press, 1950.

Dijksterhuis, A, van Knippenberg, A (1998). The relation between perception and behavior, or how to win a game of Trivial Pursuit. Journal of Personality and Social Psychology; 74: 865–877.

Dijksterhuis, A, Aarts, H, Smith, PK (2005). The power of the subliminal: On subliminal persuasion and other potential applications. In: Hassin, RR, Uleman, JS, Bargh. JA (Hg): The New Unconscious. Oxford Series in Social Cognition and Social Neuroscience. Oxford: Oxford University Press; 77–107.

Fidler, F, Wilcox, J (2018). Stanford Encyclopedia of Philosophy: Reproducibility of Scientific Results. Center for the Study of Language and Information (CSLI), Stanford University (https://plato.stanford.edu/entries/scientific-reproducibility/#MetaScieEstaMoniEvalReprCris; abgerufen am 24.12.2019).

Francis, WN, Kucera, H (1982). Frequency Analysis of English usage. Lexicon and Grammar. Boston: Houghton Mifflin.

Freud, S (1895). Project for a Scientific Psychology. The Standard Edition of the Comlete Psychological Works of Sigmund Freud, vol. 1. London: Hogarth Press, 1978; 283–397.

Freud, S (1900). Die Traumdeutung (The Interpretation of Dreams). Gesammelte Werke II/III. Frankfurt: S. Fischer, 1976.

Galton, F (1879). Psychometric experiments. Brain; 2: 149–162.

Galton, F (1883). Inquiries into Human Faculty and Its Development. London: MacMillan.

Gehring, WJ, Karpinski, A, Hilton, JL (2003). Thinking about interracial interactions. Nature Neuroscience; 6: 1241–1243.

Greenwald, AG, McGhee, DE, Schwartz, JLK (1998). Measuring individual differences in implicit cognition: The Implicit Association Test. J Pers Soc Psychol; 74: 1464–1480.

Greenwald, AG, Poehlman, TA, Uhlmann, EL, Banaji, MJ (2009). Understanding and using the Implicit Association Test: III. Meta-analysis of predictive validity. J Pers Soc Psychol; 97: 17–41.

Greenwald, AG, Banaji, MR, Nosek, BA (2015). Statistically small effects of the Implicit Association Test can have societally large effects. J Pers Soc Psychol; 108: 553–561.

Hauk, O, Johnsrude, I, Pulvermuller, F (2004). Somatotopic representation of action words in the human motor and premotor cortex. Neuron; 41: 301–7.

Hoenig, K, Müller, C, Herrnberger, B, Sim, E-J, Spitzer, M, Ehret, G, Kiefer, M (2011). Neuroplasticity of semantic representations for musical instruments in professional musicians. Neuroimage; 56: 1714–1725.

Hu, X, Antony, JW, Creery, JD, Vargas, IM, Bodenhausen, GV, Paller, KA (2015). Unlearning implicit social biases during sleep. Science; 348: 1013–1015.

Huth, AG, de Heer, WA, Griffiths, TL, Theunissen, FE, Gallant, JL (2016). Natural speech reveals the semantic maps that tile human cerebral cortex. Nature; 532: 453–458.

Humiston, GB, Wamsley, EJ (2019). Unlearning implicit social biases during sleep: A failure to replicate. PLoS ONE; 14: e0211416.

Jost, JT (2019). The IAT is dead, long live the IAT: context-sensitive measures of implicit attitudes are indispensable to social and political psychology. Curr Dir Psychol Sci; 28: 10–19.

Jung, CG (1903). Über Simulation von Geistesstörung. Gesammelte Werke 1 (Psychiatrische Studien), 2. Aufl. Olten, Freiburg: Walter, 1978; S. 169–201.

Jung, CG (1905). Experimentelle Beobachtungen über das Erinnerungsvermögen (Experimental Obervations on the Faculty of Memory). Gesammelte Werke 2 (Experimentelle Untersuchungen). Olten, Freiburg: Walter, 1979; S. 289–307.

Jung, CG (1906a). Experimentelle Untersuchungen über Assoziationen Gesunder. Gesammelte Werke 2 (Experimentelle Untersuchungen). Olten, Freiburg: Walter, 1979; S. 15–213.

Jung, CG (1906b). Die Psychopathologische Bedeutung des Assoziationsexperiments. Gesammelte Werke 2 (Experimentelle Untersuchungen). Olten, Freiburg: Walter, 1979; S. 429–446.

Jung, CG (1906c). Über das Verhalten der Reaktionszeit beim Assoziationsexperimente. Gesammelte Werke 2 (Experimentelle Untersuchungen). Olten, Freiburg: Walter, 1979; S. 239–288.

Jung, CG (1906d). Analyse der Assoziationen eines Epileptikers (Analysis of the Associations of an Epileptic Patient). Gesammelte Werke 2 (Experimentelle Untersuchungen). Olten, Freiburg: Walter, 1979; S. 214–238.

Jung, CG (1906e): Über die Psychologie der Dementia Praecox. Gesammelte Werke 3 (Psychogenese der Geisteskrankheiten), 2. Aufl. Olten, Freiburg: Walter, 1979; S. 3–170.

Keizer, K, Lindenberg, S, Steg, L (2008). The Spreading of Disorder. Science; 322(5908): 1681–1685.

Leibniz, GW (1700). Neue Abhandlungen über den menschlichen Verstand. Hamburg: Meiner Philosophische Bibliothek, 1767/1971.

Libet, B, Alberts, WW, Wright, EW, Feinstein, B (1967).

Responses of human somatosensory cortex to stimuli below threshold for conscious sensation. Science; 158: 1597–1600.

Marcel, A (1983). Conscious and unconscious perception: An approach to the relations between phenomenal experience and perceptual processes. Cognitive Psychology; 15: 238–300.

Meyer, DE, Schvaneveldt, RW (1971). Facilitation in recognizing pairs of words: Evidence of a dependence between retrieval operations. J Exp Psychol; 90(2): 227–234.

Moore, TE (1982). Subliminal Advertising: What you see is what you get. Journal of Marketing; 6(Spring): 38–47.

North, A, Hargreaves, D, McKendrick, J (1999). The influence of in-store music on wine selections. J Appl Psychol; 84: 271–276.

Oswald, FL, Mitchell, G, Blanton, H, Jaccard, J, Tetlock, PE (2013). Predicting ethnic and racial discrimination: A meta-analysis of IAT criterion studies. J Pers Soc Psychol; 105: 171–192.

Packard, V (1958). Die geheimen Verführer. Berlin: Econ-Verlag.

Pratkanis, AR (1992). The Cargo-cult science of subliminal persuasion. Skeptical Inquirer; 16: 260–272.

Rogers, M, Smith, KH (1993). Public perception of subliminal advertising: Why practitioners shouldn't ignore this issue. Journal of Advertising Research; 33(2): 10.

Sleek, S (2018). The Bias Beneath: Two Decades of Measuring Implicit Associations. APS Observer. https://www.psychologicalscience.org/observer/the-bias-beneath-two-decades-of-measuring-implicit-associations (abgerufen 8.1.2020).

Spitzer, M (1992). Word-Associations in experimental psychiatry: A historical perspective. In: Spitzer, M, Uehlein, FA, Schwartz, MA, Mundt, C (Hrsg). Phenomenology, Language and Schizophrenia. New York: Springer; 160–196.

Spitzer, M (1993a). Assoziative Netzwerke, formale Denkstörungen und Schizophrenie. Zur experimentellen Psychopathologie sprachabhängiger Denkprozesse. Nervenarzt; 64: 147–159.

Spitzer, M, Braun, U, Hermle, L, Maier, S (1993b). Associative semantic network dysfunction in thought-disordered schizophrenic patients: direct evidence from indirect semantic priming. Biol Psychiatry; 34: 864–877.

Spitzer, M (1996). Geist im Netz. Heidelberg: Spektrum Akademischer Verlag.

Spitzer, M (2004). Soziale Neurowissenschaft. Nervenheilkunde; 23: 1–4.

Spitzer M (2018). Meditation, Mäuse und Myelin. In: Spitzer, M. Musik, Meditation und Mittelmeerdiät. Schattauer 2019; 113–124.

Spitzer, M (2019). Psychotherapie im Mausmodell. Nervenheilkunde; 38: 231–239.

Spitzer, M, Spitzer, M. Die Replikationskrise in der Psychologie. Nervenheilkunde, in Vorbereitung.

Theus, KT (1994). Subliminal advertising and the psychology of processing unconscious stimuli: A review of research. Psychology & Marketing; 11(3): 271–290.

Vohs, KD, Mead, NL, Goode, MR (2006). The psychological consequences of money. Science; 314: 1154–1156.

Watson, JB (1913). Psychology as the behaviorist views it. Psychol Rev; 20: 158–177.

Wundt, W (1893). Grundzüge der Physiologischen Psychologie, 4. Aufl., Vol. I u. II. Leipzig: Engelmann.

Zhong, CB, Leonardelli, GJ (2008). Cold and lonely: Does social exclusion literally feel cold? Psychological Science; 19(9): 838–843.

Zhong, CB, Liljenquist, K (2006). Washing away your sins: Threatened morality and physical cleansing. Science; 313: 1451–1452.

Zhou, X, Vohs, KD, Baumeister, RF (2009). The symbolic power of money. Psychological Science; 20: 700–706.

5 Hirnmüll oder Königsweg zum Unbewussten

Ist der Traum ein salonfähiges Forschungsthema?

Michael H. Wiegand

Salonfähig? Gibt es überhaupt noch Salons? Früher habe ich regelmäßig in Salons verkehrt, z. B. im Eissalon »Venezia« in Hagen-Haspe und im nicht weit davon entfernten Friseursalon von Herrn Bauermann. Auf diese Art von Salons jedoch bezieht sich der Ausdruck »salonfähig« offenbar eher nicht. Vermutlich sind die eigentlichen Salons (diejenigen der feinen Gesellschaft des 19. Jahrhunderts) ja auch ausgestorben. Der Begriff »salonfähig« dagegen hat überlebt; salonfähig ist ein Thema oder Verhalten, das in entsprechenden (besseren?) Kreisen kein betretenes Schweigen und/oder Naserümpfen auslöst. Auf die Wissenschaft bezogen: Salonfähig ist eine Thematik, die anerkannt und forschungswürdig ist, beispielsweise die Einteilung der postsynaptischen Serotonin-Rezeptoren. Dagegen ist die Diskussion über zahlenmäßigen Umfang, hierarchische Gliederung, Einteilung und Zuständigkeitsverteilung innerhalb der Engelwelt nicht mehr salonfähig (ich fürchte, nicht einmal mehr auf Theologen-Kongressen – aber weiß man's?).

Der Traum – ein wissenschaftlich salonfähiges Thema? Was würde der »Gebildete« (gemeint ist so etwas in Richtung Arte-Zuschauer) unserer Tage mit dieser Thematik assoziieren? Vermutlich in erster Linie die Namen Freud und Jung, die er jedoch eher der Therapeuten-Couch oder der Studierstube des Wissenschaftshistorikers zuordnen würde, nicht so sehr einem modernen Forschungslabor.

Und sonst? Vielleicht noch die Träume Josephs und Daniels aus dem Alten Testament. Oder den Traum-Urlaub in der Karibik, wo man im Traum-Resort den Traum-Partner findet. Das heißt: im Bewusstsein weiter Teile der Öffentlichkeit, auch der Fach-Öffentlichkeit, ist der Traum kein Thema von nennenswertem aktuellen wissenschaftlichen Interesse mehr. Im Zeitalter der blühenden neurobiologischen und genetischen Forschung, angesichts der Verheißungen von moderner Psychopharmakologie und Gentechnologie mag das Interesse an Träumen in bestimmten Nischen (Psychoanalyse, Kunst, Esoterik etc.) noch eine Weile überleben – die »Megatrends« scheinen in andere Richtungen zu gehen.

Einspruch. Zum einen war und ist der Traum seit Jahrhunderten (auch vor, während und nach der Psychoanalyse) durchgehend Objekt wissenschaftlicher Hypothesenbildung und empirischer Forschung (Engelhardt 2006; Siebenthal 1953). Zum zweiten ist in den letzten Jahren, inspiriert durch neurobiologischen Methoden- und Erkenntnisfortschritt, das Interesse an dieser Thematik derart gewachsen, dass es nicht vermessen erscheint, von einer »Renaissance der Traumforschung« zu sprechen. Die renommierte, über jeden Mystizismus-Verdacht weit erhabene Fachzeitschrift »Behavioral and Brain Sciences« beispielsweise widmete dem Thema im Jahre 2000 ein weit über 1000 Seiten umfassendes Sonderheft (»Special Issue: Sleep and Dreaming«). In verschiedenen Publikationen wird ein Überblick gegeben über das breite Spektrum an Fachdisziplinen, die sich gegenwärtig mit dem Träumen befassen (Wiegand et al. 2006).

Aber der Reihe nach – ein gutes Rezept, um den Überblick zu behalten: Man »sagt es klar und angenehm, was erstens, zweitens und drittens käm« (Busch 1873).

Träumen vor Freud: eine lange Geschichte

In leicht schräger, eher dem primärprozesshaften Denken verpflichteter Abwandlung eines Diktums von Loriot (»Ein Leben ohne Möpse ist möglich, aber sinnlos«, Loriot 2003) kann man konstatieren: Träumen vor Freud war möglich, ja sogar allgemein üblich und vermutlich auch teilweise sinnvoll. Der einzige Unterschied: Es gab noch keine Freudianer.

Aber schon in der Antike (Walde 2018) war der Traum als Forschungsthema ein Problemfall. Kompetenz für seine wissenschaftliche Behandlung und den praktischen Umgang mit ihm (d. h. seine politisch korrekte und zielführende Deutung) reklamierten für sich: Philosophen, Priester, Propheten, Politiker und andere dubiose Personenkreise. Auch die Dignität des Traums als eines ernst zu nehmenden Gegenstandsbereichs wurde wiederholt ernsthaft infrage gestellt. Und das zieht sich durch die ganze Geschichte. Simplifiziert gesagt: Immer gab es zwei Fraktionen. Träume wurden entweder als Offenbarungen äußerer oder innerer »höherer« Wahrheiten sehr ernst genommen – oder als »Schäume« und sinnloses Geflimmer entwertet. Was für Platon einen Einblick in das Reich der Ideen bedeutete (Mertens 2000), war für den nüchternen Empiriker Aristoteles ein »Fortbestehen von Sinneseindrücken, die wie kleine Strudel, die in Flüssen entstehen, oft so bleiben, wie sie zu Beginn waren, oft aber miteinander kollidieren und so neue Formen annehmen« (zit. nach Borbély 1984). Also Geflimmer, allenfalls von flüchtigem ästhetischen Reiz.

Die Antike hat aber auch schon die Heilkraft der Träume gekannt. Erste erfolgreiche Ansätze zu deren kommerzieller Verwertung stammen von der Marketing-Abteilung des (antiken!) Asklepios-Konzerns: Kranke verweilten oft wochenlang in den entsprechenden Heiligen Bezirken (Abb. 5-1) und berichteten jeden Morgen dem diensthabenden Priester den Traum der vorangegangenen Nacht – so lange, bis dieser kraft seines Fachwissens entschied, dass es diesmal der »richtige« war; er deutete ihn, gab noch ein paar Ratschläge, nahm die Liquidation entgegen, gab eine Quittung aus (für etwaige Erstattung bei der Kasse) und schickte den Patienten geheilt nach Hause. Um Asklepios-Priester zu werden, musste man natürlich eine mehrjährige, sehr zeit- und kostenintensive Ausbildung absolvieren ... aber das System kennen Sie ja.

Abb. 5-1 Ruinen des Asklepios-Tempels auf Kos
(Foto: M. H. Wiegand).

In der zweiten Hälfte des 19. Jahrhunderts dominierte in Biologie und Medizin die empirisch-positivistische Orientierung. Die herrschende Lehrmeinung war, dass Träume Ausdruck »defizienten« oder »degenerierten« Denkens seien – Ergebnis eines Versuchs, im Schlafzustand etwas zustande zu bringen, was eigentlich nur im Wachzustand funktionieren kann: Denken. Zuvor hatte sich auch Kant sehr intensiv mit dem Träumen auseinandergesetzt; seine bündige Schlussfolgerung: »Der Verrückte ist (...) ein Träumer im Wachen« (Kant 1765), andersherum formuliert: Der Träumer spinnt.

Träumen mit Freud: auf dem Königsweg

Freuds Traumtheorien waren vor dem Hintergrund des wissenschaftlichen Klimas um die Wende zum 20. Jahrhundert eine revolutionäre Antithese zur den herrschenden Defizit-Theorien. Freud hat allerdings mehrere, nicht immer miteinander kompatible Hypothesen über die Funktion des Träumens aufgestellt (Hau 2018). Die bekannteste ist vermutlich die vom »Hüter des Schlafs«. Vielleicht deshalb, weil sie naturwissenschaftlich-medizinischem Denken nahe steht. Die Kontinuität des Schlafs wird gewährleistet durch Mechanismen, die dem Träumen zugrunde liegen. Der Traum ist sozusagen der Wachhund (darf auch ein Mops sein, Hauptsache laut), der potenzielle nächtliche Ruhestörer vertreibt, damit Herrchen und Frauchen weiterschlafen können. Um im Bild zu bleiben: Ein Albtraum entstünde dann, wenn der Wachhund dummerweise so laut bellt, dass die Herrschaft aufwacht. Was aber auch sinnvoll sein kann, wenn es ein Einbrecher wirklich ernst meint. Der Traum ist Mittel zu einem übergeordneten, biologisch sinnvollen Zweck: Erhaltung der Schlafkontinuität.

Andere Hypothesen Freuds zur Funktion des Träumens geben dem Traum einen ganz anderen Stellenwert; beispielsweise die Idee von der »via regia«, dem Königsweg zum Unbewussten. Im Lichte dieser Hypothese wohnt der

Traum eigentlich nicht in der Hundehütte, er braucht auch niemanden zu hüten, sondern ist selbst ein preziöser, selbst der Behütung bedürfender Gegenstand – Behütung durch den ihn umgebenden Schlaf? Wann immer Träume (im engeren Sinne) direkt aus dem Wachzustand heraus auftreten, handelt es sich um pathologische Phänomene (z. B. bei der Narkolepsie). Im normal-physiologischen Fall geht dem Träumen stets eine Zeit traumlosen Schlafs voraus. Der Traum ist eingebettet in den Schlaf. Der Schlaf – Hüter des Traums?

Freud hat noch weitere Hypothesen zum Träumen generiert. Zum Teil waren es operationalisierbare, also prinzipiell überprüfbare Annahmen. Nicht zufällig: Freud verstand sich als Naturwissenschaftler, und einige seiner Bemerkungen deuten darauf hin, dass er manche Hoffnung auf künftig noch zu entdeckende neurobiologische Zusammenhänge setzte.

> *»Nehmen Sie nun an, es wäre uns etwa auf chemischem Wege möglich, in dies Getriebe einzugreifen, die Quantität der jeweils vorhandenen Libido zu erhöhen oder herabzusetzen oder den einen Trieb auf Kosten eines anderen zu verstärken, so wäre dies eine im eigentlichen Sinne kausale Therapie (…); mit unserer psychischen Therapie greifen wir an einer anderen Stelle des Zusammenhanges an, nicht gerade an den uns ersichtlichen Wurzeln der Phänomene.«*
> (Freud 1917, S. 419)

Später hat man dergleichen zeitweise als »szientistisches Selbstmissverständnis der Psychoanalyse« kritisiert (Habermas 1968). Als der Traum zum Objekt neurobiologischer Forschung wurde, hatte man viele überprüfbare Hypothesen, derer man sich gerne bediente – oft ohne ihre Herkunft offenzulegen.

Träumen nach Freud: der REM-Schlaf als Schnittstelle zwischen Leib und Seele?

Die moderne Schlafforschung beginnt mit der Entdeckung und systematischen Registrierung der elektrischen Hirnaktivität, des Elektroenzephalogramms (EEG), durch Hans Berger (1931). Bald nach den ersten EEG-Ableitungen im Wachzustand wurden auch die Charakteristika der hirnelektrischen Aktivität im Schlaf beschrieben (Loomis et al. 1937): Die Schlaftiefe variiert im Verlaufe einer Nacht und lässt sich auf einem Kontinuum vom flachen Schlaf zum Tiefschlaf abbilden.

1953 wurde der REM-Schlaf als eigenes Schlafstadium entdeckt (Aserinsky & Kleitman 1953). Das EEG dieses Schlafstadiums ähnelt auf den ersten Blick dem flachen Schlaf, jedoch treten schnelle Augenbewegungen auf, und der Muskeltonus ist weitestgehend aufgehoben. Im Verlaufe einer Nacht tritt der REM-Schlaf periodisch etwa alle 90 Minuten auf. Die Episoden sind zunächst kurz und werden im Verlauf der Nacht immer länger. Sie alternieren mit dem »NREM-Schlaf« (sprich: NonREM-Schlaf); unter diese Bezeichnung werden die Schlafstadien 1 bis 3 subsumiert (Abb. 5-2).

Bald nach der Entdeckung des REM-Schlafs wurde erkannt, dass dieses Schlafstadium mit mentalen Vorgängen verknüpft ist, die in der Regel als Träume erlebt werden (Aserinsky & Kleitman 1955; Dement & Kleitman 1957a, 1957b; Foulkes 1962). Probanden wurden im Schlaflabor aus dem REM-Schlaf heraus gezielt geweckt; dabei erhielt

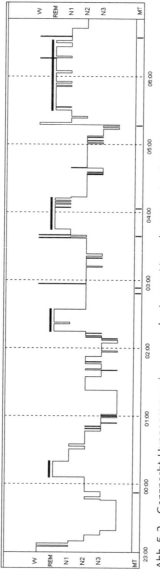

Abb. 5-2 Ganznacht-Hypnogramm einer gesunden jungen Versuchsperson (N1 bis N3 = Schlafstadien 1 bis 3; MT = movement time [größere Körperbewegungen]).

man in bis zu 95 % der Fälle einen Traumbericht, während bei Weckungen aus dem NREM-Schlaf die Traumberichtsfrequenz nur etwa 10 % betrug. Solche REM-Schlaf-Weckungen wurden bald zur Standardmethode der experimentell-psychologischen Traumforschung.

Kurz danach entdeckte man, dass die REM-Phasen fast immer mit Erektionen verbunden sind (Karacan et al. 1976). Spätestens jetzt waren viele Psychoanalytiker begeistert: Auf dem Königsweg zum Unbewussten hat man(n) regelmäßig Erektionen – wenn das keine Bestätigung der Libidotheorie ist!

Der REM-Schlaf ist ferner charakterisiert durch eine schlaffe Lähmung der gesamten quergestreiften Muskulatur, mit Ausnahme der Herz-, Zwerchfell- und Augenmuskulatur. Ein Traum kann noch so wild sein – man sieht es dem Träumer nicht an (Abb. 5-3). Wird diese Muskelatonie durch krankhafte zentralnervöse Prozesse aufgehoben,

Abb. 5-3 Männlicher Schläfer mittleren Lebensalters, vielleicht im REM-Schlaf, möglicherweise träumend, dass er soeben seinen Chef oder seine Ehefrau ermordet oder aber auch etwas Sinnvolleres tut (Busch 1865).

kann der Träumer durch exzessive Bewegungen sich selbst und andere gefährden; dieses Krankheitsbild ist als »REM-Schlaf-Verhaltensstörung« erst seit einigen Jahren bekannt und abzugrenzen vom Schlafwandeln, das in aller Regel aus dem NREM-Schlaf heraus auftritt und nicht mit Träumen verbunden ist.

Die Begriffe »REM-Schlaf« und »Traum-Schlaf« wurden von nun an für lange Zeit synonym verwendet. Diese Gleichsetzung war anfangs wissenschaftlich stimulierend; einen großen Teil unseres systematischen Wissens über Trauminhalte verdanken wir der Methodik der REM-Schlaf-Weckungen im Schlaflabor, und auch viele andere der im Folgenden noch darzustellenden Erkenntnisse beruhen darauf – bis hin zu den neuesten funktionell-anatomischen Daten. Im weiteren Verlauf der Forschung hat sich die Einengung des Blickfelds der Traumforscher auf den REM-Schlaf jedoch eher hemmend ausgewirkt und Forschung und Theoriebildung in manche Sackgasse geführt (Solms 1997, 2000).

Wozu die Träumerei?

Träumen, um nicht verrückt zu werden?

Angesichts der phänomenologischen Parallelen zwischen Traum und psychotischer Symptomatik ist schon früh die Hypothese diskutiert worden, inwieweit Traumunterdrückung die Entstehung von Psychosen begünstigt. William Dement (1960) sowie später Berger und Oswald (1962) beobachteten psychopathologische Auffälligkeiten bei Versuchspersonen, die im Schlaflabor regelmäßig aus beginnenden REM-Phasen heraus geweckt wurden. Sämtliche folgenden, gründlicheren, methodisch besseren und mit psychopathologisch eindeutig unauffälligeren Probanden durchgeführten Studien konnten diese ersten Ergebnisse jedoch nicht mehr replizieren (Fisher & Dement 1963; Clemes & Dement 1967). Dennoch hält sich weiterhin der Mythos, dass Traumunterdrückung zu Psychosen führe.

Auch eine länger dauernde medikamentöse Unterdrückung des REM-Schlafs hat keine negativen Folgen. Im Gegenteil: Die meisten wirksamen Antidepressiva reduzieren die Dauer des REM-Schlafs und verlängern die REM-Latenz (Winokur et al. 2001), mit nur wenigen Ausnahmen, z.B. Trimipramin (Wiegand & Berger 1989) und Nefazodon (Wiegand et al. 2004). Mit einer solchen Suppression des REM-Schlafs ist nicht notwendig auch eine Reduktion des Traum-Erlebens verbunden. Also: Träumen ist keine Psychose-Prophylaxe. Aber das Thema »Traum und Psychose« ist damit nicht vom Tisch: Es gibt Hinweise darauf, dass akut psychotische Patienten in »luziden Träumen« (in denen der Träumer seinen Traumzustand erkennt, ohne aufzuwachen) sich der Irrealität ihrer psychotischen Wahninhalte bewusst werden können (Dresler et al. 2015).

Träumen, um zu lernen?

Die Entdeckung des REM-Schlafs bei Tieren führte zu intensiven Untersuchungen der Zusammenhänge zwischen Schlaf, Lernen und Gedächtnis. Winson (1972, 1993) entdeckte während des REM-Schlafs bei verschiedenen Säugetieren einen auffälligen Theta-Rhythmus im Hippocampus mit einer Frequenz um 6/Sek. Dieser Rhythmus war bei diesen Spezies bereits aus dem Wachzustand bekannt: Er tritt stets dann auf, wenn das Tier besondere, für das individuelle Überleben wichtige Leistungen zu vollbringen hatte; darüber hinaus erschien der Theta-Rhythmus stets, wenn sich das Versuchstier in fremden Umgebungen zurechtzufinden hatte. Wie sich experimentell durch Einzelpotenzialableitungen an Hippocampuszellen demonstrieren ließ, geht diese Aktivität im REM-Schlaf von den gleichen Zellen aus, die auch am Vortag, beispielsweise bei einem intensiven Futtersuch-Training, aktiv waren. Diese Beobachtungen stützten die Hypothese, dass es eine der Funktionen des REM-Schlafs sein könnte, besonders lebenswichtige Informationen nachts in einem gesonderten Arbeitsgang (»off-line«) erneut zu bewerten und mit früheren Erfahrungen abzugleichen.

Mittlerweile ist die »gedächtniskonsolidierende« Wirkung nicht nur des REM-Schlafs, sondern ebenso des NREM-Schlafs weitgehend nachgewiesen (Schredl 2017; Axmacher & Rasch 2017). Born und Wagner (2004) fanden Hinweise auf differenzielle Effekte von REM- und NREM-Schlaf auf das Lernen. Beide Arten von Schlaf fördern möglicherweise unterschiedliche Arten von Gedächtnis. Im NREM-Schlaf wird vorrangig das »deklarative« Gedächtnis gefördert, also das Behalten von Tatsachenwissen, d. h. von allem, was wir über die Welt wissen (»semantisches Gedächtnis«). Dazu gehört aber auch das »episodische Gedächtnis«: die Erinnerung an eigene Erlebnisse. Der REM-Schlaf fördert eher das »prozedurale Gedächtnis«, z. B. erlernte motorische Abläufe wie Rad fahren oder Klavier spielen. Zusätzlich scheint der REM-Schlaf solche deklarativen Gedächtnisinhalte zu begünstigen, die eine starke emotionale Färbung besitzen.

Das Thema »Schlaf und Gedächtnis« ist weiterhin ein ganz aktueller Gegenstand der experimentellen psychologischen und neurobiologischen Forschung (Überblick in Rasch & Born 2013). Die hier wirksamen Prozesse laufen unabhängig davon ab, ob die sie begleitenden kognitiven Inhalte dann als Träume erinnert und verarbeitet werden. Wir lernen also wirklich im Schlaf – aber weitgehend unabhängig davon, ob wir träumen, was wir träumen, ob wir uns an Träume erinnern und ob wir erinnerte Träume ernst nehmen.

In diesem Zusammenhang sei noch ein Phänomen erwähnt, das die so stabil erscheinende Grenze zwischen Schlafen und Wachen aufzuheben scheint: das luzide Träumen, auch »Klarträumen« genannt. Nach einer Metaanalyse von Saunders et al. (2016) tritt bei einem Viertel der Erwachsenen mindestens einmal im Monat ein solches Erlebnis auf. Stellen Sie sich vor: Sie träumen, und plötzlich werden Sie sich bewusst, dass Sie träumen – ohne aufzuwachen! In diesem Zustand können Sie Ihren Traum beeinflussen, sie können beispielsweise fliegen oder sich manch »Traumhaftes« heranholen. Manchmal geraten Sie an einen Ort, den Sie gut kennen, aber nur aus Träumen – in der Realität waren Sie nie dort; gleichwohl: Sie kennen sich aus, sind sofort voll orientiert, wissen genau, was hinter der nächsten Straßenecke ist ... Déjà-vu ...

Luzide Träume treten stets im REM-Schlaf auf, aus Studien, die mit EEG und fMRI (funktioneller Kernspintomografie) durchgeführt wurden, wissen wir, dass die im Schlaf normalerweise verminderte Aktivität des präfrontalen Kortex deutlich ansteigt, sobald der Träumer »luzide« wird; diese Hirnregion ist »zuständig« für das Ich-Bewusstsein, das Arbeitsgedächtnis und das rationale Urteilsvermögen (Dresler et al. 2011; Voss et al. 2009). Diese Befunde sind nicht nur von theoretischer, philosophischer und spiritueller Bedeutung; sie haben bereits zu praktischen Anwendungen geführt, beispielsweise in der Therapie von Albträumen oder beim mentalen Training für Athleten.

Neuere Überblicke über dieses wachsende Forschungsgebiet finden sich z. B. bei Steinmetz et al. (2018), Schredl et al. (2016) und Holzinger (2014).

Träumen, um zu vergessen?

Auf den ersten Blick fast konträr erscheinend, jedoch kompatibel mit Theorien zur schlafassoziierten Gedächtniskonsolidierung erscheint die Theorie von Crick und Mitchison (1983), die die Hauptfunktion des Träumens im selektiven Vergessen sehen. Sie postulierten, dass während der REM-Phasen eine Art »Löschprogramm« ablaufe – mit dem Zweck, die am Tage durch die vielen Sinneseindrücke gefüllten Speicher des Gehirns wieder frei zu machen durch Löschung überflüssiger neuronaler Verknüpfungen und Löschung nutzloser Inhalte.

Diese Theorie trägt deutlich Züge ihrer Zeit: Es waren die 70er-Jahre des vorigen Jahrhunderts, in denen Computer riesige blaue Kästen waren, die in großen Hallen herumstanden, auf denen meistens »IBM« stand. Ein Hauptproblem der damaligen Computerei hieß: Speicherplatz. Er war immer zu knapp, das Speichermedium waren riesige Magnetband-Trommeln, Speicherchips waren noch in Entwicklung. Nachts wurden eigens konzipierte Löschprogramme »gefahren«, die überflüssige Inhalte entfernten und damit Speicherplatz für die Aufgaben des nächsten Tages frei machten. So macht es nach Crick und Mitchison das Gehirn auch. Inzwischen wissen wir, wie naiv der damalige Mythos vom »Gehirncomputer« war. Zweifellos spielen bei der schlafgebundenen Gedächtniskonsolidierung auch Löschvorgänge eine Rolle; die Hypothese von Crick und Mitchison ist allerdings sehr einseitig. Träume sind in ihren Augen nichts als Fragmente aus zu löschenden

Inhalten, die gelegentlich zufällig (z. B. bei intermittierendem Erwachen) zu Bewusstsein kommen, was eigentlich nicht vorgesehen sei. Sie seien zur Entsorgung bestimmt, es sei kontraproduktiv, ihnen besondere Bedeutung beizumessen: »Never recall a dream«. Eine bewusst provokativ formulierte anti-psychoanalytische Spitze.

Die »Vergessens-Theorie« ist jedoch in der Schlafforschung (nicht nur bezogen auf die Funktion der Träume) durchaus aktuell geblieben. Vor allem die Arbeitsgruppe um Tononi hat sich intensiv mit den Zusammenhängen zwischen Schlaf/Traum und Gedächtniskonsolidierung befasst; eine Zusammenfassung der Ergebnisse findet sich bei Cirelli und Tononi (2017).

Träumen: Entertainment fürs Gehirn?

Der größte Anti-Freudianer unter den Schlafforschern ist jedoch zweifellos Allan Hobson aus Boston. Er hat sich, anknüpfend an wichtige Arbeiten von Jouvet et al. (1963), seit den 60er-Jahren des letzten Jahrhunderts sehr intensiv mit der Neurophysiologie des Schlafs beschäftigt und zusammen mit McCarley den Mechanismus der reziproken Interaktion zwischen REM- und NREM-Schlaf entdeckt (Hobson & McCarley 1971; Hobson et al. 1975). Nach diesem Modell resultiert das periodische Alternieren von NREM- und REM-Schlaf aus dem Wechselspiel aminerger und cholinerger Neuronenpopulationen.

Aus diesen meisterhaften und faszinierenden neurophysiologischen Studien haben Hobson und Mitarbeiter dann sukzessive eine Traumtheorie entwickelt, die sich sehr pointiert gegen die freudschen Hypothesen wendet, insbesondere gegen die Annahme einer Sinnhaftigkeit der Träume. Als »Aktivierungs-Synthese-Theorie« war sie über lange Zeit ein herrschendes Forschungsparadigma (Hobson & McCarley 1977; Hobson et al. 2000; Hobson & Pace-Schott 2002; Pace-Schott & Hobson 2002; Pace-Schott 2005). Demnach entstehen Träume ausschließlich im REM-Schlaf. In der Phase der Aktivierung erzeugen cholinerge »REM-on-Zellen« im oberen Hirnstamm zufällige Erregungssequenzen, die aufsteigen und höhere Hirnzentren stimulieren. In der Phase der Synthese empfängt das Großhirn das chaotische Stimulationsmuster »von unten« und tut das, was es den ganzen Tag tut und worauf es hochspezialisiert ist: Es erzeugt *Sinn*, d.h., es versucht, sich einen Reim auf die wirren Stimuli zu machen, so gut es gerade geht; der erlebte Traum ist »nichts anderes als« das Ergebnis dieses Versuchs. Irgendetwas kommt ja immer dabei heraus. So wie man beim Bleigießen zu Silvester in jeder noch so bizarren Zinnfigur stets irgendwas erkennen kann (wobei es umso unterhaltsamer wird, je besser man den Gießenden und seine Lebensumstände kennt …).

Nach Hobson sind »höhere« Hirnzentren nicht an der primären Genese der Träume beteiligt; damit gibt es für ihn keine neurobiologische Basis für irgendeine psychoanalytische Theorie. Ihm zufolge sind Träume Reflexe; ihr biologischer Sinn könnte allenfalls in einem gewissen Trainingseffekt für höhere zerebrale Funktionen bestehen. Das ansonsten im Schlaf etwas unterbeschäftigte, aber prinzipiell tatendurstige Großhirn soll nicht »einrosten«, außerdem auch etwas Spaß haben: Damit wäre nach Hobson die Funktion des Träumens genau jene Mischung aus Erhaltung der vollen zerebralen Funktionalität und schierem Spaß, wie sie sich in jüngster Zeit unter dem Motto des genialen Neologismus »Braintertainment« (Spitzer & Bertram 2007) allmählich auch für den Wachzustand durchzusetzen beginnt. (In der Tat hat Hobson einmal, wohl schon im Stadium der Altersweisheit, konzediert, dass die Beschäftigung mit Trauminhalten auch einen gewissen Unterhaltungswert habe, also Entertainment biete.)

Die Theorien von Allan Hobson und seinen Mitarbeitern haben über Jahrzehnte hinweg die Forschung und Hypothesenbildung im Bereich der neurobiologischen Traumforschung in einem Maße dominiert, dass man von einem Paradigma sprechen konnte. Entsprechend der Lehre des Wissenschaftsphilosophen und -historikers Thomas Kuhn (1973) werden solche Theorien als Paradigmata bezeichnet, denen es gelingt, ihre Erklärungs- und Überzeugungskraft und damit auch Macht im Sinne »herrschender« Lehrmeinung in einer Scientific Community über lange Zeit beizubehalten – auch wenn zwangsläufig zunehmend empirische Evidenzen beschrieben werden, die mit dem Paradigma nicht in Einklang zu bringen sind (»Anomalien«). Das Paradigma »wehrt sich« durch immer neue Zusatzannahmen, um die Anomalien zu erklären, ohne den Theoriekern zu beschädigen (vgl. Nielsen 2000). Dadurch wird das Paradigma jedoch immer komplizierter und unhandlicher, es verliert seine anfängliche Eleganz und entspricht irgendwann nicht mehr dem wissenschaftstheoretischen Prinzip der Sparsamkeit. In dieser Situation tritt dann in der Regel ein neues Paradigma auf, und in einer Art Revolution (oder physikalischer Kipp-Entladung) läuft in recht kurzer Zeit die Mehrheit der Scientific Community zum neuen Paradigma über.

Gibt es einen Paradigmenwechsel in der Traumforschung? Zumindest gibt es mittlerweile eine Fülle von Befunden, die mit der Aktivierungs-Synthese-Theorie nicht ohne Weiteres in Einklang zu bringen sind. Dazu gehören die nicht an REM-Schlaf gebundenen Träume, dazu gehört auch das Fehlen der von Hobson als zentrales Merkmal angesehenen »Bizarrheit« in den meisten Träumen. Die empirisch-psychologische Traumforschung zeigt, dass die allermeisten Träume eben nicht bizarr sind, sondern ganz überwiegend der sogenannten Kontinuitätshypothese im Sinne einer Fortsetzung alltäglicher Gegebenheiten entsprechen (Schredl 2006, 2007, 2018).

Auch die dominante Stellung des Neurotransmitters Acetylcholin im Rahmen des REM-Schlaf- bzw. Traumgeschehens wird infrage gestellt durch damit nicht vereinbare neurochemische und neuropharmakologische Beobachtungen. So werden Halluzinationen am häufigsten ausgelöst durch hypocholinerge Zustände, beispielsweise im antimuskarinergen Delir oder bei entsprechenden Vergiftungen. Extensive cholinerge Defizite dürften die Ursache für die visuellen Halluzinationen sein, die bei der Lewy-Körper-Demenz beobachtet werden.

Auf den Theoriekern von Hobsons Paradigma – die Gleichsetzung von REM-Schlaf und Traumschlaf – zielen jedoch die Hypothesen und Befunde von Mark Solms, eines Londoner Neurophysiologen und Psychoanalytikers. Für ihn sind REM-Schlaf und Träume zwei schlafassoziierte Prozesse, die weitestgehend unabhängig voneinander reguliert werden.

Träumen, damit Wünsche wahr werden (»Freud reloaded«)?

Mark Solms (1997, 2000) sieht Traumveränderungen als neuropsychologische Syndrome an, analog zu Aphasien, Apraxien oder Agnosien; wie diese können sie Hinweise geben auf die Funktion des jeweils lädierten Areals. Anhand einer Studie an Patienten mit Hirnläsionen und einer umfangreichen Literaturanalyse demonstrierte er, dass aufgrund einer Schädigung im Bereich der Brückenhaube häufig kein REM-Schlaf mehr auftrat, jedoch nur bei einem dieser Patienten fiel die Traumaktivität vollständig aus (Charcot-Wilbrand-Syndrom). Alle übrigen »Traumlosen« hatten keinerlei Schädigung der pontinen Mechanismen der REM-Schlaf-Generierung und somit einen intakten REM-Schlaf. Betroffen war bei den meisten von ihnen der untere Parietallappen oder die weiße Substanz um die Vorderhörner der Seitenventrikel. Seltener gab es auch Traumausfall bei Läsionen der okzipito-temporo-parietalen Übergangsregion.

Zur Entstehung von Träumen ist nach Solms die pontine, cholinerg dominierte Stimulation unerheblich. Träumen werde primär im Vorderhirn generiert. Im Zentrum des Geschehens stehen der hochaktive mediobasale frontale Kortex und die limbischen Kerne, ein durch dopaminerge Transmission gekennzeichneter Regelkreis, der für Neugier, Interesse und Erwartung steht. Dopaminerge Projektionen aus der ventralen tegmentalen Area des Mittelhirns erzeugen das Traumbewusstsein, das nach Belohnung und Wunscherfüllung sucht. In der Tat, das haben wir schon einmal gehört: der Traum als halluzinatorische Wunscherfüllung.

Diese Erregungen werden durch vordere limbische Strukturen abgeblockt und erreichen somit nicht den dorsolateralen präfrontalen Kortex, der entsprechend deaktiviert bleibt; stattdessen erreichen sie die heteromodalen inferior-parietalen Regionen und den unimodalen visuellen Assoziationskortex. Wir können weiterschlafen: Der Traum ist der Hüter des Schlafs. Nur Schädigungen auf der obersten Verarbeitungsebene, etwa des dopaminergen Systems im Frontallappen, führen zu einem totalen Traumausfall (bei erhalten bleibendem REM-Schlaf); tiefer liegende Schädigungen beeinträchtigen nur bestimmte Qualitäten des Traums, nicht das Träumen selbst. Eine Schädigung der Pons schließlich kann nur den REM-Schlaf eliminieren, bei erhalten bleibender Traumfähigkeit.

Was das Dopamin betrifft: Eine Reihe klinischer Befunde verweisen auf die Bedeutung dieses Neurotransmitters für das Träumen (Zusammenfassung bei Perogamvrosa & Schwartz 2012):

- der von Solms beschriebene totale Traumausfall bei Zerstörung des mesolimbischen Dopamin-Systems
- die nicht mit einer Veränderung des REM-Schlafs einhergehende Steigerung der Traumintensität durch L-Dopa und andere Anti-Parkinson-Medikamente
- die Reduktion der Traumaktivität durch Dopamin-Antagonisten

Doch gibt es auch hier relativierende Befunde: Die auf die Dopamin-Wiederaufnahme hemmend wirkenden Stimulanzien (z. B. Methylphenidat) haben nur in hohen Dosen einen Effekt auf die Träume, und die D2-antagonistischen Neuroleptika hemmen die Traumaktivität nicht.

In letzter Zeit wird zunehmend die Rolle des Neurotransmitters Serotonin für das Träumen diskutiert. Serotonerge Antidepressiva (vor allem die Serotonin-Wiederaufnahmehemmer, SSRI) bewirken eine Steigerung der Traum-Intensität (bis hin zu Albträumen) (Tribl et al. 2013), zugleich jedoch eine Verringerung der Traumhäufigkeit. Unter anderem wird diskutiert, dass die Abnahme der Traumhäufigkeit als unmittelbare Serotonin-Wirkung zu erklären sei; die Traumintensivierung könnte Folge eines durch den Serotonin-Einfluss erzeugten cholinergen Rebounds sein (Pace-Schott et al. 2001).

Aus meiner Sicht haben wir mit den Theorien und Befunden von Mark Solms ein veritables neurobiologisches Gegen-Paradigma. Allan Hobson bezeichnet seinen Kontrahenten gelegentlich polemisch als »Neo-Freudianer«; das verweist erstens auf sein Temperament und zweitens auf seine Einsicht, es hier wirklich mit einem ernst zu nehmenden Gegner zu tun zu haben. Drittens jedoch tut er Solms unrecht; dessen Überlegungen und Schlussfolgerungen basieren auf empirischen Untersuchungen und sind keinesfalls eine direkte Weiterführung der damals zwangsläufig spekulativen Hypothesen des Begründers der Psychoanalyse. Freud reloaded? Wir werden sehen.

Träumen, um die Sau rauszulassen?

Seit Mitte der 90er-Jahre besitzen wir ein immer größer werdendes »Fenster zum Gehirn«: die Methoden der funktionellen Bildgebung. Auch die Gehirnfunktionen im Schlaf können immer genauer dargestellt werden. Da kommen dann diese bunten Bildchen heraus, die einem staunend-ehrfurchtsvollen Publikum suggerieren, dass das Gehirn im Grunde ganz einfach funktioniert: Wo's rot aufleuchtet, »geht's zu« im Gehirn; ist die Power irgendwo raus, wird's kalt und blau (wenn die Leute wüssten, durch welche hochartifiziellen, weitgehend durch variable Ausgangsparameter manipulierbaren Rechenoperationen diese so nach »kalt« und »warm« aussehenden Bildchen zustande kommen ...). Allerdings ist die Untersuchung schlafender Probanden – speziell mit der Zielsetzung, die Hirnfunktionen in unterschiedlichen Schlafstadien zu vergleichen – extrem aufwändig und methodisch komplex. Ein spezielles Problem kommt bei der funktionellen Kernspintomografie hinzu: Die Geräte machen einen solchen Lärm und sind meist zudem so eng, dass an Schlafen nicht zu denken ist (umso heroischer zu werten sind die präliminaren Daten einer Arbeitsgruppe im Max-Planck-Institut für Psychiatrie in München; Czisch et al. 2002). Die Mehrzahl der funktionell-bildgebenden Untersuchungen im Schlaf wurde mittels der fast geräuschlosen (dafür leider radioaktiven) Positronenemissionstomografie (PET) durchgeführt. Schon die ersten Studien von verschiedenen Arbeitsgruppen (Maquet et al. 1996; Nofzinger et al. 1997, 2002; Braun et al. 1998) zeigten eine erstaunliche Übereinstimmung der Ergebnisse, die auch in späteren Untersuchungen im Wesentlichen immer wieder repliziert werden konnte (z.B. bei Dang-Vu et al. 2009).

Die typischen Veränderungen der Hirnfunktion im REM-Schlaf sind in Abbildung 5-4 dargestellt. Es handelt sich hier um eine schematische Darstellung, die Daten aus den PET-Studien mehrerer Arbeitsgruppen zusammenfasst. Sie beruht auf den Differenzen des regionalen zerebralen Blutflusses (rCBF) zwischen REM-Schlaf und dem Wachzustand.

Spezifisch für den REM-Schlaf ist die Aktivierung im Bereich der Brückenhaube. Aktiviert sind ferner die Thalamuskerne sowie einige limbische und paralimbische Areale: Amygdalae, Hippocampusformation und der vordere Gyrus cinguli; aktiviert sind auch temporo-okzipitale Areale. Deaktiviert sind der dorsolaterale präfrontale Kortex, die parietalen Kortizes und der hintere Gyrus cinguli und Präcuneus.

Entscheidender und übereinstimmender Befund ist der Kontrast zwischen einer Deaktivierung der mit kognitiver Kontrolle assoziierten exekutiven Teile des frontalen Kortex und einer deutlichen Aktivierung zerebraler Strukturen, die an der Regulation von Gefühlen beteiligt sind.

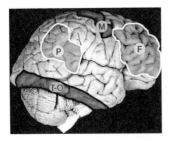
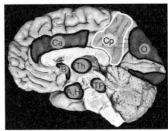
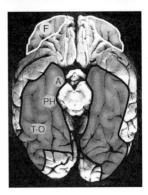

Abb. 5-4a, b, c Regionale Aktivierungsdifferenzen zwischen REM-Schlaf und Wachen im PET: (a) Ansicht von lateral; (b) Ansicht von medial; (c) Ansicht von ventral; schwarz umrandet: Im REM-Schlaf gegenüber Wach aktiviert; weiß umrandet: Im REM-Schlaf gegenüber Wach deaktiviert; A: Amygdala; B: basales Vorderhirn; Ca: Cingulum anterior; Cp: Cingulum posterior; F: präfrontaler Kortex; H: Hypothalamus; O: okzipitolateraler Kortex; M: motorischer Kortex; P: parietaler supramarginaler Kortex; PH: Gyrus parahippocampalis; Th: Thalamus; T-O: temporo-okzipitaler extrastriatärer Kortex; TP: Brückenhaube (aus: Schwartz & Maquet 2002).

Man könnte auch mit Goya sagen: Vorne schläft die Vernunft, und hinten toben die Monster. Wenn das kein Abbild des »Primärprozesses« ist! Freud wäre begeistert. Würde er wohl seine Couch durch einen Positronenemissionstomografen ersetzen? PET statt Bett?

Zum Abkühlen: Natürlich sind die Daten beschränkt aussagefähig. Wenn ein Hirnareal in irgendeinen Prozess involviert ist, kann der Metabolismus gesteigert oder reduziert sein. Die Stichproben der PET-Studien sind in der Regel sehr klein. Die Auflösung ist begrenzt; Strukturen wie die Raphekerne oder der Locus coeruleus sind kaum darstellbar. Speziell beim FDG-PET ist die zeitliche Auflösung sehr grob, sodass es meist nicht gelingt, eine Sequenz zu untersuchen, in der ausschließlich ein bestimmtes Schlafstadium auftritt (FDG = ^{18}F-Fluordeoxyglukose).

Festhalten können wir aber: Im REM-Schlaf lassen wir wirklich jede Nacht die Puppen tanzen – ob wir uns erinnern oder nicht.

Träumen: Griff in den Giftschrank?

Wäre dies ein Vortrag, würde ich etwa jetzt mit einer Zwischenfrage rechnen: »Wann, bitteschön, werden Sie endlich zum Thema kommen?« Zum Thema? Ach so, zum »Traum«. Ja, vom Traum war bisher wenig die Rede. Es ging vielmehr um die Neurophysiologie des Schlafs, speziell des REM-Schlafs, um den Zusammenhang von Schlaf (besonders REM-Schlaf) und kognitiven Vorgängen (z. B. Lernen und Gedächtnis) sowie um die Funktion des REM-Schlafs und der mit ihm assoziierten kognitiven Vorgänge.

Träume wurden erwähnt als mehr oder weniger zufällig gelegentlich zustande kommende, meist aber nicht erinnerte und auf ewig vergessene »Epiphänomene« schlafassoziierter kognitiver Vorgänge, die schon bei der direkten REM-Schlaf-Weckung im Schlaflabor einer rigorosen redaktionellen Bearbeitung unterworfen werden, spätestens aber auf der Couch des Psychoanalytikers.

Mit keinem Wort wurde diskutiert, ob es sinnvoll ist, sich um die Erinnerung an Träume zu bemühen, vielleicht unter Zuhilfenahme von Schreibblock und Diktiergerät, zu versuchen, sie zu verstehen, und sich darüber Gedanken zu machen, ob uns ein Traum etwas sagen will über unser

Leben, ob es gut ist, darauf zu hören und Konsequenzen daraus zu ziehen, die das eigene Leben verändern können, ob man Entscheidungen darauf basieren kann, kurz: Ob uns der Traum »hilft, zu leben« (Hesse 1941).

Haben wir uns bislang nur in der Vorhalle zum Traum aufgehalten, aus Scheu, das Allerheiligste zu betreten? Hängen wir die Frage etwas tiefer. Wir haben uns überwiegend mit der »primären Funktion« des Träumens befasst: jenen mittels neurobiologischer und experimentell-psychologischer Methodik erfassbaren Vorgängen, aus denen das Träumen resultiert und gelegentlich die Erinnerung an Spuren dieses Träumens. Was die »sekundäre« oder »kulturelle« oder »lebenspraktische« Funktion des Träumens betrifft – die »Mülltheorie« von Crick und Mitchison gibt ja zu denken. Wenn das Traum-Erinnern, das Ernstnehmen der Träume, sogar die therapeutische Instrumentalisierung der Träume so wichtig wären für das Leben, für die geistige und seelische und körperliche Gesundheit – warum sind diese Dinge dann so unendlich schwer zugänglich? Eingesperrt wie in einem Giftschrank? Was muss man für Verrenkungen machen, um sich an einen Traum zu erinnern! Warum sind Leute, die sich nie an Träume erinnern und/oder sie niemals ernst nehmen, psychisch und physisch genauso gesund wie andere (Schredl & Montasser 1997)? Warum braucht man Asklepios-Priester oder Psychoanalytiker oder andere Gurus, um die eigenen Träume zu verstehen? Man muss allerdings nicht gleich das Kind mit dem Bade ausschütten und »Never recall a dream« fordern – dieser Schluss ist ebenso unhaltbar wie sein Gegenteil.

Die schlafassoziierten kognitiv-emotionalen Vorgänge laufen vermutlich bei allen Menschen allnächtlich regelmäßig ab und haben eine wichtige biologische Funktion.

Sie laufen auch bei denen ab, für die Träume definitiv Schäume sind (Gott kümmert sich vermutlich ja auch um die Atheisten). Ob das Erinnern und Ernstnehmen von Träumen sinnvoll oder überflüssig ist, gut oder schlecht, wichtig oder unbedeutend, hilfreich oder schädlich, für die Lebenspraxis nutzbar oder schiere Zeitverschwendung – darüber lässt sich aus den Erkenntnissen über die primäre Funktion des Träumens nichts folgern. Da helfen uns weder PET oder EEG noch Kernspin oder Meister Hobson oder Mister Solms – das muss jeder für sich entscheiden. Vermutlich verlassen wir mit dieser Fragestellung den Bereich des Erforschbaren. Um es ad absurdum zu treiben: Man müsste zweimal leben, einmal als Verum (Träume ernst nehmen), ein weiteres Mal als Placebo (Träume als Schäume ansehen) – natürlich in randomisierter Reihenfolge... Fürs dritte Leben hätten wir dann eine ausreichende empirische Basis.

La vida es sueño

Zurück zur Wissenschaft. Das schillernde Thema »Traum« wurde in den letzten Jahren – zumindest was die »primäre Funktion« betrifft – wieder eingemeindet in die Community der Neurowissenschaften. Das erfreut, beruhigt und inspiriert. Der Traum als Forschungsgegenstand ist zurückgekehrt in den Kreis der »respektablen« Sujets, über die man sich auch habilitieren und Karriere machen kann. Die Psychoanalyse wird wieder (zögernd) in den Kreis der salonfähigen Wissenschaften aufgenommen, Freud ist wieder »in« und zumindest teilweise rehabilitiert, und alle sind froh. Das ist eigentlich die Take-home-Message dieses Textes.

Sie wissen nicht, was eine Take-home-Message ist?

Also ein kleiner Exkurs: Jeder Autor und Vortragende muss folgende Grundausrüstung parat haben:
- eine Take-home-Message (auf die Frage: »Wos hod a denn gsogt?«)
- eine »Vision« (sprich: [viʃn]); auf die Frage: »Wos soi denn da Schmarrn?«)
- die »Mission« (sprich: [miʃn]; vor allem bei Sponsorenwerbung; auf die Frage: »Jo, is des wos Extrigs oda wia?«)

Zurück zum Text. Die Take-home-Message ist also klar. Die »Mission«? Auch klar: Mein Verleger, die Herausgeber und ich wollen Geld verdienen (und eine kleine »Event-Tantieme« verdienen wir doch sicher, oder?). Aber was ist mit der »Vision«? Sind nicht die Träume selbst – die Vision?

Der Schluss dieses Aufsatzes sollte entschieden seriös werden, aber der Königsweg zum Unbewussten führt leicht auf Abwege. Man kommt geradezu ins Träumen und fragt sich z. B.: Was ist denn dann eigentlich die Realität? Sind Sie nicht auch schon mal aus einem eher unangenehmen Traum erwacht, erleichtert, dass alles doch nicht so schlimm ist, erleichtert, in die »Realität« zurückgekehrt zu sein ... – um etwas später dann erneut zu erwachen, sich innewerdend, dass Sie aus einem Traum in einen Traum erwacht waren ... Wer es ganz doll treibt, wird dann noch mal wach, und dann ist er endlich »angekommen«: Der Wecker fiepst, die Arbeit ruft, die Kinder sind mürrisch, es gießt draußen in Strömen. Schön, diese Realität. So schön kontinuierlich und unbizarr – das muss das wahre Leben sein.

Kennen Sie auch das Gefühl, »im falschen Film« zu sitzen? Da brennen zwei Wolkenkratzer. Viele Menschen haben in diesem Moment genau diesen Gedanken gehabt. Haben gedacht: »Ich glaube nicht, was ich sehe.« Drückt sich darin nicht der Wunsch aus, bitte, bitte aufwachen zu dürfen oder doch zumindest zu wechseln in eine andere Traumebene?

»Das Leben ein Traum« – zum Besten an Calderón de la Barcas Theaterstück (1636) gehört sein Titel. Die entscheidenden Verse Calderóns gehen aber noch ein Stück weiter – keine Angst, hier reicht Ihr selbst gestricktes Spanisch voll aus:

¿Qué es la vida? Un frenesí.
¿Qué es la vida? Una ilusión,
una sombra, una ficción,
y el mayor bien es pequeño;
que toda la vida es sueño,
y los sueños, sueños son.

Ist unsere gemeinsame Realität wirklich die Zirkusmanege, auf der letztlich alle Träume enden, wo sich am Schluss alle, Hochseilartist wie Parterreakrobat, Clown und Zirkusdirektor, wiederfinden? Oder ist diese Realität nur ein (löchriges) Netz, unter dem sich ein weiteres Netz befindet, das abgesichert ist durch ein weiteres Netz, und darunter ...

Ich möchte schließen mit den enigmatischen Versen des Großmeisters der Schlaf- und Traumkunde (ich spreche von »Kunde« statt »Forschung« – der Impact Factor des Autors war 0, sein Einfluss auf die Kultur des Abendlandes dagegen unendlich – es soll Leute geben, bei denen es umgekehrt ist):

(...) We are such stuff
As dreams are made on; and our little life
Is rounded with a sleep.

(William Shakespeare, The Tempest; IV, 1, 168–170)

Literatur

Aserinsky, E, Kleitman, N (1953). Regularly occurring periods of eye motility and concomitant phenomena during sleep. Science; 118: 273–274.

Aserinsky, E, Kleitman, N (1955). Two types of ocular motility occurring in sleep. J Appl Physiol; 8: 1–10.

Axmacher, N, Rasch, B (eds) (2017). Cognitive Neuroscience of Memory Consolidation. Berlin: Springer

Berger, H (1931). Über das Elektroenkephalogramm des Menschen. Arch Psychiatr Nervenkr; 94: 16–60.

Berger, RJ, Oswald, I (1962). Effects of sleep deprivation on behavior, subsequent sleep and dreaming. EEG Clin Neurophysiol; 14: 294–297.

Borbély, A (1984). Das Geheimnis des Schlafs. Stuttgart: Deutsche Verlags-Anstalt.

Born, J, Wagner, U (2004). Memory consolidation during sleep: role of cortisol feedback. Ann N Y Acad Sci; 1032: 198–201.

Braun, A, Balkin, T, Wesenstein, N, Gwadry, F, Carson, R, Varga, M, Baldwin, P, Belenky, G, Herscovitch, P (1998). Dissociated pattern of activity in visual cortices and their projections during rapid eye movement sleep. Science; 279: 91–95.

Busch, W (1865). Max und Moritz: Eine Bubengeschichte in sieben Streichen. Esslingen: Esslinger Verlag 2005.

Busch, W (1873). Bilder zur Jobsiade. In: Wilhelm Busch-Album. Humoristischer Hausschatz. München: Bassermann 1953; 171–194.

Calderón de la Barca, P (1636). La vida es sueño. Das Leben ist Traum. Spanisch/Deutsch. Stuttgart: Reclam 2009.

Clemes, SR, Dement, WC (1967). Effect of REM sleep deprivation on psychologic functioning. J Nerv Ment Dis; 144: 485–491.

Cirelli, C, Tononi, G (2017). The sleeping brain. Cerebrum, pii: cer-07-17. eCollection 2017 May–Jun.

Crick, F, Mitchison, G (1983). The function of dream sleep. Nature; 304: 111–114.

Czisch, M, Wetter, TC, Kaufmann, C, Pollmächer, T, Holsboer, F, Auer, DP (2002). Altered processing of acoustic stimuli during sleep: reduced autitory activation and visual deactivation detected by a combined fMRI/EEG study. Neuroimage; 16: 251–258.

Dang-Vu, TT, Deseilles, M, Peigneux, P Laureys, S, Maquet, P (2009). Sleep and sleep states: PET activation patterns. In: Squire, LR (ed) Encyclopedia of Neuroscience. Elsevier: 945–951.

Dement, W (1960). The effect of dream deprivation. Science; 131: 1705–1706.

Dement, W, Kleitman, N (1957a). Cyclic variations in EEG during sleep and their relation to eye movements, body motility, and dreaming. Electroencephal Clin Neurophysiol; 9: 673–690.

Dement, W, Kleitman, N (1957b). The relation of eye movements during sleep to dream activity: an objective method for the study of dreaming. J Exp Psychol; 53: 339–368.

Dresler, M, Wehrle, R, Spoormaker, VL, Steiger, A, Holsboer, F, Czisch, M, Hobson, JA (2015). Neuralcorrelates of insight in dreaming and psychosis. Sleep Med Rev; 20: 92–99.

Engelhardt, D v (2006). Traum im Wandel – Geschichte und Kultur. In: Wiegand, MH, Spreti, F v, Förstl, H (Hrsg). Schlaf & Traum. Neurobiologie, Psychologie, Therapie. Stuttgart, New York: Schattauer; 5–16.

Fisher, C, Dement, WC (1963). Studies on the psychopathology of sleep and dreams. Am J Psychiatry; 119: 1160–1168.

Foulkes, D (1962). Dream reports from different stages of sleep. J Abnorm Soc Psychol; 53: 339–346.

Freud S (1917). Vorlesungen zur Einführung in die Psychoanalyse. Studienausgabe. Bd. 1. Frankfurt a. M.: Fischer 1969.

Habermas, J (1968). Erkenntnis und Interesse. Frankfurt a. M.: Suhrkamp.

Hau, S (2018). Aktuelle tiefenpsychologische Traumforschung. Schlaf; 7: 19–25.

Hesse, H (1941). Stufen. In: Sämtliche Gedichte in einem Band. Frankfurt a. M.: Suhrkamp 1995.

Hobson, A, McCarley, RW (1971). Cortical unit activity in sleep and waking. Electroencephalogr Clin Neurophysiol; 30: 97–112.

Hobson, JA, McCarley, RW (1977). The brain as a dream-state generator: an activation-synthesis hypothesis of the dream process. Am J Psychiatry; 134: 1335–1348.

Hobson, JA, Pace-Schott, FF (2002). The cognitive neuroscience of sleep: neuronal systems, consciousness and learning. Nature Rev Neurosci; 3: 679–693.

Hobson, JA, McCarley, RW, Wyzinki, PW (1975). Sleep cycle oscillation: reciprocal discharge by two brainstem neuronal groups. Science; 189: 55–58.

Hobson, JA, Pace-Schott, EF, Stickgold, R (2000). Dreaming and the brain: toward a cognitive neuroscience of conscious states. Behav Brain Sci; 23: 793–842.

Holzinger, B (2014). Der luzide Traum: Forschung und Praxis. Wien: Facultas Universitätsverlag.

Jouvet, M, Jouvet, D, Valatx, J (1963). Study of sleep in the pontine cat. Its automatic suppression. C R Seances Biol Fil; 157: 845–849.

Kant, I (1765). Versuch über die Krankheiten des Kopfes. In: Kant, I. Werke. Bd. 2. Darmstadt: Wissenschaftliche Buchgesellschaft 1983; 887–901.

Karacan, I, Salis, PJ, Thornby, JI, Williams, RL (1976). The ontogeny of nocturnal penile tumescence. Waking and Sleeping; 1: 27–44.

Kuhn, TS (1973). Die Struktur wissenschaftlicher Revolutionen. Frankfurt a. M.: Suhrkamp.

Loomis, AL, Harvey, EN, Hobart, GA (1937). Cerebral states during sleep, as studied by human brain potentials. J Exp Psychol; 21: 127–144.

Loriot (2003). Möpse und Menschen. Eine Art Biographie. Zürich: Diogenes.

Maquet, P, Peters, J, Aerts, J, Degueldre, C, Luxen, A, Franck, G (1996). Functional neuroanatomy of human rapid-eye-movement sleep and dreaming. Nature; 383: 163–166.

Mertens, W (2000). Traum und Traumdeutung. München: C. H. Beck.

Nielsen, TA (2000). A review of mentation in REM and NREM sleep: »covert« REM sleep as a possible reconciliation of two opposing models. Behav Brain Sci; 23: 851–866.

Nofzinger, EA, Mintun, MA, Wiseman, MB, Kupfer, DJ, Moore, RY (1997). Forebrain activation in REM sleep: An FDG PET study. Brain Res; 770: 192–201.

Nofzinger, EA, Buysse, DJ, Miewald, JM, et al. (2002). Human regional cerebral glucose metabolism during non-repid eye movement sleep in relation to waking. Brain; 125: 1105–1115.

Pace-Schott EF (2005). The neurobiology of dreaming. In: Kryger MH, Roth T, Dement WC (eds). Principles and Practice of Sleep Medicine. Philadelphia: Elsevier Saunders; 551–64.

Pace-Schott, EF, Hobson, JA (2002). The neurobiology of sleep: genetics, cellular physiology and subcortical networks. Nature Rev Neurosci; 3: 591–605.

Pace-Schott, EF, Gersh, T, Silvestri, R, Stickgold, R, Salzman, C, Hobson, JA (2001). SSRI treatment suppresses dream frequency but increases subjective dream intensity in normal subjects. J Sleep Res; 10: 129–142.

Perogamvrosa, L, Schwartz, S (2012). The roles of the reward system in sleep and dreaming. Neurosci and Biobehav Rev; 36: 1934–1951.

Rasch, B, Born, J (2013). About sleep's role in memory. Physiol Rev; 93: 681–766.

Rechtschaffen, A, Kales, A (Hrsg) (1968). A Manual of Standardized Terminology, Techniques, and Scoring for Sleep Stages of Human Subjects. National Institute of Health Publications 204. Washington, DC: US Government Printing Office.

Saunders, DT, Roe, CA, Smith, G, Clegg, H. (2016). Lucid dreaming incidence: a quality effects meta-analysis of 50 years of research. Consciousness and Cognition; 43: 197–215.

Schredl, M (2006). Experimentell-psychologische Traumforschung. In: Wiegand, MH, Spreti, F v, Förstl, H (Hrsg). Schlaf & Traum. Neurobiologie, Psychologie, Therapie. Stuttgart, New York: Schattauer; 37–73.

Schredl, M (2007). Traum. Stuttgart: UTB.

Schredl, M (2017). Is dreaming related to sleep-dependent memory consolidation? In: Axmacher, N, Rasch, B (eds). Cognitive Science of Memory Consolidation. Berlin: Springer; 173–182.

Schredl, M (2018). Traumerleben und Wacherleben. Schlaf; 7: 13–17.

Schredl, M, Montasser, A (1997). Dream recall: State or trait variable? – Part I: model, theories, methodology and trait factors. Imagin Cogn Personality; 16: 239–261.

Schredl, M, Henley-Einion, J, Blagrove, M. (2016). Lucid dreaming and personality in children/adolescents and adults: the UK library study. Int J of Dream Res; 9: 75–78.

Schwartz, S, Maquet, P (2002). Sleep imaging and the neuropsychological assessment of dreams. Trends Cogn Sci; 6: 23–30.

Shakespeare, W (1623). The Tempest. London: First Folio Edition by W. & I. Jaggard and E. Blount.

Siebenthal, W v (1953). Die Wissenschaft vom Traum – Ergebnisse und Probleme. Berlin: Springer 1984.

Solms, M (1997). The Neuropsychology of Dreams. Mahwah, NJ: Lawrence Erlbaum.

Solms, M (2000). Dreaming and REM sleep are controlled by different brain mechanisms. Behav Brain Sci; 23: 843–850.

Spitzer, M, Bertram, W (Hrsg) (2007). Braintertainment. Expeditionen in die Welt von Geist und Gehirn. Stuttgart, New York: Schattauer.

Steinmetz, L, Lüth, K, Anthes, S, Gerhardt, E, Haverkamp, T, Schwarz, I (2018). Luzides Träumen. Eine Übersicht zu Forschung, Anwendung und Perspektiven. Schlaf; 7: 37–44.

Tribl, G, Wetter, TC, Schredl, M (2013). Dreaming under antidepressants: a systematic review on evidence in depressive patients and healthy volunteers. Sleep Med Rev; 17: 133–142.

Voss, U, Holzmann, R, Tuin, I, Hobson, JA (2009). Lucid dreaming: a state of consciousness with features of both waking and non-lucid dreaming. Sleep; 32: 1191–1200.

Walde, C (2018). Traum und Gesundheit in der antiken Traumdeutung. Schlaf; 7: 7–12.

Wiegand, MH, Berger, M (1989). Action of trimipramine on sleep and pituitary hormone secretion. Drugs; 38, Suppl 1: 35–42.

Wiegand, MH, Galanakis, P, Schreiner, R (2004). Nefazodone in primary insomnia: an open pilot study. Progr Neuro-Psychopharmnacol Biol Psychiatry; 28: 1071–1078.

Wiegand, MH, Spreti, F v, Förstl, H (Hrsg) (2006). Schlaf & Traum. Neurobiologie, Psychologie, Therapie. Stuttgart, New York: Schattauer.

Winokur, A, Gary, KA, Rodner, S, Rae-Red, C, Fernando, AT, Szuba, MP (2001). Depression, sleep physiology, and antidepressant drugs. Behavioral and Brain Sciences Special Issue: Sleep and Dreaming; 23: 2000.

Winson, J (1972). Interspecies differences in the occurrence of theta. Behav Biol; 7: 487–497.

Winson, J (1993). The biology and function of rapid eye movement sleep. Curr Opin Neurobiol; 3: 243–248.

6 »Ain't no sunshine when she's gone«

Wie Bindung das Gehirn verändert

Anna Buchheim und Wulf Bertram

Ain't no sunshine when she's gone
It's not warm when she's away
Ain't no sunshine when she's gone
And she's always gone too long anytime she goes away
Wonder this time where she's gone

Wonder if she's gone to stay
Ain't no sunshine when she's gone
And this house just ain't no home
anytime she goes away

Zwei Jahre nachdem der englische Kinderpsychiater und Psychoanalytiker John Bowlby mit seinem Buch »Bindung – Eine Analyse der Mutter-Kind-Beziehung« (1969) die Bindungstheorie begründet hatte, die ihrerseits die Entwicklungspsychologie revolutionierte, debütierte der Sänger Bill Withers mit seinem Welthit »Ain't no sunshine«, aus dem wir oben zitieren und der sage und schreibe über 300-mal gecovert wurde. Wir gehen davon aus, dass diese beiden Ereignisse nichts miteinander zu tun hatten. Aber man könnte meinen, der Song sei die lehrbuchmäßige Beschreibung einer unsicher-ambivalenten Bindung: Zunächst fällt auf, dass der Text in der dritten Person Singular geschrieben ist. Selbst traurige Liebeslieder bevorzugen in der Regel die zweite Person (»Ne me quitte pas« oder »If you leave me now«). Hier besteht also kein unmittelbarer, bindender Bezug zur Angesprochenen. Und das ist nur folgerichtig, denn sie handelt nicht zuverlässig, nachvollziehbar und vorhersagbar. Der Alleingelassene kann nicht sicher einschätzen, wie die entbehrte Liebste in dieser Situation handeln oder reagieren wird (»Wonder this time where she's gone«).

Sicher gebundene Kinder gehen aufgrund ihrer Interaktionsgeschichte davon aus, dass die Mama, wenn sie sich einmal entfernt, schon wiederkommen wird – wie bisher immer –, und sie können, nachdem sie beruhigt worden sind, neugierig weiterspielen. Unsicher gebundene Kinder können darauf nicht zuverlässig bauen (»Wonder if she's gone to stay«). In diesem Fall bilden die Kinder bereits sehr früh Strategien aus, um die Nähe zur Mutter auf Umwegen aufrechtzuerhalten. Der vertraute Ort, das innere Heim ist unsicher (»Ain't no sunshine when she's gone/And this house just ain't no home anytime she goes away«). Diesen Kindern fehlt der lebensnotwendige sichere Hafen, den Bowlby einst »secure base« nannte.

Alle Kinder entwickeln Bindungsbedürfnisse – sie tun dies, um überleben zu können. Und das gilt nicht nur für menschliche Babys, sondern auch für unsere Verwandten, die Primaten, die jedoch – anders als etwa Bill Withers – auch im Erwachsenenalter keine schön-traurigen Lieder über Verlustangst, über den Schmerz, über die erfahrene und befürchtete Kälte komponieren und singen können (»It's not warm when she's away«). Bereits elf Jahre vor dem Erscheinen von Bowlbys wegweisendem Buch wies der Psychologe und Verhaltensforscher Harry Harlow in damals heftig umstrittenen Versuchen bei Rhesusäffchen nach, dass das Bedürfnis nach Wärme und Geborgenheit dem Streben nach konstanter Nahrungsaufnahme überlegen ist: Er setzte die Rhesusbabys ohne ihre Mutter in einen Käfig und ließ sie zwischen zwei Attrappen wählen. Eine davon war aus Metalldraht geformt und spendete den kleinen Äffchen Milch. Das andere Gestell lieferte keine Nahrung, war dafür aber mit Stoff überzogen und »kuschelig«. Wenn es nach den Psychoanalytikern und behavioristischen Verhaltensforschern gegangen wäre, die sich in diesem Fall aus unterschiedlichen theoretischen Überlegungen erstaunlich einig waren, hätten die Äffchen nicht mehr von der Seite der belohnenden (so die Behavioristen) bzw. die orale Libido befriedigenden (so die Psychoanalytiker) Mutter weichen dürfen. Doch weit gefehlt: Die Äffchen hielten sich bei dem Milch spendenden Gestell nur kurz zum Trinken auf, suchten aber zum lang anhaltenden Kuscheln die flauschige Attrappe auf. Harlow, der als einer der meistzitierten Psychologen des 20. Jahrhunderts gilt, schloss daraus, dass eine weiche, anschmiegsame Gestalt ein primäres emotionales Bedürfnis der Äffchen mehr befriedigte als eine reine Nahrungsquelle (Harlow 1958).

Der bereits erwähnte John Bowlby, der nach dem Zweiten Weltkrieg den Auftrag erhalten hatte, an der Londoner Tavistock Clinic eine Abteilung für Kinderpsychotherapie aufzubauen, untersuchte dort, welche Auswirkungen es hatte, wenn Menschenbabys längere Zeit von ihren Müttern getrennt worden waren (Bowlby 1976). Von der WHO beauftragt, konnte er mit seinen Untersuchungen zeigen, dass sich Säuglinge aus eigenem Antrieb heraus dauerhaft den überlebenswichtigen Schutz durch eine Bindungsperson suchen. Aufgrund einer angeborenen Bindungsneigung suchen sie aktiv die Interaktionen mit der Bindungsperson, halten den Kontakt aufrecht und nutzen die Beziehung als sichere Basis für das Erkunden ihrer Umwelt. Nach Bowlby (1969) verfügen Menschen von der »Wiege bis zur Bahre« über ein »Bindungsverhaltenssystem«, das bei Belastung,

Trennung und Gefahr aktiviert wird: Unabhängig vom kulturellen Umfeld, in dem Kinder aufwachsen, signalisieren einjährige Kinder durch Weinen, Anklammern, Rufen oder Nachlaufen ihr Bindungsbedürfnis. Aufseiten der Eltern gibt es – ebenfalls biologisch determiniert – die Bereitschaft, intuitiv auf die Bindungssignale ihres Kindes angemessen zu reagieren.

Die Kanadierin Mary Ainsworth, eine Mitarbeiterin von John Bowlby, beobachtete das Verhalten von Kindern und Müttern in einer standardisierten Situation: Sie schickte die Mutter und ihr einjähriges Kind in ein fremdes Spielzimmer mit interessantem Spielzeug. Kurze Zeit darauf kommt dann eine freundlich gesinnte »fremde Person« hinzu. Nach drei Minuten verlässt die Mutter den Raum und lässt das Kind mit der fremden Person allein (Trennung). Nach weiteren drei Minuten kehrt sie zurück (Wiedervereinigung). Dieser Vorgang wird zweimal wiederholt. Alles, was das Kind in dieser Situation tut oder unterlässt, um den Kontakt zur Mutter nach deren Abwesenheit wiederherzustellen, wurde von der Arbeitsgruppe der »baby watchers« um Mary Ainsworth sorgfältig beobachtet und dokumentiert (Ainsworth et al. 1978). Wie verhielten sich die Kinder bei der Wiedervereinigung mit der Bindungsperson? Welche Muster gab es bei der Kontaktaufnahme nach der Abwesenheit der Mutter?

Eine dreiminütige Trennung löst bei jedem einjährigen Kind in der Regel Unbehagen aus. Kinder, die sich aufgrund ihrer Vorerfahrungen in ihrer Beziehung zur Bindungsperson sicher und geborgen fühlen, zeigen zwar deutlich ihren Trennungsschmerz, können sich aber rasch wieder beruhigen und fortfahren, ihre Umgebung neugierig zu erkunden. Offensichtlich waren sie gewohnt, dass sich die jeweiligen Mütter nach allen vorangegangenen

Trennungen ihnen wieder liebevoll und beruhigend zuwenden.

Unsicher gebundene Kinder dagegen hatten gelernt, dass sie die Nähe zu ihren Bindungspersonen wohl am besten aufrechterhalten konnten, wenn sie sie entweder mieden (vermeidende Bindung) oder in bedrohlichen Situationen weinten, ihr hinterherliefen und sie möglichst wenig aus den Augen ließen (ambivalente Bindung).

Die aufsehenerregenden Untersuchungen von Mary Ainsworth wurden weltweit mit Hunderten von Kindern wiederholt. Die Mehrzahl der untersuchten Kinder (50 bis 80 %) wurde dabei als »sicher gebunden« klassifiziert, 30 bis 40 % als »unsicher-vermeidend« und 3 bis 15 % als »unsicher-ambivalent«. Viele Befunde belegen, dass sich die beobachtbaren Bindungsmuster nicht durch Temperament oder konstitutionelle Faktoren, sondern überwiegend durch die Bindungsqualität zur Bindungsperson entwickeln. Sichere Bindung wird als ein Schutzfaktor angesehen, unsichere Bindung jedoch als eine ungünstige Ausgangsbedingung für die spätere Entwicklung der Persönlichkeit im Sinne einer größeren psychischen Verletzbarkeit, besonders in Kombination mit Scheidung der Eltern oder Verlust der Bindungsperson. Sicher gebundene Kinder können sich im Alter von 5 bis 10 Jahren in Konfliktlösungsaufgaben doppelt so lange konzentrieren, initiieren weniger Streit und gehen offener mit Konfliktsituationen um als Kinder mit unsicherer Bindung, denen es schwerfällt, Hilfe zu suchen oder anzunehmen (Grossmann & Grossmann 2012).

Neurobiologisches

»It is difficult to think of any behavioral process that is more intrinsically important for us than attachment« – so fassen die amerikanischen Autoren Insel und Young (2001) die Bedeutung der Bindung zusammen. Frühe emotionale Erfahrungen prägen die Entwicklung sozialer und intellektueller Fähigkeiten, der Entzug von sozialem Kontakt und traumatische Erlebnisse können zu Verhaltensstörungen führen. Seit den 90er-Jahren belegen wegweisende neurobiologische Befunde bei Tieren (Ratten und Rhesusaffen) schwerwiegende Folgen nach Deprivations- und Trennungserfahrungen. Es treten deutliche Störungen dyadischer Regulationsprozesse bei der Entwicklung körperlicher Funktionen und deren neuronalen Vernetzungen auf (Carter et al. 1997; Hofer 1995; Kraemer 1992; Reite & Boccia 1994; Roth & Sweatt 2011).

Eine Arbeitsgruppe um Katharina Braun (z. B. Becker et al. 2007; Gröger et al. 2016; Gruss et al. 2008) untersuchte, auf welche Weise der Elternkontakt bei Tieren die Hirnentwicklung der Jungen beeinflusst. Sie wählten Tiere der Nagerrasse *Octodon degus*, deren Individuen lebenslang monogam, also in fester Paarbeziehung leben. Einige der jungen Strauchratten wurden ab dem achten Tag nach der Geburt einmal täglich für eine Stunde von den Eltern getrennt oder erhielten täglich eine Injektion von Kochsalzlösung. Das Ergebnis: Der kurze Entzug der elterlichen Zuwendung führt dazu, dass der Nachwuchs mehr Synapsen (Verknüpfungsstellen) zwischen Nervenzellen bildet als die Kontrolltiere. Die Injektion reduziert hingegen die Anzahl der Synapsen. Dies machte deutlich, dass die Art des Stresses eine wesentliche Rolle für die »Emotionszentren« des kindlichen Gehirns spielt. Das Zentralnervensystem der Tiere wurde während der Trennung zu unterschiedlichen Zeitpunkten histologisch untersucht. Am Tag 8 nach der Injektion zeigte sich bei den Tieren mit Deprivationserfahrung eine allgemeine Abnahme des Hirnstoffwechsels in nahezu allen Regionen, wobei insbesondere präfrontaler Kortex, Hippocampus und Amygdala betroffen waren. Je stärker und intensiver die Deprivationserfahrung war, umso ausgeprägter stellte sich dieser Rückgang dar. Wurden die Jungtiere vom 8. bis zum 21. Tag jeweils mehr als eine Stunde von der Mutter getrennt, konnten die Forscher am 45. Tag bei licht- und elektronen-mikroskopischen Untersuchungen der Hirnschnitte ausgeprägte Veränderungen an den Nervenzellen feststellen. Vor allem die erregenden Synapsen waren vermehrt, und das Gleichgewicht zwischen erregenden und hemmenden Synapsen hatte sich verändert. Dieser Befund passt zu der Beobachtung, dass die Nagetiere, die in der frühen Kindheit wiederholt und länger von ihren Müttern getrennt worden waren, nach dem 45. Tag – zu dem Zeitpunkt also, an dem ihre Pubertät eintritt –, deutlich rastloser und überaktiv waren. Darüber hinaus reagierten sie weniger sensibel auf die Kontaktlaute der Mutter. Auf Kosten des normalerweise zu erwartenden angemessenen Bindungsverhaltens hatte sich ein stärkeres Explorationsverhalten ausgebildet. Man könnte meinen, dass sie gewissermaßen chronisch auf der Suche nach etwas waren, was sie nicht bekommen hatten.

Von Mäusen und Müttern

Die Unfähigkeit der Strauchratte, ihre Sehnsucht in ein Lied, d.h. in Kunst zu verwandeln, gilt auch für ihre Verwandte, die Maus. Ihr widmete sich erstmals das Forscherteam von Francesca D'Amato, das sich die Frage stellte, ob gestörtes Bindungsverhalten von Mäusen mit einem Mangel an einem bestimmten Gen zusammenhängt, das einen hirneigenen Opioid-Rezeptor kodiert (Moles et al. 2004). Die Forscher züchteten Mäusebabys, die über keine solchen Rezeptoren im Gehirn mehr verfügten. Erwartungsgemäß zeigten diese Tiere keine Spur von Anhänglichkeit oder Verlangen nach ihrer Mutter. Bei normalen Mäusebabys mit aktiven Opioid-Rezeptoren löst die Abwesenheit der Mutter dagegen ähnliche Reaktionen aus wie ein körperlicher Schmerz. Verabreichte man neugeborenen »normalen« Nagern ein Schmerzmittel, das auf die Opioid-Rezeptoren im Gehirn wirkt, beruhigten sich die Mäusebabys und stellten die Rufe nach ihrer Mutter ein. Emotionaler Trennungsschmerz wird also vom gleichen (chemischen) Faktor im Gehirn gesteuert wie der körperliche Schmerz.

Diese Befunde legen nahe, dass schwere Bindungsprobleme wie autistisches Verhalten und reaktive Bindungsstörungen bei diesen Tieren (das Muttertier wird bei Trennung nicht gerufen, es besteht keine Präferenz des Muttertiers) eine genetische Komponente haben. Die Frage ist, ob bei autistischen Kindern, die sich von ihrer Umwelt abkapseln und unfähig sind, eine engere Beziehung zu ihrer Mutter und anderen Menschen aufzunehmen, möglicherweise ebenfalls eine Störung im Opioid-System vorliegt. Dies konnte allerdings bisher nicht genügend empirisch nachgewiesen werden (Cass et al. 2008). Autisten haben ja typischerweise Schwierigkeiten, mit anderen Menschen zu kommunizieren, sie scheuen den Blickkontakt und können die Mimik und Gestik ihres Gegenübers nicht richtig deuten. Hier hat sich im Gegensatz zum Opioid-System das Neuropeptid oder auch »Kuschelhormon« Oxytocin als bedeutsamer herauskristallisiert. So zeigten Untersuchungen, dass autistische Kinder deutlich erniedrigte Plasmaspiegel des Hormons im Vergleich zu gesunden Kindern aufweisen. Dies wurde in den vergangenen Jahren mehrmals nachgewiesen und wird derzeit in großen Multicenterstudien weiter überprüft, insbesondere auch um entsprechende Interventionen zu entwickeln (Roth & Strüber 2018; Wilczyński et al. 2019).

Wie liebevolles Lecken das Erbgut verändert

Michael Meaney, klinischer Psychologe und Neurobiologe in Kanada, untersuchte mit seiner Arbeitsgruppe, inwiefern sich mütterliche Fürsorge auf die Stresstoleranz von Rattenjungen auswirkt. Dabei beobachteten die Forscher, dass die Nager, die von ihrer Mutter häufig abgeleckt wurden, weniger ängstlich und anfällig für Stress waren als jene, die von einer weniger zugewandten Mutter aufgezogen worden waren und daher seltener in den Genuss der mütterlichen Brutpflege kamen. Dies ergab der »forced-swim-test«, bei dem die »Probanden« gezwungen wurden, in einem engen Raum zu schwimmen, aus dem sie nicht fliehen konnten. Die Intensität der Stressreaktion, die ein Tier in seinen ersten Lebensmonaten zeigte, blieb ihm dabei lebenslang erhalten.

Welche molekularen Mechanismen liegen dieser bemerkenswerten Beobachtung zugrunde? Leckt die Rattenmutter ihren Säugling ab, wird bei diesem mehr Serotonin freigesetzt; ein Botenstoff, der Veränderungen in den Nervenzellen des Hippocampus anzeigt (Bredy et al. 2004). Diese Hirnregion spielt eine wichtige Rolle bei der Regulation des Stresshormons Kortisol. Serotonin bewirkt eine chemische Veränderung in den Nervenzellen des Hippocampus: Bestimmte Stellen im Genom – ausgewählte Cytosin-Basen – werden von ihren Methylresten befreit und dadurch aktiviert. In der Folge können Rezeptoren produziert werden, an die Kortisol andockt. Seine einschneidende Wirkung als Stresshormon wird gehemmt. Je mehr Rezeptoren vorhanden sind, umso empfindlicher reagiert der Hippocampus auf Kortisol und umso intensiver ist die Hemmung der Stressreaktion. Umgekehrt sind bei den weniger umsorgten Jungratten die entsprechenden Stellen des Erbguts mit Methylgruppen besetzt und blockieren die Fähigkeit des Genoms, Rezeptoren zu produzieren, die Kortisol »einfangen«. Damit kommt es zu einer ausgeprägteren Stressreaktion.

Die mütterliche Fürsorge nimmt bei der Ratte also nicht nur direkten Einfluss auf das spätere Verhalten ihres Nachwuchses, sondern sogar auf dessen Erbgut: Die Abfolge der Basenpaare (d.h. der »Buchstaben« der Erbinformation) im Erbmaterial bleibt unverändert, aber auch in der Kindergeneration sind die entsprechenden Cytosin-Basen von Methylresten befreit und können somit das Stresshormon binden.

Junge Nager, die von einer wenig fürsorglichen Mutter geboren, aber von einer zugewandten Adoptivmutter aufgezogen wurden, zeigten sich ähnlich stressresistent wie jene, die von einem treusorgenden leiblichen Muttertier geboren und aufgezogen wurden. Die Anfälligkeit für Stress ist also – zumindest bei Ratten – keineswegs genetisch fest verankert, sondern wird durch das Verhalten des Muttertiers bestimmt, das die Aufzucht übernimmt. Die Jungen von Rattenmüttern, die wenig abgeleckt wurden, entwickeln sich selbst wieder zu weniger zugewandten Müttern. Vermutlich wird also nicht nur die Stressresistenz, sondern auch das Fürsorgeverhalten bei den Nagern so über Generationen weitergegeben (Champagne & Meaney 2007; Roth & Sweatt 2011; Toepfer et al. 2019).

Ist das Schicksal des Nachwuchses von weniger fürsorglichen Müttern also von vornherein besiegelt? Nein! Die kanadische Forschungsgruppe wies nach, dass der Effekt durchaus reversibel ist. Beim benachteiligten Nachwuchs wurden an den entscheidenden Stellen des Erbguts durch einen pharmakologischen »Eingriff« dauerhaft die Methylgruppen entfernt. Dadurch ließ sich sekundär wieder eine verringerte Stressanfälligkeit erreichen. Das Verhalten der Mutter wird allerdings offensichtlich dadurch bestimmt, in welcher Umwelt sie sich und ihren Nachwuchs behaupten muss. Wenig fürsorglich verhielten sich jene Rattenmütter, die sich in einem bedrohlichen Umfeld aufhalten mussten. Diejenigen, die das Glück hatten, in einer sicheren Umwelt zu leben, wandten sich ihrem Nachwuchs deutlich mehr zu (Anacker et al. 2014).

Mütterliche und romantische Liebe im Scanner

Irgendwo aus der Bauchgegend heraus kommt dieses überwältigende Gefühl von Glück – denken wir. Beim geringsten Anlass muss man lachen, meint zu schweben statt mit beiden Beinen auf dem Boden zu stehen und fühlt sich ein bisschen wie krank: Die Stirn ist heiß, es kribbelt unter der Haut und das Herz rast. Schlecht geht es einem dabei nicht – im Gegenteil. Die Liebe hat viele Facetten. Neben dem leidenschaftlichen, »romantischen« Begehren eines Partners kennen wir die Liebe auch als das auf ein Kind gerichtete warme, zärtliche Gefühl, das traditionell »Mutterliebe« heißt, obwohl es durchaus auch von Vätern empfunden werden kann, und geprägt ist von dem Wunsch, ganz für jemand anderen da sein zu wollen. Darüber hinaus kennen wir von der Geschwister- bis hin zur Vaterlandsliebe eine Reihe weiterer Formen gesteigerter emotionaler Zuwendung. Was unterscheidet diese Gefühle voneinander, und was passiert mit uns, wenn wir verliebt sind?

Andreas Bartels ist mit seinem Kollegen Semir Zeki dieser Frage auf den Grund gegangen. Die beiden Forscher untersuchten mithilfe der funktionellen Magnetresonanztomografie (fMRT) die Gehirnaktivierungen von Verliebten. Es wurde die Hirnaktivität von 17 Probanden gemessen, die sich als unzweifelhaft verliebt geoutet hatten, während sie Fotos ihres Partners betrachteten (Bartels & Zeki 2000). Bei allen Versuchspersonen waren die gleichen vier Hirnregionen aktiv. Legte man den Verliebten als Gegenprobe Fotos von Personen vor, mit denen sie lediglich gut befreundet waren, zeigten diese Areale keine Aktivität. Den gleichen Versuch wiederholten sie mit Müttern, denen sie Fotos von ihren Babys präsentierten. Bartels und Zeki hatten eigentlich vermutet, dass sich diese sehr verschiedenen Emotionen auch im Gehirn unterschiedlich darstellen würden. Bei den Müttern wurden jedoch überwiegend die gleichen Hirnregionen aktiviert wie bei den leidenschaftlich verliebten Probanden. Anhand der fMRT-Aufnahmen konnten die beiden Forscher nachweisen, was die beiden Arten der Liebe vereint: Vor allem vier Bereiche im limbischen System waren aktiv. Dabei handelte es sich übrigens um eine ganz ähnliche Reaktion wie jene, die im Gehirn durch Kokain ausgelöst wird. Liebe scheint ebenfalls auf suchtähnlichen Mechanismen zu beruhen, was vermutlich nur Leserinnen und Leser bestreiten werden, die noch nie verliebt waren. Sie macht auch deswegen glücklich, weil sie unser Belohnungszentrum aktiviert, das uns berauscht und benebelt. Gleichzeitig zeigt das Gehirn weniger Aktivitäten in Arealen, die mit negativen Gefühlen verbunden sind, etwa im präfrontalen Kortex, der bei Depressionen besonders aktiv ist. Auch der Mandelkern (Amygdala), der bei fMRT-Studien eine verstärkte Aktivität zeigt, wenn der Untersuchte Angst hat, bleibt ruhig. Wenn wir durch die rosarote Brille der Liebe blicken, wird unsere kritische Distanz zu anderen Menschen im Zweifelsfall unterlaufen; wir gehen mitunter wie in Trance selbst fragwürdige Beziehungen ein und unterdrücken unsere Bedenken gegenüber dem anderen.

Jack Nitschke und seine Mitarbeiter untersuchten als eine der ersten die Gehirnaktivierung, während Mütter Fotos von ihrem eigenen Baby, von einem ihnen unbekannten Baby und von einem Erwachsenen im Scanner betrachteten (Nitschke et al. 2004). Dabei sollten die Mütter ihre Stimmung einschätzen. Auch hier zeigte sich beim Betrachten des eigenen Babys eine Aktivierung des orbitofrontalen Kortex, die positiv mit der überproportional positiveren Einschätzung der eigenen Stimmung bei den entzückten Müttern korrelierte. Die Autoren schlossen daraus, dass in dieser Gehirnregion eine wesentliche Dimension von mütterlicher Liebe und Bindung zum eigenen Kind repräsentiert sein könnte.

Dieses Untersuchungsdesign wurde in den letzten Jahren vielfach wiederholt und Forscher kamen immer wieder zum gleichen Ergebnis: Das Belohnungszentrum blinkt auf, wenn Mama das eigene Kind betrachtet (Rigo et al. 2019). Noch interessanter war jedoch der Befund aus der Londoner Arbeitsgruppe um Peter Fonagy, dass sich Mütter mit unterschiedlichen eigenen Bindungserfahrungen tatsächlich unterscheiden: Mütter mit einer sicheren Bindung reagieren auf ihr Kind – egal ob es weint oder lacht – mit den stabilen Aktivierungen im Belohnungszentrum. Dagegen war bei Müttern mit einer distanzierten Bindung bei Präsentation des lachenden eigenen Kindes der dorsolaterale präfrontale Kortex aktiviert – also das Kontrollzentrum – und bei Präsentation des weinenden eigenen Kindes die Insula – ein Gehirnareal, das mit Schmerz und Ekel in Verbindung gebracht wird. Dieser Befund trug zum tieferen Verständnis bei, dass distanzierte Mütter die Bindungssignale ihres Kindes eher weniger verstärken und auf Weinen abweisend reagieren, wohingegen sicher gebundene Mütter flexibel mit dem gesamten Gefühlsrepertoire ihres Kindes feinfühlig umgehen können (Strathearn et al. 2009).

Repräsentationen – Sprechen im Scanner

Die Konzeption der klassischen Bindungstheorie geht davon aus, dass das Bindungssystem mit immer stärkeren stressreichen Stimuli aktiviert werden muss, wenn man messen will, wie stabil oder unsicher die Qualität der inneren Arbeitsmodelle von Bindung bei einer Belastung des Bindungsverhaltenssystems ist. Bei Kindern geschieht dies, wie wir bereits sahen, durch die zweimalige Trennung von der primären Bindungsperson (»Fremde Situation«). Bei Erwachsenen wird diese Stimulierung durch die Konfrontation mit bindungsrelevanten stressreichen Themen in einer Interviewsituation erreicht, und es rückt damit die Sprache in den Fokus des neurobiologischen Forschungsinteresses.

Ziel einer Studie an der Universität Ulm von Susanne Erk, Henrik Walter, Anna Buchheim und weiteren Mitarbeitern war es daher, erstmals die Repräsentation von Bindung bei Gesunden mithilfe der funktionellen Magnetresonanztomografie (fMRT) darzustellen (Buchheim et al. 2006). In einer Pilotstudie mit elf gesunden Frauen untersuchten wir, ob sich während der Aktivierung des Bindungssystems durch eindeutig bindungsrelevante Bilder und dazu jeweils erzählten Geschichten (Narrativen) Hirnaktivitäten messen lassen. Den Versuchspersonen wurden im Scanner sieben Bilder aus dem Adult Attachment Projective Picture System (AAP, George et al. 1999) über eine fMRT-kompatible Videobrille gezeigt. Die Bilderserie beginnt mit einem neutralen Bild (Spielende Kinder), dann folgen die bindungsrelevanten Bilder (z. B. Abb. 6-1 u. Abb. 6-2):

- »Kind am Fenster« (Ein Kind steht allein am Fenster)
- »Abfahrt« (Potenzielle Trennungssituation eines Paares)
- »Bank« (Eine Person, den Kopf gebückt, sitzt alleine auf einer Bank)
- »Bett« (Mütterliche Person am Bettrand des Kindes)
- »Krankenwagen« (Eine ältere Person und ein Kind beobachten, wie jemand vom Krankenwagen abtransportiert wird)
- »Friedhof« (Ein Mann steht vor einem Grabstein)
- »Kind in der Ecke« (Ein Kind ist in die Ecke gedrängt und hält die Hände vor sich)

Die Probanden wurden aufgefordert, zu den Bildern eine Geschichte zu erzählen: Was passiert auf dem Bild? Wie kam es zu dieser Szene? Was denken oder fühlen diese Personen? Wie könnte es weitergehen? Das AAP arbeitet mit solchen transkribierten Geschichten und textnahen Aus-

Abb. 6-1 AAP-Bild »Bank« aus dem Adult Attachment Projective (aus: George & West 2012).

Abb. 6-2 AAP-Bild »Abfahrt« aus dem Adult Attachment Projective (George & West 2012).

wertungen, die bindungsrelevante Inhalte und Abwehrprozesse erfassen.

Wir gingen dabei von der Hypothese aus, dass Probandinnen, die im Bindungsnarrativ ein unverarbeitetes Trauma aufweisen, mehr Aktivierungen in limbischen Regionen zeigen als Personen, die Bindungstraumata wie Verluste oder Gewalterfahrungen verarbeitet haben. Unsere Interaktionsanalysen, die das Zusammenspiel von Bindungsgruppe und ansteigender Aktivierung der Bindungsbilder berücksichtigten, zeigten, dass nur die Probandinnen mit der Klassifikation »Unverarbeitetes Trauma« eine höhere Aktivierung in der Amygdala, im Hippocampus und im inferioren temporalen Kortex aufwiesen. Die Amygdala gilt ja als die zentrale Schaltstelle für das Erkennen und Prozessieren von überwiegend negativen emotionalen Reizen; der Hippocampus wird assoziiert mit dem Speichern von autobiographischen Erinnerungen, der inferiore temporale Kortex mit der Kontrolle von hoch-emotionalen Prozessen.

Allein sein tut weh

Die Borderline-Persönlichkeitsstörung ist in der klinischen Bindungsforschung die am meisten untersuchte Störungsgruppe. Als zentrale Problematik wird heute eine Störung der Affektregulation hervorgehoben. Epidemiologische Studien belegen sexuellen Missbrauch oder emotionale Vernachlässigung in der Vorgeschichte bei ca. 90 % der Borderline-Patienten. Gunderson brachte erstmals 1996 im American Journal of Psychiatry die typische angstvolle Unfähigkeit der Borderline-Patienten, allein zu sein, mit häufig missglücktem, desorganisiertem Bindungsverhalten in aktuellen Beziehungen und Erfahrungen von Vernachlässigung in der Kindheit in Verbindung. Funktionelle bildgebende Studien untersuchten die klinisch auffällige emotionale überschießende Reaktion in Bezug auf negative Stimuli bei Borderline-Patienten.

Die erste Studie stammte von Sabine Herpertz und Mitarbeitern (2001), die in einem Test mit Bildern bei Borderline-Patienten eine beidseitige Aktivierung der Amygdala als Reaktion auf emotional aversive Bilder nachwies, die üblicherweise mehr oder weniger starke Reaktionen auslösen (International Affective Picture Systems, Lang et al. 1993). Neben diesem Hinweis auf eine erhöhte limbische Erregbarkeit (»bottom up«, also von »älteren« zu »jüngeren« Hirnzentren) durch aversive visuelle Reize wies die höhere Aktivierung des basolateralen und ventromedialen frontalen Kortex auf eine Veränderung hemmender Funktionen hin (»top down«, also von »jüngeren« zu »älteren« Hirnzentren).

Nelson Donegan und seine Mitarbeiter (2003) fanden bei dieser Patientengruppe ebenso eine beidseitige Hyperaktivierung der Amygdala während der Betrachtung von traurigen und fröhlichen Gesichtsausdrücken (Basisemotionen); interessanterweise trat dies bei Borderline-Patienten auch bei neutralen Gesichtsausdrücken auf.

Eine weitere Studie (Schnell et al. 2007) untersuchte die Hirnaktivierung bei der Bilderpräsentation des Thematischen Apperzeptionstests (TAT), der es erlaubt, eigene Gefühlsregungen in das Bildmaterial zu projizieren, und fand bei Borderline-Patienten Aktivierungen, die mit autobiografischen Erinnerungsprozessen assoziiert sind; diese Gefühlsregungen erfolgten aber auch selbst bei neutralen, also autobiografisch irrelevanten Bildern.

Wie steht es nun mit der Betrachtung von bindungsrelevanten Situationen in Bezug auf eigene primäre Bindungserfahrungen? In Anlehnung an unsere erwähnte Pilotstudie (Buchheim et al. 2006) wurde von unserer Arbeitsgruppe mit der gleichen Versuchsanordnung auch bei Patientinnen mit einer Borderline-Störung das AAP im fMRT-Scanner durchgeführt (Buchheim et al. 2008). Ein spezifisches Merkmal der AAP-Bilder ist, dass einige Szenen Dyaden von zwei Erwachsenen oder einem Erwachsenen und einem Kind beinhalten und dabei eine potenzielle Bindungsbeziehung (z. B. Mutter und Kind, Großmutter und Enkel, Ehepaar) suggerieren; andere sind »monadisch«, d. h., sie stellen nur einen Erwachsenen mit einem Kind dar. Diese Szenen fordern den Betrachter heraus, in der eigenen Vorstellung eine Beziehung zu konstruieren. Auf der Verhaltensebene fand sich in unserer Studie bei den Patientinnen eine signifikant höhere Anzahl von traumatischen Elementen in den Geschichten zu Bildern im AAP, die Alleinsein repräsentieren. Analysierte man unter dieser Bedingung die Hirnaktivität, wiesen die Patientinnen bei den »monadischen« Bildern im Vergleich zu den Gesunden eine höhere Aktivierung im anterioren Cingulum (ACC) auf, also in einer Hirnregion, die mit Angst oder Schmerz assoziiert ist (Buchheim et al. 2008). Der ACC ist keine homogene Gehirnregion (Vogt 2005) und spielt bei der Fehlerkontrolle sowie bei der emotionalen Schmerzwahrnehmung eine wichtige Rolle. Wir interpretierten diesen Befund als eine neuronale Widerspiegelung von Schmerz und Furcht, verbunden mit den in den Narrativen gehäuft auftretenden Wörtern, die traumatische Inhalte repräsentieren (z. B. Trunkenheit, Suizid, totale Verlassenheit, Hilflosigkeit, Gewalt), da die Patientinnen während der Konfrontation mit den »monadischen« Bildern sowohl auf neuronaler als auch sprachlicher Ebene am stärksten reagierten.

In einer prospektiven Follow-up-Studie der Arbeitsgruppe um Mary Zanarini (2003) zeigte sich, dass sechs Jahre nach der Therapie noch 60 % der Borderline-Patientinnen von ihrer Angst, verlassen zu werden, berichteten, während sich andere Symptome auf der Verhaltensebene (Selbstverletzung, Impulsivität, interpersonelle Probleme) deutlich gebessert hatten. Dies spricht dafür, dass das verinnerlichte Erleben des Alleinseins und eine daraus resultierende Desorganisation und Dysregulation des Bindungssystems, ein klinisch relevantes Merkmal darstellen könnten, das besonders beharrlich bestehen bleibt und im Rahmen einer Psychotherapie bezüglich Dauer und Spezifität der Behandlung eine besondere Aufmerksamkeit verdient (Fonagy & Bateman 2006).

Dieser Fragestellung wurde kürzlich in einer streng kontrollierten Therapiestudie mit der Übertragungsfokussierten Psychotherapie (TFP) nachgegangen, die von dem renommierten Psychoanalytiker Otto F. Kernberg entwickelt wurde. Der Fokus dieser Therapie liegt auf der gezielten Veränderung der verzerrten Wahrnehmungen von sich selbst und anderen durch eine engmaschige Übertragungsarbeit in der therapeutischen Beziehung. In der Wiener-Münchner Studie zeigen meine Kolleginnen und ich (A. B.), dass insbesondere durch die TFP dysregulierte Bindungsmuster der Borderline-Patientinnen innerhalb eines Jahres verändert werden konnten. Die sogenannten unverarbeiteten Bindungstraumata der Patientinnen sind gekennzeichnet durch Angst und Hilflosigkeit in bindungsrelevanten Situationen – wie Alleinsein und Verlassenwerden. Hier zeigen sich nur in der TFP-Gruppe im Kontrast zu einer herkömmlichen bzw. nicht-spezifischen Psychotherapie starke Effekte in Richtung Bindungssicherheit (Buchheim et al. 2017). Die Patientinnen waren nach einem Jahr TFP-

Behandlung in der Lage, ihre vernachlässigenden und übergriffigen Erfahrungen einzuordnen, zu reflektieren und sich in die damalige Situation der Elterngeneration hineinzuversetzen. Nächster Schritt wäre nun, die neuronalen Korrelate einer solchen Veränderung durch Psychotherapie nachzuweisen.

Dies wurde erstmals von der Arbeitsgruppe um Gerhard Roth mit Anna Buchheim, Horst Kächele und Manfred Cierpka in der Hanse-Neuro-Psychoanalyse-Studie mit chronisch depressiven Patienten gezeigt (Buchheim et al. 2012, 2018). Im Rahmen dieser Studie wurden Patienten im Kernspintomografen mit ihren eigenen Bindungserfahrungen des Verlustes oder Verlassenwerdens zu Beginn der Therapie und nach einem Jahr psychoanalytischer Therapie konfrontiert, um den Therapieerfolg in einem neurobiologischen Kontext zu untersuchen. Wie erwartet konnten die chronisch depressiven Patienten ihre zunächst unverarbeiteten Verlusterfahrungen in der Psychotherapie erfolgreich aufarbeiten. Neuronal zeigten die Patienten zu Beginn ihrer Therapie starke limbische Aktivierungen bei Konfrontation mit ihrer eigenen Bindungsgeschichte und nach einem Jahr Behandlung eine Normalisierung bzw. Angleichung an die gesunde Kontrollgruppe.

Neun Aminosäuren für die Liebe

Noch vor fünfzehn Jahren sprach man allenfalls in der Geburtshilfe von einem Neuropeptid namens Oxytocin, das 1953 erstmals von Vincent du Vigneaud isoliert und synthetisiert worden war und dem Chemiker 1955 den Nobelpreis für Chemie einbrachte. Physiologisch bewirkt das Hormon eine Kontraktion der Gebärmuttermuskulatur.

Dadurch werden die Wehen während der Geburt ausgelöst. Hat ein Baby keine rechte Eile, auf die Welt zu kommen, lässt sich die Geburt durch Oxytocin in Tablettenform, als Nasenspray oder Infusion einleiten. Das Hormon bewirkt darüber hinaus das Einschießen der Muttermilch, indem es die Zellen der Milchdrüse stimuliert. Die durch das Nuckeln des Säuglings hervorgerufene Ausschüttung von Oxytocin erhöht aber nicht nur den Milchfluss. Auch der Gemütszustand der Mutter verändert sich: Das Stresshormon Kortisol wird verdrängt, es breiten sich angenehme bis lustvolle Gefühle aus und die emotionale Bindung der Mutter an das Kind wird intensiviert.

Es ist diese psychische Wirkung des Oxytocins, die das aus fünf Aminosäuren bestehende Neuropeptid mittlerweile als »Sozialhormon« zu einem kleinen Star in der Verhaltensforschung gemacht hat. Maßgeblich beigetragen zu dieser Karriere hat eine Studie, die der Psychologe Markus Heinrichs gemeinsam mit den Ökonomen Ernst Fehr und Michael Kosfeld in »Nature« veröffentlicht hat (Kosfeld et al. 2005). In einem ökonomischen Spielexperiment konnten die Forscher der Universität Zürich nachweisen, dass eine höhere Oxytocin-Verfügbarkeit im Gehirn das Vertrauen in einen fremden Spielpartner wesentlich erhöht. Testpersonen, die unter dem Einfluss des Hormons standen, gingen viel eher Risiken ein. Sie waren schneller bereit, einem Geschäftspartner Geld anzuvertrauen, ohne darauf zählen zu können, dass dieser den Gewinn letztlich mit ihm teilen wird. Interessanterweise erhöht Oxytocin jedoch nicht einfach nur die allgemeine Risikobereitschaft, wie ein Kontrollexperiment zeigte, in dem der Mitspieler durch ein Computerprogramm ersetzt wurde. Die Studie sorgte für internationales Aufsehen. Macht uns das Hormon tatsächlich beziehungsfähiger? Gehen wir unter dem

Einfluss von Oxytocin schneller auf unsere Mitmenschen zu? Könnte es auch die Therapie von Patienten unterstützen, die an und in Beziehungen leiden (Heinrichs & Domes 2008)?

Geht es darum, die Gefühlslage unserer Mitmenschen einzuschätzen, genügt uns oft ein Blick. Der Ausdruck der Augen sagt uns, ob ein Gegenüber zufrieden oder traurig, aggressiv oder entspannt ist. Gregor Domes und Mitarbeiter (2007) wiesen nach, dass das Hormon Oxytocin diese Wahrnehmungsfähigkeit schärft. Grundlage für die Untersuchung war ein Test, der ursprünglich zur Abklärung des Asperger-Syndroms, einer relativ leichten Form von Autismus, entwickelt worden war. Im »Reading-the-mind-in-the-eyes«-Test (RMET, Baron-Cohen et al. 2001) werden auf einem Computerbildschirm ganze Serien von Augenpaaren gezeigt, die unterschiedliche emotionale Zustände repräsentieren. Bei jedem Bild sollte die Testperson unter vier möglichen Begriffen (Glück, Trauer, Ekel, Angst) den richtigen auswählen. An der Doppelblindstudie nahmen 30 gesunde Männer im Alter von 21 bis 30 Jahren teil. Bevor sie eine Serie von 36 Bildern mit unterschiedlichen Augenpartien vorgeführt bekamen, erhielten sie intranasal eine vorgegebene Dosis eines Oxytocin-Nasensprays oder eines Placebos. Danach mussten sie bestimmen, welche Gefühlszustände die auf dem Bildschirm gezeigten Augenpaare repräsentierten. Die Forscher unterschieden dabei eindeutige Augenpartien von einfach und schwierig zu deutenden. Beim Bestimmen solcher schwierigen Items ist die Trefferquote normalerweise niedrig; auch gesunde Männer können nur rund 50 % der gezeigten Augenpartien dem richtigen Gefühlszustand zuordnen. Der Test wurde nach einer Woche wiederholt, sodass jeder der 30 Männer einmal Oxytocin und einmal das Placebo bekam. Es zeigte sich, dass sich das Hormon gerade auf das Bestimmen von schwierig zu deutenden Augenpaaren positiv auswirkte. Im Vergleich zum Placebo stieg die Trefferquote unter Oxytocin-Einfluss bei 20 der 30 Testpersonen signifikant an. Es scheint, dass uns Oxytocin im Wahrnehmen von Gefühlen präziser machen kann.

Nicht nur, dass sich Vertrauen und das präzisere Wahrnehmen von Gesichtsausdrücken durch den Wunderstoff verbessern lassen, auch die Bindungsbereitschaft nimmt unter Oxytocin kurzfristig zu. In einer eigenen Studie (Buchheim et al. 2009) verabreichten wir in einer Doppelblindstudie 26 männlichen Studenten Oxytocin und Placebo intranasal. Und tatsächlich präferierten die zuvor als »unsicher-gebunden« eingestuften Studenten unter Oxytocin vermehrt angebotene Bindungssätze, die eindeutig für Bindungssicherheit standen (z.B.: »Das Kind ist alleine und geht zur Mutter, um sich trösten zu lassen«). In ihren eigenen Geschichten, die sie sich zu bindungsrelevanten Bildern aus dem AAP zuvor selbst ausgedacht hatten, kamen solche Aussagen nicht vor. Unsere Schlussfolgerung war, dass eine minimale Intervention mit dem Neuropeptid die vorübergehende Wahrnehmung von Bindungssicherheit erhöhen kann.

Oxytocin hat bereits Einzug gehalten in die Verhaltenstherapie bei Patienten mit krankhafter Schüchternheit (soziale Phobie) oder sozialer Ängstlichkeit und auch bei Patienten mit einer Borderline-Störung. Ziel der Therapie ist es, Ängste und überwältigende Gefühle nicht zu vermeiden und den Verhaltensspielraum der Betroffenen zu erweitern. Bei Gaben von Oxytocin sind die starken körperlichen Symptome der Patienten – Erröten, Schwitzen, schnelle Atmung, erhöhte Herzfrequenz – reduziert. Ob dieser positive Effekt nur kurzfristig anhält oder ob Oxytocin auch eine langfristige therapeutische Wirkung hat, gilt es noch abzuklären (Heinrichs & Domes 2008; Kanat et al. 2014).

Schon treibt der Wirbel um das Hormon skurrile Blüten. Im Internet preisen Firmen bereits den Spray »LiquidTrust« an. Auf den Arm gesprüht, soll das Mittel den Erfolg bei Geschäftsterminen oder Flirts steigern. Es wird versprochen, dass sich Moleküle des Hormons in die Nase des Gegenübers verirren und Wunder bewirken.

Wohin mag der Boom des Bindungshormons noch führen? Werden Ehekrisen in Zukunft statt durch den Gang zum Paartherapeuten kurzfristig durch gemeinsames Schnupfen einer Prise Oxytocin beigelegt? Werden Oxytocin-Vernebler in den Foyers der Bankhäuser für eine vertrauensselige Stimmung bei den Kleinanlegern sorgen? Wird die Polizei bei gewaltsamen Demonstrationen statt Wasserwerfern Oxytocin-Schleudern einsetzen und dann Hand in Hand mit den friedlich lächelnden Demonstranten davonziehen? Wird einer wie Bill Withers statt das sehnsuchtsvolle Entbehren seiner Liebsten in Moll zu beklagen ein kleines weißes Pülverchen einwerfen, um dann in Dur zu jodeln?

Der Gedanke an die Droge Soma in Aldous Huxleys »Schöne neue Welt« drängt sich auf. Vorläufig halten wir lieber noch daran fest, dass Bindung, Vertrauen, Fürsorge, Zuwendung, Anteilnahme, Mitgefühl und letztlich Liebe, mütterliche wie romantische, mehr verlangen als die Wirkung eines Eiweißmoleküls aus neun Aminosäuren.

Literatur

Ainsworth, M, Blehar, M, Waters, E, Wall, S (1978). Patterns of Attachment: A Psychological Study of the Strange Situation. Hillsdale, New York: Erlbaum.
Anacker, C, O'Donnell, KJ, Meaney, MJ (2014). Early life adver-

sity and the epigenetic programming of hypothalamic-pituitary-adrenal function. Dialogues Clin Neurosci, 16: 321–333.

Baron-Cohen, S, Wheelwright, S, Hill, J, Raste, Y, Plumb, I (2001). The »Reading the Mind in the Eyes« Test revised version: a study with normal adults, and adults with Asperger syndrome or high-functioning autism. J Child Psychol Psychiatry; 42(2): 241–251.

Bartels, A, Zeki, S (2000). The neural basis of romantic love. NeuroReport; 11: 3829–3834.

Becker, K, Abraham, A, Helmke, C, Braun, K (2007). Exposure to neonatal separation stress alters exploratory behaviour and corticotropin releasing factor (CRF) expression in neurons in the amygdala and hippocampus. Developm Neurobiol; 67: 617–629.

Bowlby, J (1969). Attachment. New York: Basic Books.

Bowlby, J (1976). Trennung. Psychische Schäden als Folge der Trennung von Mutter und Kind. München: Kindler.

Bredy, TW, Zhang, TY, Grant, RJ, Diorio, J, Meaney, MJ (2004). Peripubertal environmental enrichment reverses the effects of maternal care on hippocampal development and glutamate receptor subunit expression. Eur J Neurosci; 20(5): 1355–1362.

Buchheim, A, Erk, S, George, C, Kächele, H, Ruchsow, M, Spitzer, M, et al. (2006). Measuring attachment representation in an fMRI environment: A pilot study. Psychopathology; 39: 144–152.

Buchheim, A, Erk, S, George, C, Kächele, H, Martius, P, Pokorny, D, et al. (2008). Neural correlates of attachment dysregulation in borderline personality disorder using functional magnestic resonance imaging. Psychiatry Research: Neuroimaging; 163(3): 223–235.

Buchheim, A, Heinrichs, M, George, C, Pokorny, D, Koops, E, Henningsen, P, O'Connor M-F, Gündel, H (2009). Oxytocin enhances the experience of attachment security. Psychoneuroendocrinology; 34(9): 1417–1422.

Buchheim, A, Viviani, R, Kessler, H, Kächele, H, Cierpka, M, Roth, G, George, C, Kernberg, OF, Bruns, G, Taubner, S (2012). Changes in prefrontal-limbic function in major depression after 15 months of long-term psychotherapy. PLoS ONE; 7(3): e33745.

Buchheim, A, Hörz-Sagstetter, S, Döring, S, Rentrop, M, Schuster, P, Buchheim, P, Pokorny, D, Fischer-Kern, M (2017). Change of unresolved attachment in Borderline Personality Disorder: RCT Study of transference-focused psychotherapy. Psychother Psychosom; 86: 314–316.

Buchheim, A, Labek, K, Taubner, S, Kessler, H, Pokorny, D, Kächele, H, Cierpka, M, Roth, G, Pogarell, O, Karch, S (2018). Modulation of gamma band activity and late positive potential in patients with chronic depression after psychodynamic psychotherapy. Psychother Psychosom; 87(4): 252–254.

Carter, C, Sue, I, Lederhendler, I, Kirkpatrick, B (1997). The Integrative Neurobiology of Affiliation. New York: New York Academy of Science.

Cass, H, Gringras, P, March, J, McKendrick, I, O'Hare, A, Owen, L, Pollin, C (2008). Absence of exogeneously derived urinary opioid peptides in children with autism. Arch Dis Child; 93: 745–750.

Champagne, FA, Meaney, MJ (2007). Transgenerational effects of social environment on variations in maternal care and behavioral response to novelty. Behav Neurosci; 121(6): 1353–1363.

Domes, G, Heinrichs, M, Michel, A, Berger, C, Herpertz, SC (2007). Oxytocin improves »mind-reading« in humans. Biol Psychiatry; 61: 731–733.

Donegan, NH, Sanislow, CA, Blumberg, HP, Fulbright, RK, Lacadie, C, Skularski, P, et al. (2003). Amygdala hyperreactivity in borderline personality disorder: Implications for emotional dysregulation. Biol Psychiatry; 54: 1284–1293.

Fonagy, P, Bateman, A (2006). Progress in the treatment of borderline personality disorder. Br J Psychiatry; 188: 1–3.

George, C, West, M, Pettem, O (1999). The Adult Attachment Projective – disorganization of Adult Attachment at the level of representation. In: Solomon, J, George, C (eds). Attachment Disorganization. New York: Guilford; 318–346.

George, C, West, ML (2012). The Adult Attachment Projective Picture System: Attachment Theory and Assessment in Adults. New York: Guilford Press.

Gillath, O, Bunge, SA, Shaver, P, Wendelken, C, Miculincer, M (2005). Attachment style differences in the ability to suppress negative thoughts: Exploring the neural correlates. Neuroimage; 28: 835–847.

Gröger, N, Matas, E, Gos, T, Lesse, A, Poeggel, G, Braun, AK, Bock, J (2016). The transgenerational transmission of childhood adversity - behavioral, cellular, and epigenetic correlates. J Neural Transmiss; 9: 1037–1052.

Grossmann, KE, Grossmann, K (2012). Bindungen – das Gefüge psychischer Sicherheit. 5. Aufl. Stuttgart: Klett-Cotta.

Gruss, M, Braun, AK, Frey, JU, Korz, V (2008). Maternal separation during a specific postnatal time window prevents reinforcement of hippocampal long-term potentiation in adolescent rats. Neuroscience; 152(1): 1–7.

Gunderson, JG (1996). The borderline patient's intolerance of aloneness: Insecure attachments and therapist availability. Am J Psychiatry; 153: 752–758.

Harlow, H (1958). The nature of love. Am Psychologist; 13: 573–685.

Heinrichs, M, Domes, G (2008). Neuropeptides and social behavior: effects of oxytocin and vasopressin in humans. In: Neumann, ID, Landraf, R (eds). Progress in Brain Research; 170: 337–350.

Herpertz, S, Dietrich, TM, Wenning, B, Krings, T, Erbereich, SG, Willmes, K, et al. (2001). Evidence of abnormal amygdala functioning in borderline personality disorder: A functional MRI study. Biol Psychiatry; 20: 292–298.

Hofer, MA (1995). Hidden regulators: Implications for a new understanding of Attachment, separation and loss. In: Goldberg, S, Muir, R, Kerr, J (eds). Attachment Theory: Social development and clinical perspectives. Hillsdale: The Analytic Press; 203–230.

Insel, TR, Young, LJ (2001). The neurobiology of attachment. Nature Rev Neurosci; 2: 129–136.

Kanat, M, Heinrichs, M, Domes, G (2014). Oxytocin and the social brain: neural mechanisms and perspectives in human research. Brain Research; 1580: 160–171.

Kosfeld, M, Heinrichs, M, Zak, PJ, Fischbacher, U, Fehr, E (2005). Oxytocin increased trust in humans. Nature; 435: 673–676.

Kraemer, GW (1992). A psychobiological theory of attachment. Behav Brain Sci; 15: 493–541.

Lang, PJ, Greenwald, BMM, Hamm, AO (1993). Looking at pictures: affective, facial, visceral, and behavioral reaction. Psychophysiology; 30: 261–273.

Moles, A, Kieffer, BL, D'Amato, FR (2004). Deficit attachment behaviour in mice lacking the µ-opioid receptor gene. Science; 304(5679): 1983–1986.

Nitschke, JB, Nelson, EE, Rusch, BD, Fox, AS, Oakes, TR, Davidson, RJ (2004). Orbitofrontal cortex tracks positive mood in

mothers viewing pictures of their newborn infants. Neuroimage; 21: 583–592.
Reite, M, Boccia, ML (1994). Physiological aspects of adult attachment. In: Sperling, MB, Berman, WH (eds). Attachment in Adults: Clinical and Developmental Perspectives. New York: Guilford; 98–127.
Rigo, P, Kim, P, Esposito, G, Putnick, DL, Venuti, P, Bornstein, MH (2019). Specific maternal brain responses to their own child's face: An fMRI meta-analysis. Dev Rev; 51: 58–69.
Roth, G, Strüber, N (2018). Wie das Gehrn die Seele macht. Stuttgart: Klett-Cotta.
Roth, TL, Sweatt, JD (2011). Epigenetic marking of the BDNF gene by early-life adverse experiences. Horm Behav; 59: 315–320.
Schnell, K, Dietrich, T, Schnitker, R, Daumann, J, Herpertz, SC (2007). Processing of autobiographical memory retrieval cues in borderline personality disorder. J Affect Disord; 97: 253–259.
Strathearn, L, Fonagy, P, Amico, J, Montague, PR (2009). Adult attachment predicts maternal brain and oxytocin response to infant cues. Neuropsychopharmacology; 34: 2655–2666.
Toepfer, P, O'Donnell, KJ, Entringer, S, Garg, E, Heim, CM, Lin, DTS, MacIsaac, JL, Kobor, MS, Meaney, MJ, Provençal, N, Binder, EB, Wadhwa, PD, Buss, C (2019). Dynamic DNA methylation changes in the maternal oxytocin gene locus (OXT) during pregnancy predict postpartum maternal intrusiveness. Psychoneuroendocrinology; 103:156–162.
Vogt, BA (2005). Pain and emotion interactions in subregions of the cingulate gyrus. Nature; 6: 533–544.
Wilczyński, KM, Siwiec, A, Janas-Kozik, M (2019). Systematic review of literature on single-nucleotide polymorphisms within the oxytocin and vasopressin receptor genes in the development of social cognition dysfunctions in individuals suffering from autism spectrum disorder. Front Psychiatry; 10: 380.
Zanarini, MC, Frankenburg, FR, Hennen, J, Silk, KR (2003). The longitudinal course of borderline psychopathology: 6 year prospective follow-up of the phenomenology of Borderline Personality Disorder. Am J Psychiatry; 20: 274–283.

7 Das gewollte Klischee

Der Mythos vom großen Unterschied zwischen Mann und Frau

Rafaela von Bredow

»*Alle Psychologen, die die Intelligenz der Frauen studiert haben, ebenso wie Dichter und Schriftsteller, erkennen heute, dass sie die niedrigste Form menschlicher Evolution verkörpern. Sie brillieren in Wankelmut, Unbeständigkeit, Abwesenheit von Denken und Logik und der Unfähigkeit, vernünftig zu urteilen. Zweifellos existieren einige hervorragende Frauen, dem durchschnittlichen Mann sehr überlegen, aber sie sind so außergewöhnlich wie die Geburt einer jeden Monstrosität, wie z. B. eines Gorillas mit zwei Köpfen.*«
(Le Bon 1879; zit. nach Kriz 1994, S. 10)

Dies schrieb vor 130 Jahren Gustave Le Bon, einer der Väter der Sozialpsychologie. Er schob die »offensichtliche Unterlegenheit« des Weibes, die »niemand auch nur für einen Moment bestreiten könne«, der Tatsache zu, dass »deren Gehirne in der Größe eher denen von Gorillas ähneln als dem am weitesten entwickelten Männergehirn«.

Das ist gar nicht so irrwitzig und verstaubt, wie es sich anhört. Zwar behauptet heute kaum ein Forscher mehr, dass sich die geringere Größe des Frauenhirns auf die Intelligenz des Weibes auswirke. Doch dass dessen Denkorgan sich maßgeblich von dem der Männer unterscheidet, davon sind die meisten überzeugt. Und schließlich: Frauen ticken doch wirklich anders als Männer. Oder?

Das Thema bewegt derart die Gemüter, dass einer wie Mario Barth es seit mehr als 15 Jahren in Form von Comedy-Shows, Alben, Kinofilmen und Hörbüchern exzessiv vermarktet; 2014 errang er mit seinem Programm »Männer sind schuld, sagen die Frauen« gar den Weltrekord für »das größte Publikum für einen Komiker in 24 Stunden«: Knapp 116 500 Zuschauer lauschten ihm im Berliner Olympiastadion. Dabei redet er eigentlich nur über sich und seine Freundin, die natürlich nicht einparken kann, ihn aber dazu zwingt, im Sitzen zu pinkeln. Der amerikanische Therapeut John Gray erlangte schon in den 90er-Jahren Weltruhm mit seiner Idee der galaktisch unterschiedlichen Herkunft von Männern und Frauen, nämlich vom Mars respektive von der Venus. Diese Idee variierte er unerschrocken bis hin zur »Mars- & Venusdiät«, heute noch behauptet sich sein 26 Jahre altes Buch »Männer sind anders, Frauen auch« auf Platz 8 der Amazon-Bestseller in der Kategorie »Frauen/Partnerschaft«. Zahllose Autoren eiferten Gray nach. Nach der Lektüre ihrer Bücher kann man den Kolleginnen in der Kantine oder den Kumpels in der Kneipe schön erklären, warum Männer saufen, lügen und zappen, während Frauen Schuhe kaufen, immerzu reden wollen und zu zweit Pipi machen gehen.

So bestätigt sich stets aufs Neue: Mann bleibt Mann, und Weib bleibt Weib. Und war das nicht schon immer so? »Die Frau ist ein menschliches Wesen, das sich anzieht, schwatzt und sich auszieht«, kalauerte schon vor 200 Jahren der französische Philosoph Voltaire. Alles bloßer Unfug, schlichtes Vorurteil? Immerhin, die Wissenschaft scheint die Alltagserfahrung zu unterstützen. Jedenfalls vermelden dies mit schöner Regelmäßigkeit nicht nur die Boulevardmedien und zitieren durchaus seriöse Studien und Forscher. Eine neue Hirnwindung beim Mann entdeckt? Pinkelt er deswegen im Stehen? Ein Neuronenhäufchen im Sprachzentrum der Frau? Erklärt das, warum sie so viel quasselt?

Kaum je ist Wissenschaft beliebter, als wenn es um den kleinen Unterschied zwischen Mann und Weib geht. Dürstend nach Bestätigung alltäglicher Marsmann-Venusfrau-Beobachtungen, klickt und kommentiert sich das Publikum lustvoll durch jeden Bericht, der neue Entdeckungen präsentiert. Als eines der Standardwerke dazu gilt seit vielen Jahren »Das weibliche Gehirn – Wie Frauen die Welt erleben«, geschrieben von Louann Brizendine, einer Neuropsychiaterin aus San Francisco. Brizendine ist Gründerin der dortigen »Women's Mood and Hormone Clinic«. Sie beschreibt Mann und Frau als derart gegensätzlich, dass sie wie zwei verschiedene Spezies erscheinen: Homo testosteroniensis und Homo oestrogeniensis. Denn: Das weibliche Gehirn, durch Menses, Mutterschaft und Menopause zyklisch in Hormonen mariniert, nehme die Welt grundsätzlich anders wahr. »Das Unisex-Gehirn gibt es nicht«, glaubt Brizendine.

Eine ganze Serie populärwissenschaftlicher Werke unterfüttert die These vom großen Unterschied, fest verdrahtet im Gehirn: »Vom ersten Tag an anders« (Baron-Cohen 2004), »Mutter sein macht schlau« (Ellison et al. 2006) oder »Das Geschlechter-Paradox« (Pinker 2008). Brizendine selbst legte nach dem gigantischen Erfolg ihres Buchs prompt ein Nachfolgewerk vor: »Das männliche Gehirn. Warum Männer anders sind als Frauen«.

In der Tat haben die Forscher inzwischen eine ganze Reihe neurologischer Unterschiede zwischen Männlein und Weiblein zusammengetragen. Der Balken beispielsweise, die Brücke zwischen den beiden Hirnhälften, sei bei Frauen dicker, heißt es. Das erkläre, warum diese, im regen

Geschwätz beider Hirnhälften, eher ganzheitlich denken. Männer hingegen beschränkten sich offenbar auf die Analyse durch nur eine der beiden Hemisphären. Sollen sie sich im Raum orientieren, denkt es im Hirn nur rechts – sprechen sie, blitzt es ausschließlich links.

Vor allem die bildgebenden Verfahren eröffneten den Forschern die Möglichkeit, die Geschlechterdifferenz direkt an ihrer Quelle zu untersuchen: im Gehirn, dem sie nun in Echtzeit dabei zuschauen, wie es rechnet, sich erinnert, Wortfeuerwerke zündet. Aber auch mithilfe von Frage- und Testbögen spüren die Forscher kognitiven Unterschieden der Geschlechter nach. So zeigen sich Männer meist überlegen, wenn es darum geht, dreidimensionale Gebilde gedanklich im Raum zu drehen oder zielgerichtet zu werfen. »Frauen dagegen erzielen im Schnitt leicht bessere Ergebnisse in der Feinmotorik und bei bestimmten Sprachtests«, erklärt Markus Hausmann, Biopsychologe an der Universität Bochum. Er sagt allerdings auch: »Die Effekte, die wir messen, sind ziemlich klein.«

Trotzdem deuten sie viele Forscher als Signale unausweichlicher Biologie: Männer werfen die Darts ins Schwarze, weil sie das in Jahrtausenden ihres Jobs als fleischbeschaffende Mammutjäger trainiert haben, bis es festsaß in ihren Genen. Daher auch die Wortkargheit – schwätzenden Speerträgern entwischt die Beute. Der paläolithische Weiberclub dagegen sammelte Wurzeln und fragile Beeren – die Damen erwarben das Fingerspitzengefühl, das sie heute noch zum Zwiebelhacken und Schleifenbinden an Kinderschühchen befähigt. Außerdem ernteten die Steinzeitladys nah der heimischen Höhle – wer hätte sonst auf die Kleinen aufgepasst? Daher können sie heute weder einparken noch Karten lesen, geschweige denn als Pilotin ein Flugzeug sicher landen.

Die Rollenverteilung aus Jäger- und Sammlertagen präge bis heute die Psychologie der Geschlechter, argumentieren viele Evolutionspsychologen. »Wir sind nun einmal Tiere, in der Evolution entstanden durch die brachialen Kräfte der Selektion«, so beschreibt es Gijsbert Stoet, Psychologieprofessor an der britischen Leeds-Beckett-Universität. In der Steinzeit habe es sich »für Männer ausgezahlt, Jäger zu sein, und für Frauen, sich um die Babys zu kümmern«. Die Natur habe einige der dafür benötigten Fertigkeiten in die Hardware unseres Gehirns geschrieben; das könne man »nicht so leicht ändern«.

Demnach wäre der Mann von Natur aus ein notorischer Fremdgänger, weil er so ohne viel Federlesens sein Erbgut vermehren kann. Die Frau als solche dagegen sei keusch und treu, um den einmal gewonnenen Vater ihrer Kinder nicht zu verlieren. Sie investiere in Qualität statt in Quantität, heißt es, weil sie schlicht nicht so viele Babys in die Welt setzen kann. Deshalb achte sie bei der Partnerwahl vor allem auf Status und Geld. Gerne darf er älter sein, einen Bauch haben und schütteres Haar, Hauptsache, er kann Tennis- und Klavierstunden für die Kinder bezahlen sowie später das Schulgeld an der London School of Economics.

Spätestens bei dieser Art evolutionärer Deutung zeigt sich, dass es hier um weit mehr geht als nur um eine akademische Debatte. Die Suche nach dem großen Unterschied führt unmittelbar zu der Frage nach der Stellung von Mann und Frau in der Welt: Wer soll die Kinder großziehen? Wieso sacken die Jungs in den Schulen im Vergleich zu ihren Schwestern so deutlich ab? Warum verdient das weibliche Geschlecht für gleiche Arbeit deutlich weniger Geld? Warum führt in Deutschland auch im Jahr 2019 noch keine einzige Chefin eines der 30 Dax-Unternehmen? Hatte der – inzwischen Ex- – Google-Mitarbeiter James Damore recht, als er 2017 behauptete, dass weniger Frauen bei dem Konzern arbeiten, weil sie eher über Empathie als über Programmierinteresse verfügten? Und schließlich: Soll es so sein, dass Wirtschaft und Wissenschaft auf die weibliche Hälfte der Allerbesten verzichten und stattdessen vorliebnehmen mit den zweitbesten Männern?

Die Natur hat die Talente der Geschlechter vorgegeben; davon zeigt sich auch Simon Baron-Cohen von der University of Cambridge überzeugt. »Ausnahmen sind möglich, aber statistisch gesehen sind Frauen mit Talent zum Fliegen nun mal seltener als Männer«, meint der Psychologe. Schon im Mutterleib, glaubt der Brite, finde eine »geschlechtsspezifische Prägung« statt. Denn eine hochwirksame Substanz tränke schon in der achten Schwangerschaftswoche das Gehirn der kleinen Jungs in purer Männlichkeit: Testosteron.

Das Fachblatt »Nature« geißelte Baron-Cohens – und Louann Brizendines – Sicht auf die frühe Prägung zu Weib und Mann als »pseudowissenschaftliche« Einteilung der Geschlechter in »Denker und Fühlende«. Solche Deutungen, schrieben die Rezensenten, seien »fundamental unbiologisch« und »erklären nichts«. Gründlich scheitern sie in den Augen vieler Fachkollegen an der Aufgabe, eine Antwort auf die große Frage der französischen Philosophin Simone de Beauvoir zu finden: »Was ist eine Frau?«

Ist sie ein biologisch geformtes, von tief verwurzelten Verhaltensprogrammen getriebenes Geschöpf? Oder ist das Geschlecht ein Konstrukt, das Ergebnis gesellschaftlicher Zuschreibungen? Was genau unterscheidet die Frau im Kern vom Manne? »Lange nicht so viel, wie alle immer denken«, sagt Lutz Jäncke, und das klingt ziemlich lapidar angesichts der Tragweite dieses kleinen Halbsatzes. Denn der Neuropsychologe von der Universität Zürich hat, gemeinsam mit vielen Fachkollegen, eine – vom Laienpublikum weitgehend unbemerkte – Revolution losgetreten. Ihre Erkenntnis, inzwischen wissenschaftlich wohl belegt: Mann und Frau unterscheiden sich kaum in ihren Talenten und Schwächen. Da, wo sich Andersartigkeit messen lässt, spielt sie entweder keine Rolle für den Lebensalltag oder ist unbedeutend klein. Vor allem aber gibt es gute Gründe, sie nicht als Ergebnis biologischer Bestimmung zu sehen. Zwar wird der Mensch als Adam oder Eva geboren; im Mutterleib dirigiert durchaus noch die alte Biologie. Von diesem Moment an aber gewinnt ein anderer, zutiefst menschlicher Prozess rapide an Bedeutung: die Kultur. Nun entscheidet vor allem, was die Mädels und Jungs erleben, darüber, wie sie in Zukunft sprechen, raufen, rechnen oder einparken werden. »Wir kommen mit einer zartrosa und hellblauen Tönung auf die Welt«, sagt Kirsten Jordan, Hirnforscherin an der Uni Göttingen. »Unsere Erfahrungen, die Kultur, in der wir leben, vertiefen sie dann erst zu satten Farben.«

Biologisch sogar höchst plausibel wird diese Vorstellung, wenn das Gehirn, Schaltzentrale allen Verhaltens, nicht mehr als starres Gebilde betrachtet wird. Was die Natur dem Menschen in den Schädel gepflanzt hat, ist eben kein Ort fest verdrahteter Unterschiede, sondern eine faszinierend veränderliche Materie. »Denken Sie an Knetmasse«, sagt Jäncke. Düfte und Blicke, Gesagtes und Erlebtes, Gefühltes und Verstandenes hinterlassen darin mehr oder weniger permanente Abdrücke. Diese gestalten Verhalten und Denken. Was wiederum nach außen wirkt, Reaktionen und Reize provoziert, die ihrerseits die Nerven neu verdrahten. Genau diese einzigartige Öffnung und Flexibilität macht den Menschen zum Überlebenskünstler in seiner rasant veränderlichen Welt.

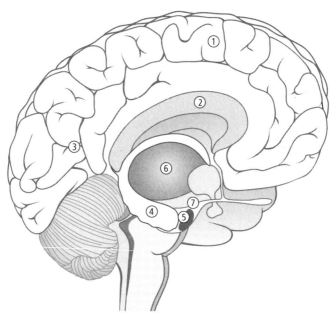

Abb. 7-1 Vergleich zwischen männlichem und weiblichem Gehirn. Hirngröße: M (Männer) haben rund 9 % mehr Hirnvolumen (im Verhältnis zur Körpergröße), aber F (Frauen) die gleiche Anzahl von Neuronen, da diese dichter zusammenliegen.

1 = Graue und weiße Substanz. F sollen mehr graue haben, also mehr Neuronenkörper. Lange galt, dass M mehr weiße Substanz, also mehr Fasern und Verbindungen hätten. Dieser Unterschied wird in neuen Studien angezweifelt.

2 = Balken, verbindet die beiden Hirnhälften. Bislang angeblich bei F deutlich größer, aber auch hier zeigen neue Untersuchungen keine deutlichen Unterschiede.

3 = Zentrum für Sprache und Hören. Bei F gibt es rund 11 % mehr Neuronen, aber keine signifikanten Unterschiede in der Mikrostruktur.

4 = Hippocampus. Der Hippocampus ist an der Speicherung von Gefühlen und Erinnerungen beteiligt. Er sollte angeblich bei F größer sein, woraus gefolgert wurde, dass sie sich emotional gefärbte Ereignisse besser merken könnten als M. Neue Forschungsergebnisse zeigen allerdings keinen deutlichen Größenunterschied.

5 = Amygdala. Dieser Kern ist zuständig für Angst, Wut, Aggression und Aufmerksamkeit für neue Stimuli allgemein. Bei beiden Geschlechtern ist der Kern im Gegensatz zu früheren Untersuchungen etwa gleich groß. Die Rezeptorverteilung kann sich schnell anpassen. Die alte Vorstellung, dass bei M wegen angeblich höherer Testosteronrezeptorendichte in der Amygdala das Aggressionspotenzial höher ist, ist demnach nicht mehr gültig.

6 = Thalamus und 7 = Hypothalamus. Der Hypothalamus ist verantwortlich für die Steuerung des vegetativen Nervensystems, reguliert die Nahrungs- und Wasseraufnahme, den Schlafrhythmus und das Sexualverhalten. In Versuchen mit Ratten wurden zwei Kerne, die bei M doppelt so groß seien wie bei F und die sexuelle Orientierung beeinflussen sollen, zerstört. Das Sexualverhalten änderte sich dadurch nicht.

Nicht politische Korrektheit oder feministische Leidenschaft treiben die neuen Gleichmacher unter den Forschern – das macht sie glaubwürdig. Denn all jene Biologen, Neuropsychologen, Anatomen, die jetzt die Gleichheit der Geschlechter ausrufen, begannen einst als hauptamtliche Fahnder nach der biologischen Differenz von Mann und Frau. Aber sie konnten den großen Unterschied nicht finden. Beim besten Willen nicht. »Ich bin als Löwe gestartet und als Bettvorleger geendet«, konstatiert Jäncke. Über zu viele Befunde sind die Forscher im Laufe der Zeit gestolpert, deren Interpretation ihnen zu banal erschien – oder schlicht als falsch. Sie lernten, genauer hinzusehen, und was sie da an Fehlinterpretationen fanden, zwang sie, die jahrhundertealte Grundannahme des großen Unterschieds über Bord zu werfen.

Schon in der Gehirnanatomie lassen sich nur wenige Geschlechtsunterschiede zweifelsfrei nachweisen. Viele Befunde, längst für sicher gehalten, mussten revidiert werden (Abb. 7-1). Die Zweigleisigkeit weiblichen Denkens findet nicht statt; der Balken im Hirn ist auch nicht dicker. »Bewiesen ist da gar nichts«, sagt Katrin Amunts, Professorin für Hirnforschung an der Düsseldorfer Uniklinik, Ethikrat-Mitglied und Institutsdirektorin am Forschungszentrum Jülich. Natürlich heißt das Nichtfinden von Unterschieden nicht, dass es keine gibt – auch bei der Untersuchung von Einsteins Hirn wurden keine Besonderheiten gefunden. Interessant ist nur, dass jeder Unterschiedsfund sofort als Beweis für die Macht der biologischen Bestimmung von Frau und Mann angeführt wird.

Entsprechend gilt das notorische Gewisper der beiden Hemisphären im Denkorgan des weiblichen Geschlechts inzwischen als Tatsache. So erregte im Dezember 2013 eine Studie der University of Pennsylvania Aufsehen: Die Forscher hatten festgestellt, dass viele Nervenbahnen im Kopf weiblicher Probanden beide Hirnhälften verschalten, während die Leitungen der Männer innerhalb der jeweiligen Hemisphäre enger vernetzt sind. Wegen dieser kurzen Wege, schlussfolgerten die Wissenschaftler, könne der Mann Wahrnehmung und Bewegung besser koordinieren, während die Frau im Kopf »fest verdrahtet« dafür sei, Logik (links) und Intuition (rechts) zugleich spielen zu lassen. Allerdings ließe sich mit dem gleichen Wahrheitsgehalt behaupten: Je zotteliger das Haar, desto verdrehter die Denke – die britische Psychologin Cordelia Fine nennt das vorschnelle und weitgehende Interpretieren hirnanatomischer Befunde schlicht »Neurosexismus«.

Vertrackte Diskussionen entspannen sich auch über die Bedeutung der Menge an weißer und grauer Masse. Sind Frauen schlauer, wenn ihr Gehirn im Verhältnis mehr von dem grauen Zeugs besitzt, den tatsächlichen Neuronen also? Oder beweist die weiße Substanz, die Verbindungsfasern zwischen den Zellen, dass Männer besser verdrahtet sind? »Wenn sich mehr weiße Masse in männlichen Gehirnen findet«, erklärt Jäncke, »liegt das schlicht daran, dass ein größeres Gehirn mehr Kabel braucht für die Kommunikation.«

Die Hirnforscherin Daphna Joel und ihre Kollegen an der Tel Aviv University haben sich mehr als 100 Strukturen in über 1400 Hirnscans angeschaut und versucht, diese Schnittbilder einem der beiden Geschlechter zuzuordnen. Ihre 2015 veröffentlichte Arbeit ergab, dass eine solche Typisierung gerade einmal in einem von 20 Fällen gelang. Selbst künstliche Intelligenz vermochte aus Daten von mehr als 2000 Gehirnen keine Gesetzmäßigkeiten in punkto Geschlecht herauszulesen, berichtete kürzlich die Neurowissenschaftlerin Gina Rippon von der University of Aston im britischen Birmingham im »New Scientist«.

Die Frage sei doch, so Katrin Amunts: Selbst wenn sich eine Region, eine Funktionseinheit im Denkorgan, kleiner oder größer darstelle bei den Geschlechtern, »was bedeutet es wirklich für das Verhalten?«

Nicht viel, wie eine Übersichtsstudie aus dem Jahr 2015 ergab. Sie hatte die Ergebnisse von 20 000 Untersuchungen zum unterschiedlichen Verhalten von Mann und Frau zusammengetragen und verglichen. In das Konvolut gingen die Daten von über zwölf Millionen Menschen ein. Ergebnis: Männer und Frauen sind so ziemlich gleich impulsiv, kooperativ oder emotional – um nur einen winzigen Teil aller untersuchten Merkmale zu nennen.

Zuvor hatte schon Janet Hyde, Psychologie-Professorin an der University of Wisconsin, eine solche Meta-Analyse angefertigt; es ging dabei um alle denkbaren Talente, Schwächen und Gelüste der Geschlechter: vom abstrakten Denken bis zum Ins-Wort-Fallen, vom Raufen zur verbalen Stichelei. Hyde war selbst überrascht: In knapp 80 % der untersuchten Eigenschaften glichen sich die Geschlechter sehr, u. a. in den weitaus meisten Gebieten, die mit Sprache zu tun haben. Unversehens verschwand das Klischee vom Plapperweib und dem wortkargen Eigenbrötler. Unter dem verbliebenen Fünftel an Unterschieden fanden sich nicht zuletzt rein physische Talente wie die Wurfweite. Am ausgeprägtesten war hier die männliche Überlegenheit unmittelbar nach der Pubertät, genau dann also, wenn auch die Muskelmasse der Jungs die der Mädchen am stärksten übertrifft.

Bei psychologischen Studien stellt sich ohnehin die Frage: Sagen und tun die Mädels und Jungs vielleicht nur, was ihrer Meinung nach von ihnen erwartet wird? Selten schließen Forscher bei ihren Untersuchungen diese Möglichkeit aus; dabei führte sie zu überraschenden Ergebnissen, berichtet Hyde. So ergab ihre Übersicht zwar, dass Jungs sich öfter prügeln. Ein einfaches Experiment aber wirft ein ganz anderes Licht auf die Aggression im Weib. Die Aufgabe bestand darin, Angreifer in einem Computerspiel mit Bomben abzuwehren. Die eine Hälfte der Probanden spielte vor Publikum, der anderen sagten die Studienleiter, sie blieben anonym. Die Jungs in der öffentlich bekannten Gruppe legten heftig los und warfen viel mehr Sprengkörper ab als die Mädchen. In der anonymen Gruppe dagegen verlor das schwache Geschlecht plötzlich alle Hemmungen. Die Probandinnen ließen die Bomben sogar noch stärker hageln als ihre männlichen Gegenparts. »Es gibt kein Phänomen ›Geschlechterunterschied‹, das zu erklären wäre«, resümiert Hyde trocken.

Fest steht: Ein fein orchestriertes Konzert aus Genen und Hormonen gestaltet die Geschlechtsorgane; später tragen sowohl die Androgene, zu denen das Testosteron gehört, als auch die Östrogene dazu bei, das Gehirn zu verschalten. So helfen die Geschlechtshormone, das Denken und Verhalten zu modulieren. Im weiblichen Geschlecht ist zusätzlich eine diffizile Sinfonie aus Östrogen und Progesteron vonnöten, um Eisprung, Schwangerschaft und Stillzeit zu dirigieren. Das durch Hormone beeinflusste Gehirn wiederum steuert alles Verhalten – in diesem Sinne bestimmt zweifellos die Biologie über den Menschen.

Die eigentlichen Fragen lauten also:
- Was sind die Unterschiede im Zusammenspiel von Gehirn und Hormonen?
- Und bringen sie wirklich unterschiedliches Verhalten hervor?

Ist der Mann als solcher ein latent aggressives Geschöpf, weil schon vor der Geburt Testosteron sein Gehirn überschwemmt hat? Genau das behaupten die Advokaten des Unterschieds. Gerne berufen sie sich dabei auf Tierexperimente. Die meisten Erkenntnisse über den Einfluss der Hormone aufs Gehirn und aufs Verhalten stammen nämlich aus Versuchen mit Ratten oder Mäusen. Und die Nager erweisen sich tatsächlich als Marionetten ihrer Körperchemie. Testosteron, um die Geburt herum von den Hoden ausgeschüttet, macht das Tier für immer zum Männchen – als wäre ein Kippschalter umgelegt. Werden den Neugeborenen die Geschlechtsorgane entfernt, nützen auch spätere Testosteron-Gaben nichts. Das Gehirn kann gar nichts mehr damit anfangen. Injizieren die Forscher dem entmannten Nager hingegen weibliche Sexualhormone, wird er hopsen und mit den Öhrchen wackeln, er wird den Schwanz wegbiegen und sein Hinterteil darbieten, um die Willigkeit zur Paarung zu bekunden.

Umgekehrt wandelt sich ein Test-Weibchen unter dem Einfluss von Testosteron unversehens zum Kerl: Es besteigt seine Geschlechtsgenossinnen und juckelt wie wild – das Hormon hat sein Gehirn umgebaut zur männlichen Schaltzentrale. Nun spielt es auch wilder, es verteidigt sich aggressiver.

Das Problem ist nur, dass die Erkenntnisse der Ratten-Biologie sich auf den Homo sapiens kaum übertragen lassen. Denn er denkt, anders als die Nager, vor allem mit seiner hochentwickelten Hirnrinde. Und die unterliegt weit weniger als Stamm- und Zwischenhirn der Kontrolle der Hormone. Selbst in seiner Sexualität, wo der Mensch zum Überleben urtümlichsten Instinkten gehorchen müsste, hat er teilweise die Strippen der alten Steuerung gekappt. Das gilt sogar für den Eisprung: Künstlich injiziertes Testosteron schaltet ihn im Rattenweibchen einfach aus. Bei Menschenfrauen dagegen springen nach entsprechender Hormoneinnahme die Eizellen weiter. Auch hat ein Rattenweibchen nur Lust auf Sex, wenn es ihm die Hormone gebieten. Das menschliche Pendant hingegen treibt es jederzeit gerne, vor, während und nach dem Eisprung.

Wenn aber die Natur beim Menschen schon bei Libido und Fruchtbarkeit die Leine der Hormone so sehr gelockert hat, um wie viel mehr dürfte sie dann den Einfluss bei anderen Verhaltensweisen eingeschränkt haben? Als eindrucksvoller Beleg für die verblüffende Freiheit des Menschen von der Macht der Hormone, gilt der britischen Neuropsychologin Melissa Hines von der University of Cambridge eine Erkrankung namens AGS (adrenogenitales Syndrom). Mädchen, die davon betroffen sind, waren im Mutterleib dem »Männermacher« Testosteron ausgesetzt. Es kann sich bei ihnen ein Penis entwickeln. Früher ließ man solche AGS-Babys manchmal als Jungs aufwachsen. Heute verwandeln Ärzte sie meist in ihr genetisches, weibliches Geschlecht zurück, zur Not auch chirurgisch.

Das Interessante dabei: Unter dem Einfluss ihrer Hormone schubsen und toben AGS-Mädchen zwar wie ihre männlichen Schulkameraden; Barbie ist eher nicht ihr Ding. Doch ob ihre Eltern sie als Jungs aufwachsen oder zum Mädchen zurückoperieren lassen – fast alle sind mit dem Geschlecht, in dem sie aufwachsen, zufrieden.

Umgekehrt gibt es Jungen, deren Gehirn und Geschlechtsorgane zu wenig Testosteron und damit oft uneindeutige Genitalien, etwa einen Mikropenis, abbekommen haben. Auch hier entscheiden oftmals Eltern und Ärzte über das äußere Geschlecht. Und auch hier zeigen sich die meisten verwandelten Jungs zufrieden mit der ihnen zugedachten Rolle als Mädchen. Dies legt zwar keinen kompletten, aber zumindest einen sehr starken Einfluss von Umwelt und Erziehung auf die Geschlechtsidentität nahe.

Aber was ist mit Geschlechtsumwandlungen? Da nehmen Menschen soziale Ächtung in Kauf, schmerzhafte Operationen, eine totale Lebensveränderung – weil sie sich absolut sicher sind, dass die Natur ihnen eigentlich eine andere Existenz zugedacht hat.

Das Paradebeispiel ist der Fall Bruce, später David Reimer, aus Kanada, dessen Glied bei einer Beschneidung im Säuglingsalter verstümmelt wurde. Die Eltern ließen den Kleinen daraufhin auf Rat des Psychologen John Money umoperieren und zogen ihn als Mädchen groß. Angeblich war »Brenda« zufrieden damit; später aber schrieb er, der sich dann »David« nannte, mit 13 schon sei er todunglücklich, gar lebensmüde gewesen. Als junger Erwachsener unterzog er sich dann einer Behandlung, die ihn wieder zum Mann machen sollte. Mit 38 brachte er sich um.

Klarer Fall biologischer Bestimmung? Bruce war die ersten sieben Monate seines Lebens, bis zu jener fatalen Beschneidung, durchaus als Junge großgezogen worden, gemeinsam mit seinem Zwillingsbruder Brian. Bis zur endgültigen OP vergingen noch einmal zehn Monate. Haben seine Eltern den kleinen Kerl in dieser Zeit als Jungen betrachtet? Wie haben sie auf ihn reagiert? Wie entspannt mögen sie mit seiner Geschlechtlichkeit umgegangen sein – jedes Mal, wenn sie beim Wickeln das verletzte kleine Genital sahen? Wie überzeugend ist es Bruce' Familie dann gelungen, ihn später als Brenda zu behandeln?

Entwicklungspsychologen wissen, wie tief die ersten eineinhalb Jahre des Lebens einen Menschen prägen. Ohne die gewalttätige Geschlechtsumwandlung rechtfertigen zu wollen, muss es erlaubt sein, zu fragen, ob tatsächlich die Natur durchbrach, als Reimer wieder Mann sein wollte – oder ob sich hier die tief gehende, früh angelegte Fragilität seiner Geschlechtsidentität zeigte.

»Der Mensch hat sich weitgehend von der Lenkung durch seine Hormone befreit«, sagt Lutz Jäncke. Genau das unterscheide ihn fundamental vom Tier. »Solange die Fortpflanzung insgesamt gewährleistet bleibt, tun wir, was wir gelernt haben, was wir sehen, was uns begegnet im Leben«, meint Jäncke. »Auch in der Sexualität – oder peitschen sich etwa Affen?« Er rührt damit an eine schon seit Jahrhunderten schwelende Debatte: Ist der Mensch bei der Geburt ein unbeschriebenes Blatt, von diesem Moment an geformt von Umwelt und Erziehung? Oder stellt die Natur in Form von Genen und Hormonen bereits im Mutterleib alle entscheidenden Weichen?

Die Beantwortung dieser Fragen hat weitreichende Folgen. Denn wenn die Advokaten des großen Unterschieds recht haben, täten Frauen gut daran, zu Kindern und Küche zurückzukehren. Und Männer, die sich besonders innig ihren Kindern widmen, müssten sich fragen, ob sie als Baby im Mutterbauch zu wenig Testosteron abgekriegt haben. Die Vätermonate in der Elternzeit, einst geächtet als »Wickelvolontariat« und mittlerweile sehr beliebt, wären degradiert zu einem Delikt wider die Männlichkeit. Andersherum grübeln hartgesottene Vertreter der Umwelt-Erziehung-These, wie es kommt, dass die dreijährige Lina trotz Manager-Mami und Hausmann-Papa ihr Püppchen so zärtlich hätschelt? Und warum gerät ihr siebenjähriger Bruder Jan beim Anblick der Feuerwache im Playmobil-Katalog so in Ekstase?

Kein Zweifel: Die Diskussion hat Tradition. Jahrtausendelang, von der Antike bis heute, haben führende Köpfe versucht, die biologische Bestimmung des Weibes zu ergründen. Und stets kamen sie zu dem Schluss, dass seine Unterlegenheit als naturgegeben zu betrachten sei. So erklärte schon Aristoteles Frauen für zu »kalt« und »nass«, um klug denken zu können. Ab dem 17. Jahrhundert galt es dann als hoffähig, nach den Spuren weiblicher Minderwertigkeit im Schädel zu suchen – siehe Gustave Le Bon und seine eingangs erwähnte Einschätzung der Frau. Entsprechend klar schien dem Philosophen Georg Wilhelm Friedrich Hegel, wofür Frauen eindeutig »nicht gemacht« seien, nämlich »für die höheren Wissenschaften, wie Philosophie, und für gewisse Produktionen der Kunst, die ein Allgemeines fordern«. Eine Generation nach ihm bestätigte Charles Darwin: »Ob tiefe Gedanken gefragt sind, Vernunft oder Phantasie oder einfach nur die Benutzung von Sinnen und Händen, der Mann wird höhere Ehren erringen als die Frau.«

Erst zu Beginn des letzten Jahrhunderts dann schwang die Forschung um auf ein neues Paradigma. Die Behavioristen und die Erkenntnisse Sigmund Freuds lenkten den Blick auf Elternhaus, Erziehung und Umwelt als prägende Faktoren. In den 70er-Jahren erlaubten Pille und eine gelockerte Sexualmoral den Frauen, aus den angeblich naturgegebenen Rollen auszubrechen. Nun galt es als Tabu, überhaupt nach Unterschieden zu suchen – sie konnten ja nur die Demütigung der Frau zum Ziel haben.

Diese Thesen überrollte wenig später das Wissen über die Genetik. Seit dem Ende der 90er-Jahre vergeht fast keine Woche, ohne dass ein Erbgutschnipsel als Verursacher von Alkoholismus, Depression oder Menschenscheu entlarvt worden wäre. Alles, sogar Abenteuerlust und Spitzensport, lasse sich angeblich in den Genen verorten. »Eine Renaissance der Biologismen« verzeichnet die Biologin und Geschlechterforscherin Sigrid Schmitz von der Uni Freiburg.

Dabei wackelt das gesamte Theoriegebäude, das die These vom großen Unterschied stützen soll. Denn die Haushaltsführung in paläolithischen Höhlen ist vor allem – Spekulation. Viele Funde sprechen eher für eine Beteiligung der Frauen an der Jagd. Und ebenso gut könnten Oma und Opa die Steinzeit-Rangen gehütet haben – die Urfrau muss nicht retrospektiv ans Herdfeuer verbannt werden, nur weil man erklären will, warum ihre Nachfahrinnen heute noch so oft dort anzutreffen sind.

Auch die Treue des Weibes ist wohl nicht so fest ins Hirn gebläut wie angenommen. Tatsächlich, so deutet sich an, scheuen Frauen das Risiko des Seitensprungs genauso wenig wie ihre männlichen Gegenparts – vorausgesetzt, sie sind wirtschaftlich abgesichert und leben in einer Gesellschaft, die sie nicht dafür ächtet.

Wenn aber der Höhlenmann und sein Gespons ähnliche Aufgaben zu bewältigen hatten, warum sollten deren Gehirne sich unterscheiden? Außerdem: »Selbst wenn sich Unterschiede im Gehirn entdecken lassen, heißt dies nicht, dass sie angeboren sind«, sagt Melissa Hines, die für ihr Buch »Brain Gender« intensiv die wissenschaftliche Literatur zur Geschlechterdifferenz durchforstet hat (Hines 2003). Mindestens ebenso plausibel erscheint es, dass erst das Leben als kleine Eva das Gehirn von Lina formt – Mami, Papi, Geschwister und Erzieher werden ihr über die Jahre oft genug sagen, wie süß sie in dem rosa Röckchen aussieht und wie reizend die Glitzerhaarspangen in ihren schönen Locken funkeln. Je nach Dosis solchen Lobs und immer wiederkehrender Bestätigung ist es nicht ausgeschlossen, dass sich ein heftiges Interesse an Klamotten und Shopping-Touren entwickelt. Und Jan mag seine archaischen Momente haben, wenn ihn tatsächlich das Testosteron zum Toben, Rangeln und Eisenbahn spielen animiert. Aber da Papa immer so schön mitmacht, wenn er eine besonders einfallsreiche Brio-Bahnstrecke aufgebaut hat, wird er dies öfter tun und so die Hirn-Schaltkreise festigen, die mit Technik umgehen.

Besonders empfänglich zeigen sich Mädchen dabei für alles, was angeblich »typisch Mädchen« ist, Jungs desgleichen bei »typischen Jungs-Dingen«. Gerade aber die Definition von »feminin« und »maskulin« ist einem heftigen kulturellen Wandel unterworfen – anders als bei der Ratte, anders auch als beim Schimpansen. So wuchsen im viktorianischen England Jungs in Rosa auf, lange Haare galten als männlich. Schleifchen und Blümchen galten als passende Accessoires wie heute taschenbewehrte Cargo-Hosen. Was auch immer gerade als angesagt gilt – wer Erfolg beim anderen Geschlecht haben will, tut gut daran, sich aufs jeweilige Bild von Weiblichkeit oder Männlichkeit zu eichen.

Allzu leicht vergessen die Verfechter naturgegebener Geschlechterrollen, wie mächtig der Einfluss des Alltags auf Form und Funktion des Gehirns ist. Verblüffend schnell vermag sich das menschliche Denkorgan zu verändern. »Trainieren Sie eine Woche lang, eine Stunde am Tag, Ihren Daumen schnell hin- und herzubewegen«, sagt Lutz

Jäncke. »Und schon wird sich eine Veränderung in Ihrem motorischen Kortex feststellen lassen.« Die Neuroanatomin Katrin Amunts berichtet: »Bis zum Alter von sieben Jahren kann sogar das gesamte Sprachzentrum noch in die andere Gehirnhälfte umziehen.« Nachgewiesen wurde dies an Epilepsie-Patienten, bei denen die Verbindung zwischen den Hemisphären gekappt werden musste. Und wie viel Lebenszeit ein Taxifahrer damit verbracht hat, durch die Stadt zu kutschieren, lässt sich an einem Teil seines Hippocampus ablesen – einer Hirnregion, die etwas mit Gedächtnis und Orientierung zu tun hat: Je länger er fährt, desto größer ist das betreffende Areal.

Umgekehrt verkümmern Schaltkreise, die nie benutzt werden. Wozu noch investieren in Zellen und Synapsen, die Sudoku-Kästchen blitzgeschwind ausfüllen helfen, wenn der Besitzer des Gehirns jeden Abend seinen Denkapparat mit Bier und dem Geblödel von Comedy-Shows zudröhnt? Lutz Jäncke ist sogar überzeugt davon, dass in genau dieser neuronalen Plastizität die spezifische evolutionäre Strategie des Homo sapiens bestehe. »Das ist die natürliche Grundkonzeption des Menschen«, meint der Neuropsychologe. Anders als andere Tiere gestalte er durch Kulturtechniken seine Lebenswelt selbst. Eben deshalb habe sich im Laufe der Evolution ein Gehirn herausgebildet, das sich einstellen kann auf die jeweils aktuelle Situation und ihre Anforderungen – ein Gehirn, bereit für lebenslanges Lernen.

Deshalb überrascht es Jäncke nicht, dass die kognitive Grundausstattung von Mann und Frau sich so sehr ähnelt. In einem einzigen Fall nur lassen sich durchgängig Unterschiede nachweisen: »Der Test, bei dem Frauen konsequent schlechter abschneiden, ist die mentale Rotation«, sagt Markus Hausmann. So nennt sich eine von vielen Aufgaben, die Aufschluss über das räumliche Denken liefern soll. Die Probanden müssen dazu unter Zeitdruck dreidimensionale Würfelfiguren im Geiste drehen und miteinander vergleichen. Aber: »Genau dieser Test spricht sehr stark auf Training an«, berichtet Jäncke. »Wenn Frauen üben, sind sie genauso gut.« Architektinnen oder Ingenieurinnen seien den Männern von vornherein ebenbürtig. Und das weibliche Geschlecht als Ganzes verbessert sich stetig beim Lösen dieser Aufgabe – wenn das Korsett aus starren Rollenbildern sich lockert, beginnen Bruder und Schwester einander zu ähneln.

Mehr direkten Bezug zum Alltag hat die Orientierungsfähigkeit. Die gilt bei Frauen als legendär schlecht, und tatsächlich zeigen sich Männer in Vergleichsstudien überlegen. Liegt es wirklich am Geschlecht? Die Psychologin und Mathematikerin Eva Neidhart ist die Frage einmal anders angegangen. Sie teilte ihre Probanden in zwei Gruppen: solche, die ihren Orientierungssinn als gut bezeichneten, und andere, die ihn als schwach ansahen. In beiden Gruppen, die sie nun auf Wegsuche durch ein virtuelles Städtchen schickte, waren sowohl Männer als auch Frauen vertreten. Am Ende stand fest: Der Erfolg ist eine Frage der Strategie. Gute Wegefinder, ob Männlein oder Weiblein, schauen im Geiste von oben auf das fremde Gebiet, denken in Himmelsrichtungen, merken sich ihren Ausgangspunkt. Während alle blinden Hühner, gleich welchen Geschlechts, einfach loszockeln und hoffen, irgendwie ans Ziel zu kommen. Vielleicht merken sie sich noch hier und da eine Landmarke: erst rechts beim Bäcker, dann links an der Tanke. Das heißt, nicht das Geschlecht, sondern die Art der Problemlösung ist entscheidend.

Doch warum wählen Frauen so oft die falsche Strategie? Die Antwort lässt sich im Kindergarten finden. Dort fragten Forscher kleine Jungs und Mädchen, wo ihr Zuhause liege. Jene Kinder zeigten in die richtige Richtung, die viel im Freien spielten. Noch deutlicher bestätigt sich der Trend bei älteren Kindern: Sie können umso präzisere Karten ihres Stadtviertels zeichnen, je mehr sie zu Fuß oder mit dem Fahrrad unterwegs sind. Genau hier aber ist tatsächlich ein Unterschied der Geschlechter festzustellen: Mädchen werden öfter von Mama oder Papa im Auto ans Ziel kutschiert. Und aus Angst vor Übergriffen lassen Eltern ihre Töchter weniger freizügig in der Gegend herumstromern.

Später, wenn sich die Jungs dank jahrelangen Trainings eben besser auskennen, verstärkt sich der Effekt bei den Mädchen. Wozu sich dann noch für Stadtpläne interessieren? Wozu die Wanderstrecke hinterher minutiös auf der Karte verfolgen? Wozu den Wagen selbst durch eine fremde Gegend chauffieren? »Da meistens *er* Auto fährt«, meint die Freiburger Geschlechterforscherin Schmitz, »und es sowieso viel besser zu können glaubt, überlässt *sie* ihm auch meistens das Steuer.« Doch wenn auf diese Weise der einzige kognitive Unterschied zwischen den Geschlechtern dahinschwindet, wie sieht es dann mit jener Domäne aus, die die Natur ganz exklusiv dem Weibe reserviert zu haben scheint? Wie sieht es aus mit der Betreuung der Babys?

Sogar hier säen die Forscher inzwischen Zweifel. Schon ein Blick auf andere – durchaus hormongesteuerte – Säugetiere zeige, dass allein die Anwesenheit von Gebärmutter und Zitzen das Weibchen nicht unbedingt festlegt auf die Versorgerrolle. So betüddeln brasilianische Weißbüschelaffen-Väter hauptamtlich die Kleinen; nur Milch tanken diese kurz bei Mama. Auch bei vielen anderen Säugern, Wölfen etwa, erweisen sich die Papas als exzellente Kinderkümmerer. Zudem scheint sich das Brutverhalten in sehr kurzen evolutionären Zeitspannen verändern zu können. Denn selbst sehr nah verwandte Arten unterscheiden sich mitunter dramatisch, wenn es um elterliche Qualitäten geht. So kümmern sich bei Präriewühlmäusen Mama wie Papa aufs Rührendste um die Kleinen, noch lange nach dem Entwöhnen. Die Eltern der Rocky-Mountains-Wühlmaus hingegen verlassen ihre Brut kaltschnäuzig kurz nach der Geburt.

Wo in diesem Spektrum steht der Mensch? Tatsache ist: Frauen geben bei Befragungen meist ein größeres Interesse für Babys an als Männer. Tatsache ist aber auch: Sie schwärmen umso mehr von den Kleinen, wenn sie in Gesellschaft von Geschlechtsgenossinnen sind – Männer hingegen spielen im Beisein anderer Kerle ihre Hinwendung zu den Blagen herunter.

Bei Louann Brizendine ist es allein die Verwandlung des weiblichen Gehirns in ein »Muttergehirn«, die jene »hoffnungslose Verliebtheit« ins Baby sicherstellt. Schon während der Schwangerschaft brächten die Hormone »auch bei sehr karriereorientierten Frauen die Gehirnschaltkreise unter ihre Kontrolle, sodass sie plötzlich anders denken, anders fühlen und andere Dinge für wichtig halten«. Im letzten Schwangerschaftsdrittel schrumpfe das arme Mamahirn sogar um volle 8 %, berichtet die Autorin – ein Fest für die Freunde der Stereotypenwitze.

Durch harte Daten gestützt ist das nicht. So schlugen alle Versuche, einen Zusammenhang zwischen der Innigkeit der Mutterliebe und dem Östrogen- oder Progesteron-Spiegel nachzuweisen, fehl. »Es ist unwahrscheinlich, dass die Schwangerschaft ausschlaggebend für die Bindung an menschliche Säuglinge ist«, sagt Hines. »Sonst würden Adoptivmütter weniger sichere Bindungen knüpfen als biologische Mütter.« Das aber ist nicht belegt; Probleme entstehen allenfalls, wenn die Kinder erst sehr spät angenommen werden – Angelina Jolie kann ihren Ältesten, Maddox aus Kambodscha, ebenso ins Herz geschlossen haben wie die jüngsten Familienmitglieder, Zwillinge, ihre genetische Brut.

Der »Mutterinstinkt«, zu diesem Schluss kommt auch die amerikanische Anthropologin Sarah Blaffer Hrdy in ihrem Monumentalwerk »Mutter Natur«, sei weder instinktiv noch allen Müttern eigen. Wäre die Fürsorge schon früh angelegt, etwa durch Hormone oder Puppenspiel, müssten Mädchen insgesamt stärker auf Säuglinge reagieren als Jungen. Als Forscher jedoch beide Geschlechter mit einem schreienden Baby konfrontierten, erwies sich die weibliche Hilfsbereitschaft als genauso groß wie die der Jungs. Und später, wenn es wirklich darauf ankommt, entsteht die Bindung zum Baby vor allem durch – Bindung zum Baby. Will heißen: Eltern, egal ob Vater oder Mutter, wenden sich jeweils stärker fremden Kindern zu, wenn sie gerade selbst welche großpäppeln. Und werdende Väter, ebenso übrigens wie Großpapas, interessieren sich deutlich mehr für Bilder von Säuglingen. So bekommt das Gehirn offenbar den Mutter-Kick durchs Mutter-Sein, den Vater-Kick durchs Vater-Sein.

Der Befund, dass Frauen offenbar keine geborenen Mütter sind, ist umso erstaunlicher, als alle Studien zeigen: Dass Mädchen gern mit Puppen spielen, Jungs dagegen mit Baggern, stimmt. Und angeboren ist dieser Unterschied obendrein; das zeigen die Mädchen mit AGS, die lieber toben als Püppi zu frisieren. Ausgerechnet Melissa Hines war es, die herausfand, dass sogar junge Affenweibchen lieber mit Puppen und Töpfchen hantieren; Affenmännchen dagegen schieben lieber Autos und kullern Bälle – kultureller Einfluss ausgeschlossen.

Wie aber verträgt sich das mit Hines' und Jänckes These von der Gleichheit der Geschlechter? Lenkt die Natur das Interesse der Mädchen nicht eben deshalb auf die Puppen, um sie auf ihre spätere Rolle als Mutter vorzubereiten? Und macht nicht sein natürliches Faible für die Brio-Bahn den Jungen zum geborenen Ingenieur? In Hines' Augen keineswegs. Sie sieht in der Hinwendung der Kleinkinder zu Puppenhaus und Legokasten vielmehr eine Art Relikt aus evolutionärer Vergangenheit. Anschließend jedoch beginne die kulturelle Prägung zu wirken: »Die Geschlechterunterschiede sind in der Kindheit am größten.«

Die Sozialisation kann diese Unterschiede dann mindern oder verstärken. Durch all die Konversationen mit Barbie und Ken mag Lina irgendwann tatsächlich besser sprechen lernen und in ständigen Rollenspielen ihr Einfühlungsvermögen schulen. Und wenn Jan mit seinen Kumpels durch die Straßen stromert, mag er sich irgendwann wirklich besser orientieren können. Werden beide jedoch auf ähnliche Weise stimuliert, nähern sich auch ihre Interessen und Fähigkeiten an. Deshalb spielen bei der Entwicklung die Erwartungen, die andere an ein Kind stellen, eine ausschlaggebende Rolle. Das hat die Wissenschaftlerin Barbara Barres am eigenen Leib erlebt, als sie am Massachusetts Institute of Technology studierte: »Ich war die einzige Person in einer großen Klasse von fast nur Männern, die ein schwieriges mathematisches Problem lösen konnte – nur, um mir dann vom Professor sagen zu lassen, dass mein Freund es für mich gelöst haben müsse.«

Barres heißt heute Ben mit Vornamen, ist ein Mann und Neurobiologe an der kalifornischen Stanford University. Der transsexuelle Forscher weiß, wovon er redet, wenn es um Rollenklischees geht: Kurz nach seiner Geschlechtsumwandlung hörte er ein Fakultätsmitglied sagen, Ben Barres habe ein tolles Seminar gegeben; er mache seinen Job wirklich »besser als seine Schwester«.

Wie leicht es ist, das Selbstbewusstsein und damit auch die Leistung zu mindern, zeigte ein einfaches Experiment: Probandinnen sollten Mathematik-Aufgaben lösen. Ein Teil von ihnen bekam vorher einen wissenschaftlich abgefassten Text zu lesen, in dem behauptet wurde, Frauen litten unter einer angeborenen Mathe-Schwäche. Prompt rechneten sie deutlich schlechter als jene Geschlechtsgenossinnen, die nichts dergleichen gelesen hatten. Von ganz ähnlichen Ergebnissen berichtet Hausmann auch im Fall der mentalen Rotation: »Sobald die Probanden wissen, worum es geht, vergrößert sich der Unterschied in den Leistungen.« Deswegen mögen die Entdecker der großen Ähnlichkeit Bücher wie das von Brizendine auch nicht abtun als amüsante Kurzweil. »Das ist nicht harmlos«, sagt Hines. »Gelinde gesagt: Blödsinn«, ätzt Jäncke.

Es ist Zeit für eine Nabelschau der Wissenschaftler, findet Hines. Denn: »Forscher sind auch Menschen.« Und jeder, meint sie, Wissenschaftler ebenso wie Laie, habe Schemata im Kopf von »männlich« und »weiblich«, die ihn schnell zu falschen Schlüssen verleiten können. Schon 1938 warnte die Schriftstellerin Virginia Woolf: »Wissenschaft, so scheint es, ist nicht geschlechtslos; sie ist ein Mann, ein Vater und auch infiziert.« Angesteckt, meinte sie, von Stereotypen und Vorurteilen.

Elizabeth Spelke, renommierte Säuglingsforscherin in Harvard, studiert seit vielen Jahren die angeborenen kognitiven Talente von Babys. Viel hat sie dabei gefunden – aber nie einen Geschlechterunterschied. Warum, so fragt sie, suchen so viele ihrer Kollegen so angestrengt danach? »Wenn wir intuitiv über uns und andere Leute nachdenken, neigen wir dazu, Unterschiede heftig zu übertreiben.« Vor allem aber, und das bestimmt wohl wirklich die Biologie, müssen Mann und Frau einander weiterhin sexy finden. Dazu braucht es – Gegensätzlichkeit. Nur wenige begehren Gleiches. So erklärt sich der größte aller Geschlechterunterschiede: Männer fühlen sich, komme, was da wolle, als Männer – und Frauen als Frauen. Nur einer von 30 000 Männern will sich in eine Frau verwandeln lassen, und nur eine von 100 000 Frauen will sich in einen Mann verwandeln lassen. Der Grund für die Macht der Geschlechtsgewissheit ist profan: In der Evolution, damals in der Savanne, wäre der Mensch wohl gescheitert, wenn er sich heute mal als Kerl und morgen dann als Weib begriffen und gleichzeitig nicht so genau gewusst hätte, mit welchem Geschlecht er passend dazu gerade Sex haben möchte. Und weil es so wichtig ist, immer zu wissen, woran man ist, müssen die Unterschiede zwischen den Geschlechtern fortwährend und lauthals herausgeschrien werden.

Die Aufklärung erschwerend kommt hinzu, dass auch die Wissenschaft von Unterschieden lebt. »Gleichheiten sind als Ergebnis in der naturwissenschaftlichen Publikationspraxis unüblich«, erklärt die Biologin Schmitz. Wenn von 20 Studien nur eine den großen Unterschied feststellt, sagt Hines, finde meist nur dieses eine Experiment den Weg in die Wissenschaftsmagazine. »Noch weniger finden sie den Weg in die populärwissenschaftliche Presse«, meint Sigrid Schmitz.

Bessere Chancen haben da die zackigen Thesen von Louann Brizendine. Damit spielt die Neurobiologin, so der Vorwurf ihrer Kritiker, all jenen Chefs in die Hände, die sich nach Lektüre der Lehre vom großen Unterschied nun darin bestätigt sehen, Frauen nicht mehr zu befördern – wo diese doch, von Hormonen überschwemmt, nach der Geburt ihrer Kinder allen Ehrgeiz auf die Brut richten statt auf den Beruf.

»Es wird Zeit, voranzukommen«, findet Kirsten Jordan, ziemlich genervt. Denn wenn es stimmt, dass der Mensch im Laufe der Evolution die Fesseln seiner Hormone weitgehend abgeschüttelt hat, wenn sein Gehirn eben nicht als vorprogrammierter Gedanken- und Verhaltensgenerator funktioniert, dann sollte der Mensch diese Freiheit begreifen. Wenn letztlich so wenig Tier in ihm ist, das angebliche Steinzeiterbe entlarvt wurde als schlichter Abdruck von Stereotypen im Gehirn, könnte der Mensch sich endlich emanzipieren vom Glauben an die Biologie als letztgültiger Chefin seines Schicksals. »Die Gesellschaft kann sich jetzt entscheiden«, sagt Hines. »Wollen wir den Mädchen wirklich sagen, dass sie leider die mentale Rotation nicht beherrschen und deswegen keine Physikerinnen werden können? Oder wollen wir sie ermutigen?«

Es würde schon helfen, meinen die Wissenschaftler, sich der Macht der klassischen Geschlechterstereotypen auf die eigenen Entscheidungen bewusst zu werden. Denn wie stark sich die Klischees aus den Tiefen der Hirnwindungen ins Denken hineinflüstern, offenbart eine Studie aus Schweden: Wissenschaftlerinnen, so zeigte sich, mussten selbst dort, im Land der Gleichheit, zweieinhalb mal so gut sein wie ihre männlichen Kollegen, um Fördergelder zu erhalten. Die Professoren in der Entscheidungskommission waren sich dessen nicht bewusst.

Gemächlich keimen Versuche, solche Mechanismen von außen zu ändern. Nachdem in den Vereinigten Staaten ein Preis für Pionierleistungen in der Wissenschaft nur an Männer vergeben worden war, änderten die Spender die Bedingungen für die Vergabe. Bewusst ermutigten sie Frauen, Anforderungen wie »höchst risikofreudig« strichen sie aus dem Auslobungstext, und vor allem wurde die Jury paritätisch besetzt. Ergebnis: Der Anteil der Preisträgerinnen stieg abrupt von 0 auf 43 %.

Werden sich, befördert durch solche Maßnahmen, die Geschlechter immer weiter annähern? Den Beweis wird nur die Zeit erbringen können. Aber wie stark bis heute die Geschlechterstereotypen wirken, das jedenfalls habe er am eigenen Leib erfahren, erzählt Ben Barres. Trotz Testosteron-Behandlung verfahre er sich immer noch dauernd. Dafür habe sich etwas anderes seit seiner Geschlechtsumwandlung deutlich verändert: der Respekt, mit dem Leute ihm begegnen. »Ich kann sogar einen ganzen Satz zu Ende sagen, ohne dass mich ein Mann unterbricht.«

Literatur

Baron-Cohen, S (2004). Vom ersten Tag an anders. Das weibliche und das männliche Gehirn. 2. Aufl. Düsseldorf, Zürich: Walter-Verlag.

Brizendine, L (2006). The Female Brain. New York: Morgan Road/Broadway Books.

Brizendine, L (2011). Das männliche Gehirn. Warum Männer anders sind als Frauen. München: Goldmann.

Ellison, K, Steckhan, B, Schuhmacher, S, Förs, K (2006). Mutter sein macht schlau. Kompetenz durch Kinder. München: Kunstmann.

Fine, C (2017). Testosterone Rex. New York: W. W. Norton & Company.

Hines, M (2003). Brain Gender. New York: Oxford University Press.

Hrdy, SB (1999). Mother Nature. Maternal Instincts and How They Shape the Human Species. New York: Ballantine Books.

Hyde, J (2003). Half the Human Experience: The Psychology of Women. Boston: Houghton Mifflin Company.

Jordan, K (2004). Warum Frauen glauben, sie könnten nicht einparken – und Männer ihnen Recht geben. München: C. H. Beck.

Kriz, J (1994). Grundkonzepte der Psychotherapie. 4. Aufl. Weinheim: Beltz PVU.

Pinker, S (2008). Das Geschlechter-Paradox. München: Deutsche Verlagsanstalt.
Rippon, G (2019). The Gendered Brain. London: Bodley Head.
von Bredow, R (2009). Der Männchenmacher. Spiegel Wissen; 1: 30–3.
von Bredow, R (2018). Jenseits von Eden. Spiegel; 54.

8 Glück 2.0

Kann, darf, soll oder muss man Glück wissenschaftlich untersuchen?

Manfred Spitzer

Erste Näherungen

Glück – wer will das nicht? Andere Dinge schätzen und wollen wir, weil sie uns glücklich machen. Glück selbst will man nicht wegen irgendetwas anderem. Glück ist das ultimative Ziel. Die amerikanische Verfassung sagt dies ebenso wie der gesunde Menschenverstand. »Menschen wollen glücklich sein. Sie streben nach dem Glück.« – »Diese Wahrheit sieht jeder sofort ein«, sagte kein anderer als Thomas Jefferson (1743–1826), der dritte Präsident der USA (1801–1809) und der geistige Vater der amerikanischen Unabhängigkeitserklärung. Daher kann man dort auch nachlesen, dass jeder Mensch das Recht auf Leben, Freiheit und Streben nach dem Glück hat (Abb. 8-1).

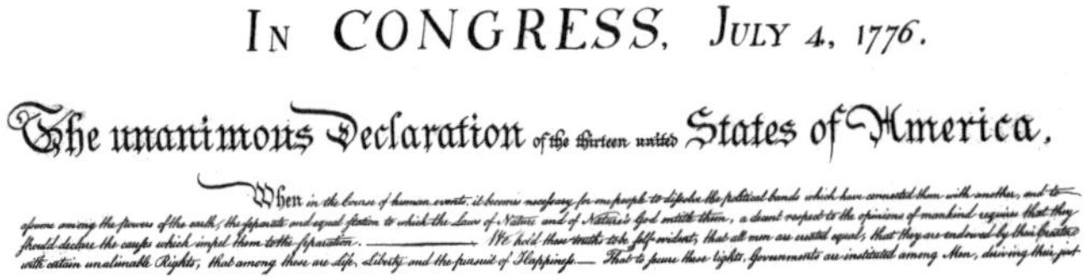
IN CONGRESS, JULY 4, 1776.

The unanimous Declaration of the thirteen united States of America,

Abb. 8-1 Ausschnitt aus der US-amerikanischen Unabhängigkeitserklärung. Nach dem langen Strich heißt es dort: »We hold these truths to be self-evident, that all men are created equal, that they are endowed by their Creator with certain unalienable Rights, that among these are Life, Liberty and the pursuit of Happiness.«

Der König von Bhutan, eines kleinen buddhistischen Staates im Himalaya-Gebirge, nahm im Jahr 1998 diese Idee auf und proklamierte, dass es ihm nicht um das Bruttosozialprodukt seiner Bürger, sondern vielmehr um deren Bruttosozialglück gehe (Hirata 2003; Thinley 1999a, 1999b).

Was aber genau ist Glück eigentlich? Wie kommt es, dass manche Menschen glücklicher zu sein scheinen als andere? Ist Glück genetisch verankert, kann man es kaufen oder – neuerdings – auf Rezept bekommen? Ist Glück so wie Schönheit: Man sieht sie sofort, kann aber nicht sagen, was es ist? Oder ist Glück wie Sport und Musik: Auf das Tun kommt es an, darüber reden bringt gar nichts? Oder ist Glück gar wie die Stille: Wenn man darüber redet, ist sie weg?

Die Frage nach dem Glück geht jeden Einzelnen an, aber auch die Gesellschaft als Ganze: Wenn jeder Mensch nach dem größtmöglichen Glück für sich selbst strebt, dann geht es in einer Gesellschaft um das größtmögliche Glück der größtmöglichen Anzahl von Menschen, das heißt um die Maximierung des kollektiven Glücks. Diese Idee (bekannt als Utilitarismus) wurde besonders durch den schüchternen und zugleich etwas skurrilen Engländer Jeremy Bentham bekannt (Abb. 8-2), blieb aber nicht ohne Kritik. So kommentierte Nietzsche (1888, S. 61): »Der Mensch strebt nicht nach Glück; nur der Engländer tut das.« Vielleicht kann so etwas nur ein Deutscher sagen! In jedem Fall zeigt es, dass die Idee des Utilitarismus keineswegs unumstritten ist. Religionen beanspruchen ein anderes Glück, dogmatische Ideologen auch. Nachdem nun beides derzeit hierzulande an Zulauf verloren hat, missverstehen viele den Utilitarismus heute als Lizenz zum grenzenlosen Egoismus. Aber es ging Bentham nicht um das größtmögliche Glück des Einzelnen, sondern um das von

Abb. 8-2 Jeremy Bentham (1748–1832), der den Gedanken des Utilitarismus auf den Punkt brachte und weit verbreitete, verfügte in seinem Testament, dass sein einbalsamierter Körper mitsamt den Kleidern, die er gewöhnlich trug, auf einen alten Stuhl gesetzt wird, damit er – bis heute – die Menschen am Eingang des Londoner University College begrüßen kann und von ihnen begrüßt wird. Nur der Kopf (bei dessen Einbalsamierung etwas schiefging) ist heute aus Wachs. Man munkelt, dass Benthams mumifizierter Körper regelmäßig an den Sitzungen des College-Beirats teilnimmt, was jedes Mal im Protokoll festgehalten wird: Jeremy Bentham, anwesend, aber nicht mit abstimmend. Bentham war nicht der Erste, der das größtmögliche Glück der größtmöglichen Anzahl an Menschen als Prinzip ethischen Handelns postulierte. Francis Hutcheson (1694–1746) schrieb bereits im Jahre 1725: »That action is best, which procures the greatest happiness for the greatest numbers« (Hutcheson 1725: Sect. 3.8).

allen, wobei jeder Mensch als Summand des kollektiven, zu maximierenden Glücks gleich viel zählt. Damit waren diese Gedanken in höchstem Maße egalitär und gerade nicht individualistisch: Es ging Bentham um nichts Geringeres als um das Wohlbefinden aller Menschen.

Bekanntermaßen unterscheiden die Engländer zwischen »lucky« und »happy«, zwischen Glück *haben* (z.B. im Lotto: the lucky winner) und glücklich *sein* (weil man sich so fühlt: the happy person). Wir Deutsche haben dagegen nur ein Wort – Glück – für den glücklichen Zufall und das Glücksgefühl. Wie wir noch sehen werden, ist dies jedoch nicht unbedingt eine Unterlassungssünde fehlender sprachlicher Differenzierung, sondern vielmehr ein Beispiel für das, was Philosophen manchmal »die Weisheit der Sprache« nennen: Die neurowissenschaftliche Forschung hat klar zeigen können, dass positive Emotionen sehr eng damit zusammenhängen, dass etwas eintritt, das besser ist als erwartet. Vielleicht ist dies der Grund, dass letztlich auch das Englische früher diese beiden Gedanken mit einem Wort belegte: »Happy« hat seine Wurzeln in »happ«, das aus dem Norsischen kommt und so viel wie Glück im Sinne von »luck« meint. Statt »Good luck« sagte der Engländer früher einmal »Good hap«. Das Oxford English Dictionary führt »hap« entsprechend auf mit der Bedeutung von »chance or fortune (good or bad)«.

Die Wissenschaft vom Glück ist ein relativ zartes Pflänzchen, verglichen mit der Wissenschaft von der Angst, der Wut oder der Depressivität: Zwischen 1967 und 1994 erschienen hierzu etwa 90000 Artikel in den einschlägigen wissenschaftlichen Zeitschriften, wohingegen im gleichen Zeitraum nur 5000 Glück, Freude und Zufriedenheit zum Inhalt hatten (vgl. Tab. 8-1). Das Negative stand damit zum Positiven in einem überwältigenden Verhältnis von

Tab. 8-1 Anzahl publizierter wissenschaftlicher Arbeiten zu negativen und positiven Emotionen (zweite Spalte: eigene Recherche in PubMed; sowie angelehnt an Daten aus zwei Übersichten; dritte Spalte: Myers & Diener 1996, vierte Spalte: Myers 2000).

Emotion	In PubMed gefundene Arbeiten	Anzahl publizierter Arbeiten	
	2000–2019*	1967–1994	1887–1999
Depression	70 641	46 380	70 856
Angst	36 099	36 851	57 800
Wut	1 907	5 099	8 072
Glück		2 389	2 958
Zufriedenheit	1 484 (Lebenszufriedenheit)	2 340	5 701
Freude	448	405	851
Verhältnis neg. : pos.	34 : 1	18 : 1	14 : 1

*Bis einschließlich 10.12.2019

18:1 (Myers & Diener 1996; vgl. auch Martin 2005). Dies hat sich jedoch geändert: Es gibt mittlerweile nicht nur einen eigenen Wissenschaftszweig, die »hedonic psychology« (Kahneman et al. 1999) bzw. die »Positive Psychologie« (Seligman 2002), sondern seit dem Jahr 2000 sogar eine eigene Zeitschrift, das »Journal of Happiness Studies«; und nach einer diesbezüglichen relativen Flaute erschienen allein im Jahr 2005 gleich drei international beachtete Bücher (Layard 2005; Martin 2005; Nettle 2005) zum Thema Glück (vgl. Evans 2005), von belletristischen internationalen Bestsellern (»Hectors Reise oder die Suche nach dem Glück«, Lelord 2004) gar nicht zu reden. Angemerkt sei, dass man mit der angloamerikanischen Literatur zwischen »hedonism« (dem Streben nach positiven Erlebnissen) und »hedonics« (dem Studium von positiven Erlebnissen) unterscheiden muss.

Nicht zuletzt angeregt durch die 2006 publizierte erste Fassung der vorliegenden Arbeit erschien hierzulande der Bestseller »Glück kommt selten allein« von Eckart von Hirschhausen, auf den wiederum eine Unzahl von Büchern folgte. Gibt man beim Versandhändler Amazon »Glück« ein, erhält man – ich habe es gerade (am 10.12.2019) ausprobiert – mehr als 200 000 Ergebnisse oder Vorschläge zu »positivem Denken«, »100 % Glück« (ein Früchtetee), »Mein Glück in 100 Listen« und »Hygge« bis hin zu buddhistischen Geschichten zum »Elefant, der das Glück vergaß« oder zur »Kuh, die weinte«. Der Versuchung, auch nur einem Promille der Vorschläge bei Amazon nachzugehen – da hätte ich »nur« knapp 200 Bücher lesen und dabei ein paar Heißgetränke zu mir nehmen müssen – habe ich widerstanden.

Der vorliegende Text ist daher nahezu identisch mit dem Text aus dem Jahr 2006 und wurde nur an einzelnen Stellen (wie beispielsweise in Tabelle 8-1 die zweite Spalte) ergänzt und auf den neuesten Stand gebracht. Er war und ist noch immer für Skeptiker geschrieben, die der Meinung sein mögen, dass man so etwas wie Glück wissenschaftlich nicht betrachten könne und dies auch gar nicht versuchen dürfe; denn schon durch den Versuch würde der Gegenstand, das Glück, zerstört. Ich möchte demgegenüber zeigen, dass es sehr interessant sein kann, das Glück einmal wissenschaftlich zu betrachten. Man sieht dann manches klarer. Und aus Zusammenhängen, die dem Bereich der Meinung oder Spekulation anzugehören scheinen, werden plötzlich empirisch überprüfbare Hypothesen. Hat man dann erst einmal gesichertes Wissen über das Glück, kann man dieses Wissen anwenden. In der gleichen Weise, wie man das Wissen um die Funktion eines Motors oder der Verdauung einsetzen kann, um den Motor oder den Magen pfleglicher zu behandeln (um länger Freude daran zu haben) oder gar um den kaputten Motor zu reparieren oder den kranken Magen zu behandeln, könnte wirkliches Wissen um das Glück uns helfen, glücklicher zu sein und Unglück abzuwenden. Wie jeder weiß, wird der gegenwärtige Zustand unserer Nation gerne mit »Jammern (eine Bezeugung von Unglück) auf hohem Niveau« bezeichnet. Muss man daher nicht vielleicht sogar alles daran setzen, Erkenntnisse über das Glück zu generieren, sie zu verbreiten und anzuwenden? Es geht uns heute objektiv besser als je zuvor, aber wir sind nicht glücklicher – im Gegenteil! Die vorliegende Arbeit soll helfen, die Gründe hierfür aufzuklären. (Wem diese Einleitung als Motivation zum Weiterlesen nicht reicht, der ist entweder so glücklich, dass er nicht weiter lesen braucht, oder ihm ist nicht mehr zu helfen.) Dies ist bedeutsam, denn glückliche Menschen sind weniger egoistisch, weniger aggressiv, missbrauchen andere weniger und werden seltener krank. Glück ist für ein langes Leben ebenso bedeutsam wie eine gesunde Diät und Lebensweise. Katharine Hepburn gewann vier Oscars und wurde 96 Jahre alt. Zufall?

Wie bedeutsam auch einzelne Glückserlebnisse für die langfristige körperliche Gesundheit sein können, belegt eine in den »Annals of Internal Medicine« veröffentlichte Studie an insgesamt 1649 Schauspielerinnen und Schauspielern (Redelmeier & Singh 2001a). Man identifizierte zunächst 762 Gewinner eines Oscars für Haupt- oder Nebenrolle und suchte dann eine dazu passende Kontrollgruppe von Schauspielern und Schauspielerinnen heraus, die im gleichen Film mitspielten sowie das gleiche Geschlecht und etwa das gleiche Alter hatten. So erhielt man eine Kontrollgruppe von 887 Schauspielern und Schauspielerinnen ohne Oscar. Der Vergleich beider Gruppen ergab eine um 3,9 Lebensjahre signifikant ($p < 0,003$) höhere Lebenserwartung bei den Oscar-Gewinnern. Zum Vergleich: Könnte man sämtliche Krebserkrankungen bei allen Menschen zu allen Zeiten heilen, würde die Lebenserwartung der Gesamtbevölkerung um zwei bis drei Jahre ansteigen. Und wer mehrere Oscars gewonnen hat, lebt im Schnitt sogar sechs Jahre länger!

Anders ausgedrückt, brachte der Oscar eine 28 %ige Verringerung der Sterberate, und ein oder mehrere weitere Oscars (nicht jedoch weitere Filme oder Oscar-Nominierungen) brachten eine weitere 22 %ige Verringerung der Sterberate. Warum dies so ist, wissen auch die Autoren der Studie nicht genau:

> *»Mehrere Erklärungen kommen für die höhere Lebenserwartung von Oscarpreisträgern und -preisträgerinnen infrage. Häufig sind Filmstars einer kritischen Prüfung ihrer Person ausgesetzt, die ihre schauspielerische Leistung bei Weitem übertrifft. Für ihre Imagepflege müssen sie daher kontinuierlich darauf achten, anstößige Verhaltensweisen zu vermeiden und sich vorbildlich zu benehmen. Dazu sind sie von Managern u. Ä. umgeben, die sich für ihren Ruf einsetzen und sie zu einem hohen Verhaltensstandard verpflichten. Ein Gefolge aus Privatköchen, Trainern, Kindermädchen und anderen Angestellten ermöglicht ihnen einen Lebensstil nach idealen Maßstäben. Im Gegensatz zu anderen Menschen dieser Gesellschaft haben Filmstars außerdem Zugang zu besonderen Privilegien. Sie besitzen*

mehr Macht und Motivation, mehr finanzielle Mittel und Bewunderer, eine stärkere Stressresistenz und eine höhere Selbstwirksamkeit als andere. Der Gesamtkomplex aller Faktoren, die bei diesem offensichtlichen Überlebensvorteil von Erfolgsschauspielern und -schauspielerinnen eine Rolle spielen, ist allerdings nicht klar.«

(Redelmeier & Singh 2001a, S. 960)

Dass die Dinge nicht so einfach liegen, zeigt eine Studie an 850 Drehbuchautoren. Hier verkürzte ein Oscar die Lebenserwartung signifikant (p = 0,004) um 3,6 Jahre. Die Erklärung der Autoren:

»Für die Tatsache, dass der Zusammenhang zwischen Erfolg und Lebenserwartung nicht auch auf mit dem Oscar ausgezeichnete Drehbuchautoren zutrifft, gibt es ebenfalls mehrere Gründe. Drehbuchautoren sind zum Beispiel nicht zur Imagepflege gezwungen, haben es nicht nötig, anstößige Verhaltensweisen zu vermeiden und sich vorbildlich zu benehmen; sie müssen nicht fit bleiben, regelmäßige Arbeitszeiten einhalten, jede Nacht schlafen und einen idealen Lebensstil verkörpern. Autoren sind nicht umgeben von Leuten, die sich stark für ihren Ruf engagieren und hohe Standards durchsetzen können. Es trifft zwar zu, dass hervorragende Drehbuchautoren und -autorinnen schon mit jungen Jahren erfolgreich sind, aber besonders viel Macht und Einfluss (z. B. bei der Arbeit und in ihrer Umgebung) sowie Stressresistenz besitzen sie nicht, und sie kommen auch nicht in den Genuss von Gesundheitsdienstleistungen oder Prominentenprivilegien.«

(Redelmeier & Singh 2001b, S. 1494 f.)

Kurz gesagt: Drehbuchautoren sind keine Schauspieler. Sie stehen nicht im Rampenlicht und können sich auch verlottern lassen. Das können Schauspieler nicht. Halten wir aber fest: Lebensverändernde emotionale Ereignisse können sich auf die Lebenserwartung auswirken, deutlich.

Glück messen: Reliabilität, Validität und Ergebnisse nach Ländern

Wenn Sie etwas von einem Menschen wissen wollen, fragen Sie ihn! – Diesen Rat des Persönlichkeitspsychologen George Kelley befolgten einige wenige Wissenschaftler zunächst auch im Hinblick auf die Frage, wie glücklich die Leute sind (Abb. 8-3). Im Gegensatz zu anderen Fragen weiß jeder hier eine Antwort (die Antwort »Weiß nicht« kommt praktisch nicht vor!) und liegt mit seiner Selbsteinschätzung auch gar nicht so falsch, denn wenn man andere (Bekannte, Verwandte oder Interviewer) nach dem Glück des Befragten fragt, kommt in diesen Fremdeinschätzungen meist ziemlich genau das Gleiche heraus. Damit ist die Reliabilität (die Zuverlässigkeit) von Glücksmessungen durch Befragungen recht gut erwiesen.

Abb. 8-3 Man kann Befragungen nach dem Glück auf unterschiedliche Weise durchführen, zum Beispiel mittels Bildern (oben) oder mittels gradueller Zustimmung oder Ablehnung von Sätzen, wie: »Ich bin mit meinem Leben zufrieden« oder »Wenn ich noch einmal leben könnte, würde ich fast alles wieder so machen«.

Auch mit der Validität subjektiver Einschätzungen des Befindens sieht es nicht schlecht aus. Erinnern wir uns: Fragt man nach der Validität eines Tests (einer Befragung), so geht es darum, ob hier auch das gemessen wird, was zu messen behauptet wird. Nun könnte man sagen, dass sich die Frage der Validität bei subjektiven Einschätzungen gar nicht stellt: Erzählt mir jemand, wie er sich fühlt, dann wird er es schon wissen, und ich kann gar nicht anders, sofern er nicht lügt, als seinen Worten vertrauen. Denn welchen Standard sollte ich sonst verwenden?

Man könnte objektive Verhaltensmaße heranziehen: Wie oft jemand während des Interviews lächelt (und zwar das richtige Lächeln mit den Mundwinkeln und den Augen), korreliert beispielsweise durchaus mit seinen Angaben, wie glücklich er ist (Layard 2005).

Die Methoden der Neurobiologie bieten die Aussicht auf weitere Möglichkeiten der externen Validierung subjektiver Befindlichkeit. Werden beispielsweise Versuchspersonen im Magnetresonanztomograf (MRT) der gleichen schmerzhaften Stimulation durch eine Wärmeplatte ausgesetzt (die Schmerzgrenze der menschlichen Haut liegt bei 46 °C), so ergeben sich durchaus unterschiedliche Einschätzungen der Schmerzhaftigkeit des Erlebnisses (Coghill et al. 2003). Diese wiederum korrelieren mit der Aktivierung des anterioren Gyrus cinguli, von dem bereits seit einigen Jahren bekannt ist, dass er die Stärke von Schmerzen (nicht aber beispielsweise deren Ort) repräsentiert (Rainville et al. 1997).

Nicht nur Schmerzen, sondern auch positive Erlebnisse lassen sich neurobiologisch objektiv charakterisieren. Neben der Aktivierung des Nucleus accumbens bei positiven Erlebnissen – von der Kokain-Injektion bei einem Süchtigen im Entzug über Schokolade essen, Musik hören, schnelle

Autos bewerten, im Video-Spiel gewinnen bis hin zu einem netten Blick oder Wort – ist bekannt, dass der linke Frontallappen bei positiven Erlebnissen und der rechte bei negativen Erlebnissen stärker aktiviert ist. Und man weiß, dass der Mandelkern für Angst zuständig ist, seine Aktivierung dadurch Glück und Zufriedenheit eher beeinträchtigt (Zusammenfassungen bei Spitzer 2002, 2003). Man kann also in erster Näherung Glück auch objektiv darstellen, indem man Gehirnzustände beschreibt. Gewiss steckt hier die Forschung noch in den Anfängen. Aber wenn man die Fortschritte der letzten Jahre als Hinweis für die weitere Entwicklung heranzieht, kann man gar nicht anders als (verhalten) optimistisch sein, was die zukünftigen Erkenntnisse anbelangt.

Bleiben wir zunächst beim einfachen Fragen. Was kommt heraus, wenn man die Menschen fragt: »Einmal alles zusammen betrachtet: Würden Sie sagen, dass Sie sehr glücklich, einigermaßen glücklich oder nicht sehr glücklich sind?« – Die Antworten erstaunten die Wissenschaftler nicht schlecht, denn die Leute halten sich selbst für glücklicher, als man zunächst meinen könnte: Etwa 30 % der US-Amerikaner halten sich für »sehr glücklich«, nur 10 % für »nicht allzu glücklich« und die Mehrheit für »ziemlich glücklich«, berichten David Myers und Ed Diener (1996) und nennen auch gleich die Ausnahmen: hospitalisierte Alkoholiker, frische Gefängnisinsassen, Psychotherapie-Patienten, schwarze Südafrikaner während der Apartheit sowie Studenten unter ökonomischem und politischem Druck (Myers & Diener 1996, S. 54).

Die demografischen Variablen Alter und Geschlecht spielen für das Glück keine Rolle, wohl aber sind verheiratete Menschen glücklicher als geschiedene (gilt für Männer und Frauen gleichermaßen), und religiöse Menschen sind ebenfalls glücklicher als ihre nichtspirituellen Artgenossen.

Stellt man die Frage in unterschiedlichen Ländern, kommt heraus, dass je nach Land die Menschen mehr oder weniger glücklich sind. Auf einer Glücksskala von 1 (unzufrieden) bis 10 (zufrieden) beantworten die Menschen die Frage »Wenn man einmal alles zusammen nimmt, wie zufrieden sind Sie zurzeit mit Ihrem Leben im Ganzen?« in allen 41 Ländern, in denen die Studie durchgeführt wurde, mit einem Durchschnittswert von über 5 (vgl. Tab. 8-2). Derartige Studien werden seit den 1940er-Jahren durchgeführt, national (Veenhoven 1993 fasst die Ergebnisse von 916 solcher Studien zusammen) und international (in Europa erst seit den 1970er-Jahren). Ich überlasse es dem geneigten Leser, sich über diese Daten selbst Gedanken zu machen. Warum die Mexikaner glücklicher sind als die Italiener, die Franzosen unglücklicher als die Chinesen oder die Polen glücklicher als die Japaner. Dass die Schweizer bei ihrem Geld und vor allem ihrer Schokolade so glücklich sind, hat die Neurowissenschaft längst mit funktionell-bildgebenden Daten untermauert (vgl. die Zusammenfassung in Spitzer 2001).

Am 1. April 2012 wurde der erste Welt-Glücks-Bericht (World Happiness Report) von den Vereinten Nationen herausgegeben. Er war kein Aprilscherz und gelangte zu weltweiter Beachtung, sodass bereits ein Jahr später der nächste Report herauskam und dann mit Ausnahme des Jahres 2014 jährlich ein solcher Bericht erstellt wurde. Er beruht hauptsächlich auf Befragungen, die vom US-amerikanischen Meinungsforschungsinstitut Gallup durchgeführt werden und umfasst den Zustand des weltweit empfundenen Glücks und der Lebenszufriedenheit sowie die Gründe für Glück und Unglück. In Tabelle 8-2 sind die ersten 35 Nationen der 2017 veröffentlichten Rangliste der Länder der Welt mit den glücklichsten Bewohnern aufgeführt. Zum Vergleich (sofern vorhanden) sind Daten zur Lebenszufriedenheit aus dem Jahr 1994 aufgeführt.

Tab. 8-2 Glück im Jahr 2017 (World Happiness Report 2017) und subjektives Wohlbefinden im Jahr 1994 (mod. nach Diener & Suh 1999) in 35 Ländern, jeweils eingeschätzt auf einer Skala von 1 bis 10.

Rang-platz (2017)	Land	Glück 2017	Lebens-zufrieden-heit 1994	Rangplatz (1994)
1.	Norwegen	7,54	7,68	10.
2.	Dänemark	7,52	8,16	2.
3.	Island	7,50	8,02	3.
4.	Schweiz	7,49	8,39	1.
5.	Finnland	7,47	7,68	11.
6.	Niederlande	7,38	7,84	7.
7.	Kanada	7,32	7,88	5.
8.	Neuseeland	7,31	–	–
9.	Australien	7,28	–	–
10	Schweden	7,28	7,97	4.
11.	Israel	7,21	–	–
12.	Costa Rica	7,08	–	–
13.	Österreich	7,01	7,74	8.
14.	USA	6,99	7,71	9.
15.	Irland	6,98	7,87	6.

Rang-platz (2017)	Land	Glück 2017	Lebens-zufrieden-heit 1994	Rangplatz (1994)
16.	Deutschland	6,95	7,22 (West) 6,72 (Ost)	19. 24.
17.	Belgien	6,89	7,62	12.
18.	Luxemburg	6,86	–	–
19.	Großbritannien	6,71	7,48	14.
20.	Chile	6,65	7,55	13.
21.	Vereinigte Arabische Emirate	6,65	–	–
22.	Brasilien	6,64	7,39	16.
23.	Tschechien	6,61	6,30	30.
24.	Argentinien	6,60	7,25	17.
25.	Mexiko	6,58	7,41	15.
26.	Singapur	6,57	–	–
27.	Malta	6,52	–	–
28.	Uruguay	6,45	–	–
29.	Guatemala	6,45	–	–
30.	Panama	6,45	–	–
31.	Frankreich	6,44	6,76	23.
32.	Thailand	6,42	–	–
33.	Taiwan	6,42	–	–
34.	Spanien	6,40	7,13	20.
35.	Katar	6,38	–	–

Obwohl nicht genau das Gleiche gemessen wurde, kann man die Daten zuweilen gut in Verbindung bringen. Deutschland ist beispielsweise heute auf zwei Hundertstel genau so glücklich (6,95) wie der Mittelwert aus der Lebenszufriedenheit Ost- und Westdeutschland (6,97) im Jahr 1994. Wie man sieht, wurden die Schweizer als die zufriedensten Menschen im Jahr 1994 von den Norwegern als den glücklichsten Menschen im Jahr 2017 abgelöst. Die Dänen liegen konsistent über ein Vierteljahrhundert hinweg auf dem zweiten Platz, ebenso Island auf Platz drei. Mit dem Reichtum hat Glück nicht sehr viel zu tun, was man daran sieht, dass das arme Costa Rica beim Glück auf Rang 12 liegt, also vor den USA (Rang 14) oder dem Land mit den reichsten Bürgern: Katar (Rang 35). Russland lag 1994 bei der Lebenszufriedenheit mit einem Wert von 5,37 auf Rang 40 und im Jahr 2017 beim Glück mit 5,96 auf Rang 49. Die Türkei liegt beim Glück mit 5,50 auf Rang 69 noch vor Hongkong (5,47, Rang 71) und der Volksrepublik China (5,27, Rang 79). Schlusslichter beim Glück sind u. a. der Jemen (3,59) auf Rang 146, Syrien (3,46) auf Rang 152 und die Zentralafrikanische Republik (2,69) auf dem letzten Rang 155.

Glück zwischen Geschlechts- und Berufsverkehr

Man kann die Leute auch genauer fragen. Kahneman und Mitarbeiter (2004) beispielsweise baten insgesamt 1018 berufstätige Frauen in Texas, den vorherigen Tag in Episoden einzuteilen und zu jeder Episode (im Durchschnitt wurden 14,1 solcher Episoden pro Tag unterschieden) anzugeben, was sie taten, mit wem sie das taten und wie gut sie sich dabei fühlten. In die Analyse wurden die Daten von

909 Frauen im mittleren Alter von 38 Jahren, die am Tag zuvor gearbeitet hatten, aufgenommen. Wie aus Tabelle 8-3 hervorgeht, mögen die texanischen Damen, was alle Menschen mögen. Und es tut sich eine große Bandbreite zwischen Geschlechts- und Berufsverkehr auf.

Die Tabelle ist in mehrfacher Hinsicht sehr aufschlussreich: Mit der affektiv als am schönsten eingeschätzten Tätigkeit (Sex: pos.–neg. = 4,7; vgl. die dritte Spalte der Tabelle) verbringen die texanischen Frauen gerade einmal zwölf Minuten am Tag, also etwa 35-mal weniger als mit dem, was sie mit am wenigsten mögen (Arbeiten: pos.–neg. = 2,6). Mit dem Telefonieren verbringen sie mehr Zeit als mit dem Zubereiten von Mahlzeiten und mit ihren Kindern zusammengenommen. Fragt man Mütter ganz allgemein, was sie am liebsten tun, dann antworten sie meist, dass sie die Zeit am liebsten mit ihren Kindern verbringen. Fragt man sie aber nach der letzten Episode mit den Kindern, sieht die Beurteilung anders aus. Die Autoren (Kahneman et al. 2004, S. 1777) kommentieren dies wie folgt: »Die gegensätzlichen Resultate spiegeln wahrscheinlich den Unterschied zwischen allgemeinen Bewertungsgrundsätzen (›Ich habe Freude an meinen Kindern‹) und spezifischen Episodenschilderungen (›Aber letzte Nacht gingen sie mir auf die Nerven‹).«

Interessant ist auch der große Unterschied zwischen dem positiven und dem negativen Affekt. Der berichtete, mit einem bestimmten Erlebnis verbundene negative Affekt ist meistens nur leicht ausgeprägt bzw. eher selten. Am stärksten ist der negative Affekt morgens und nimmt dann bis zum Abend deutlich ab. Umgekehrt fehlt der positive Affekt nur selten. Unter dem Strich überwiegt daher der positive Affekt deutlich. Dies trifft nicht nur für die meisten Menschen meistens zu, sondern wurde auch mit

Tab. 8-3 Positive und negative Affektivität bei alltäglichen Aktivitäten, jeweils auf Skalen von 1 (gar nicht) bis 6 (sehr) eingeschätzt (mod. nach Kahneman et al. 2004). Die durchschnittliche Länge der Episoden betrug 61 Minuten (man beachte zudem, dass mehrere Erlebnisse zu gleicher Zeit möglich sind).

Aktivität	durchschnittliche Selbsteinschätzung			täglich mit der Aktivität verbrachte Zeit (Mittelwert)
	positiv	negativ	Differenz	
Sex	5,1	0,4	4,7	0,2
Gemeinsam etwas tun, reden	4,6	0,6	4,0	2,3
Sich ausruhen	4,4	0,5	3,9	2,2
Beten, Meditieren	4,4	0,6	3,8	0,4
Essen	4,3	0,6	3,7	2,2
Sport treiben	4,3	0,5	3,8	0,2
Fernsehen	4,2	0,6	3,6	2,2
Einkaufen	4,0	0,7	3,3	0,4
Essen zubereiten	3,9	0,7	3,2	1,1
Telefonieren	3,9	0,8	3,1	2,5
Mittagsschläfchen	3,9	0,6	3,3	0,9
Die Kinder betreuen	3,9	0,9	3,0	1,1
Computer (Internet, E-Mail)	3,8	0,8	3,0	1,9
Haushalt	3,7	0,8	2,9	1,1
Berufspendlerfahrt	3,5	0,9	2,6	1,6
Arbeiten	3,6	1,0	2,6	6,9

anderen Methoden gefunden (Csikszentmihalyi & Larson 1987).

Schließlich kann man die Daten auch so auswerten, dass man sie nicht auf die Art der Aktivität, sondern auf die Personen, mit denen man aktiv ist, bezieht. Am liebsten waren die Texanerinnen mit Freunden zusammen (pos.–neg. = 3,7), ihre Kinder mochten sie etwas mehr (3,3) als ihre Geschäftskunden (2,8), und nur ihren Chef (2,4) mochten sie noch weniger als das Alleinsein (2,7).

Wie glücklich ist Claudia?

Die Messung des Glücks hat durchaus ihre Tücken. Die Frage: »Wie glücklich ist Claudia?« scheint zunächst ganz einfach zu sein, entpuppt sich bei genauerer (d. h. wissenschaftlicher) Betrachtung aber als schwierig. Gewiss, wenn man weiß, dass Claudia ein ganz normaler Mensch mit ganz normalen Bedürfnissen und Neigungen ist, dann weiß man auch (weil es sogar die Wissenschaft festgestellt hat), dass sie durch die Gemeinschaft mit Freunden, ein gutes Essen, Trinken, Sex und beruflichen Erfolg Freude empfinden wird. Umgekehrt wissen wir, dass Schmerzen, der Verlust eines lieben nahe stehenden Menschen, ein bitterer Geschmack oder unmittelbare Bedrohung Claudias Glück mindern.

»Wie glücklich ist Claudia?« ist natürlich eine unscharfe Frage. Man muss zurückfragen: »Jetzt gerade?«, »Heute?«, »Diese Woche?« oder »Überhaupt?«, und man muss neben dieser zeitlichen Spezifizierung auch den Kontext klären: »Am Arbeitsplatz oder zu Hause?«, »Mit ihrem Freund oder mit ihren Eltern?« oder »Mit dem, was sie erreicht hat, oder insgesamt und überhaupt?«.

Die Frage nach Claudias Glück scheint dann insofern einfach, als man nur alle Einflüsse auf positives und negatives Erleben zu kennen und eine Art Mittelwert zu bilden braucht, um zu wissen, wie glücklich Claudia ist. Natürlich kann man erst einmal damit anfangen, Claudia einfach in bestimmten Zeitintervallen zu fragen und diese Daten als Messungen zu verwenden. Dann braucht man nur noch Mittelwerte zu bilden, und das Glück ist gemessen. Objektiv.

Genau dies hat der Nobelpreisträger Daniel Kahneman (1999) getan. Er hat Glück (objective happiness) dadurch gemessen, dass er Menschen ganz oft danach fragte, wie es ihnen gerade geht (Kahneman nennt diese momentane Einschätzung »instant utility«), um dann daraus einen Mittelwert (»total utility«) zu bilden, der objektiv darüber Auskunft gibt, wie glücklich jemand ist.

Betrachten wir also noch einmal die Frage nach dem Glück von Claudia und grenzen sie zeitlich etwas ein, um sie handhabbar zu machen: »Wie glücklich war Claudia im März?« Die Antwort scheint einfach: Wir bitten Claudia, jeden Tag ihr Glück und Unglück auf einer Skala von −10 bis +10 einzuschätzen und berechnen am Ende des Monats den Mittelwert. Der sagt uns dann, wie glücklich Claudia im März objektiv war (vgl. Kahneman 1999, S. 4). Der Ansatz klingt plausibel, hat jedoch seine Tücken. Man hat diese zunächst vor allem an einem Gegenteil von Glück, an Schmerzen, untersucht. Die gewonnenen Erkenntnisse gelten jedoch auch für das Glück, wie wir unten sehen werden.

Schmerzen plus Schmerzen gleich weniger Schmerzen

In der international renommierten Zeitschrift »Pain« publizierten Redelmeier und Kahneman (1996) eine Studie zum Schmerzerleben, die eine dieser Tücken sehr deutlich werden lässt. Man befragte Patienten, bei denen eine Darmspiegelung durchgeführt worden war, jede Minute danach, wie stark ihre Schmerzen gerade sind. Sie mussten hierzu ihr momentanes Erleben auf einer Skala von 0 (keine Schmerzen) bis 10 (unerträgliche Schmerzen) einschätzen. In der Abbildung 8-4 sind die Verläufe des Schmerzerlebens zweier Patienten dargestellt.

Betrachtet man die Fläche unter der Kurve als Maß für die kumulativ empfundenen Schmerzen (berechnet als Dauer × Stärke), so scheint klar, dass Patient B im Vergleich zu A mehr gelitten hat. Befragt man jedoch beide

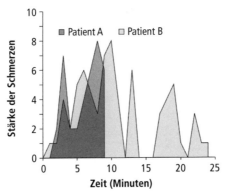

Abb. 8-4 Intensität des Schmerzerlebens bei zwei Patienten während einer Darmspiegelung (Koloskopie; nach Redelmeier & Kahneman 1996). Bei Patient A (dunkelgraue Fläche) dauerte die Prozedur 8 Minuten, bei Patient B (hellgraue Fläche) 24 Minuten. Die maximale Stärke der Schmerzen war in beiden Fällen gleich.

Patienten nach der Untersuchung zu ihren Schmerzen, so erinnert A die Prozedur als schmerzhafter im Vergleich zu B! Systematische Untersuchungen hierzu zeigten, dass zwei Variablen die erinnerten Schmerzen bestimmen: der maximal empfundene Schmerz und die Schmerzen am Ende der Untersuchung (peak-end rule). Nimmt man den Mittelwert aus diesen beiden Variablen, so korreliert dieser mit der retrospektiven Einschätzung des Gesamterlebens zu 0,56 bis 0,67 (Redelmeier & Kahneman 1996).

Dies war übrigens auch im Hinblick auf die Einschätzung der Prozedur durch die behandelnden Ärzte der Fall: Auch ihre retrospektive Beurteilung der (Schmerz-)Erfahrung der Patienten lässt sich am besten durch den Mittelwert aus stärksten Schmerzen und Schmerzen kurz vor dem Ende der Prozedur abbilden.

So gut wie keinen Einfluss hatte dagegen die Gesamtzeit des Erlebnisses: Ihr Effekt auf die Einschätzung des Erlebnisses insgesamt im Nachhinein war nicht signifikant. Wenn wir unseren Zustand über die Zeit hinweg retrospektiv beurteilen sollen, unterliegen wir also offensichtlich systematischen Fehlern. Einer davon besteht im Nichtberücksichtigen der Zeitdauer (duration neglect). Der andere ist die Maximum-Endpunkt-Regel, der zufolge der Mittelwert aus den Bewertungen zu diesen zwei Zeitpunkten die Bewertung des Ereignisses insgesamt am besten voraussagt. Beide Fehler sind logisch nicht unabhängig voneinander. Ihre Bedeutung für den praktischen Alltag (in dem man es sehr oft mit Widrigkeiten zu tun hat) wird bis heute meist übersehen.

Bevor hierauf eingegangen wird, sei verdeutlicht, dass beide Fehler bei der (retrospektiven) Einschätzung von Bewertungen keineswegs auf Darmspiegelungen beschränkt sind. Kahneman und Mitarbeiter (1993) verwendeten den

Cold-Pressure-Test zur Herbeiführung einer unangenehmen Situation. Dieser Test besteht ganz allgemein darin, dass man für einen gewissen Zeitraum einen Arm in kaltes Wasser halten muss, was zunächst als unangenehm und sehr rasch als sehr schmerzhaft empfunden wird. Der Test wurde von jeder Versuchsperson in zwei Varianten ausgeführt (in zufälliger Reihenfolge): Der Arm wurde entweder für eine Minute in 14 °C kaltes Wasser gehalten (kurze Variante) oder zunächst für eine Minute in 14 °C kaltes Wasser und dann für weitere 30 Sekunden in das gleiche Wasser, das während dieser Zeit (ohne Wissen der Versuchspersonen) um ein Grad (also auf 15 °C) erwärmt wurde (lange Variante). Sieben Minuten später wurden die Probanden erneut aufgefordert, den Cold-Pressure-Test, jetzt also zum dritten Mal, an sich durchführen zu lassen, wobei sie die Wahl zwischen der kurzen und der langen Variante hatten. Zwei Drittel der Probanden bevorzugten hierbei die lange Variante des Tests (signifikant), wobei sich der Wert auf vier Fünftel (80 %) erhöhte, wenn man nur die Untergruppe der Probanden betrachtete, deren subjektives Erleben am Ende der langen Version eine deutliche Minderung der (durchaus noch immer erlebten) Schmerzen anzeigte.

Zu ganz ähnlichen Ergebnissen kam eine weitere Studie (zit. in Kahneman 1999), bei der unangenehmer Lärm (mit dem man ja sogar Piraten vertreiben kann, vgl. Knight & Crystall 2005) verwendet wurde. Die Peak-End-Regel gilt nicht nur für negative emotionale Erlebnisse. Fredrickson und Kahneman (1993) zeigten ihren Versuchspersonen Filme unterschiedlicher Länge und emotionalen Gehalts. Die mittlere Korrelation (aus den Daten jeweils einer Versuchsperson) zwischen den globalen emotionalen Einschätzungen der einzelnen Filme im Nachhinein und dem

Mittelwert aus deren jeweils unmittelbar geschätztem emotionalen Maximum und Ende betrug 0,78 für angenehme und 0,69 für unangenehme Filme. Beim Glück trifft also die Regel mindestens in dem Maße zu wie bei negativen Emotionen.

Handeln nach dem retrospektiv gefühlten Glück

Das retrospektiv gefühlte Glück ist also nicht identisch mit dem Integral über das objektive Erleben. Die alte Regel »Wenn es am schönsten ist, sollte man aufhören« erscheint vor dem Hintergrund dieser Daten in einem ganz neuen Licht: Betrachten wir den Verlauf eines positiven Ereignisses (Abb. 8-5), so wird sofort deutlich, dass die einzige Chance, die retrospektive Bewertung zu maximieren, darin besteht, das positive Ereignis so früh wie möglich nach seinem emotionalen Höhepunkt abzubrechen.

Beim Glück gilt die Regel der Verzerrungen der Bewertung also ebenso wie beim Unglück oder Schmerz. Die Frage im Hinblick auf die oben genannte alte Regel ist natürlich: Was bedeutet hier das scheinbar so unschuldige Wörtchen »es«? Ein Blick auf die Abbildung 8-5 lehrt, dass man Erlebnisse auch unterteilen könnte, um dann bei jedem Einzelerlebnis die retrospektive Einschätzung vorzunehmen. Dann wäre das Erlebnis A, das nach etwa acht Minuten aufgehört hat, ganz wunderbar gewesen. Umgekehrt sollte dann ein ganz langes Erlebnis – im Extremfall Ihr Leben bis jetzt gerade – in der retrospektiven Einschätzung davon abhängen, wie es Ihnen vorhin gerade ging. Wie eine Studie von Schwarz und Strack (1999) zeigt, ist genau dies der Fall: Man bestellte Studenten zu einer »psychologischen Untersuchung« ein und sorgte dafür, dass die

Hälfte von ihnen kurz vor der Untersuchung in einem öffentlichen Telefon ein 10-Cent-Stück fand. Danach wurden die Studenten u. a. nach der Zufriedenheit mit ihrem Leben befragt. Es zeigte sich, dass diejenigen Studenten, die kurz zuvor 10 Cent gefunden hatten, ihr *gesamtes früheres Leben* signifikant positiver beurteilten.

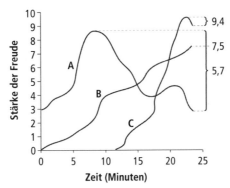

Abb. 8-5 Fiktive Verläufe positiver Ereignisse sowie retrospektive Einschätzungen dieser Ereignisse nach der Peak-End-Regel. Obwohl die Erlebnisse A und B länger dauern als C, werden sie im Nachhinein schlechter bewertet. Erlebnis A hat zwar die größte Fläche unter der Kurve, also den größten kumulierten objektiven Nutzen, kommt aber nach der Peak-End-Regel aufgrund des mittelmäßig guten Endes schlecht weg. Erlebnis B wurde möglicherweise zu früh abgebrochen. Bei ihm fallen Höhepunkt und Endpunkt zusammen. Erlebnis C ist deutlich kürzer als A und B, wird aber am besten eingeschätzt. Es wurde kurz nach dem Maximum beendet.

Fassen wir die Dinge bis hierher kurz zusammen: Mit der Messung des Glücks ist es so eine Sache. Misst man oft und rechnet zusammen, hat man zwar einen Zustand über die Zeit hinweg objektiv erfasst, dieses objektive Glück (oder Unglück bzw. Ungemach im Sinne von Schmerz) stimmt jedoch nicht mit dem überein, was wir danach erinnern.

Und Menschen maximieren nicht ihr objektives Glück, sondern ihr retrospektiv erinnertes Glück. Insbesondere handeln sie danach in der Zukunft.

Dies hat wichtige Konsequenzen: Einerseits sollte man Handlungen, die das Wohlbefinden anderer Menschen beeinflussen, nicht unbedingt danach bewerten, wie zufrieden die Menschen in der Retrospektive sind. Das größtmögliche Glück der größtmöglichen Anzahl von Menschen sollte objektiv gemessen werden und nach diesen Messungen auch berechnet werden. Umgekehrt gilt aber auch, dass man auf diese Sachverhalte achten sollte, wenn es um die Beeinflussung künftiger Verhaltensweisen geht: Wenn der Arzt will, dass der Patient zur Darmspiegelung (im Rahmen der Krebsvorsorge in zwei Jahren) wiederkommt, sollte er das Endoskop am Ende der Untersuchung noch eine Minute im Darm belassen. Das tut nicht sehr weh, sorgt für ein erträgliches Ende der Untersuchung und bewirkt so eine weniger negative Bewertung. Der Patient kommt mit größerer Wahrscheinlichkeit wieder zur Untersuchung.

Man kann die Erkenntnisse zu den Gesetzmäßigkeiten des emotionalen Erlebens also nutzen. Politiker müssen nach der Wahl die Steuern erhöhen und alle anderen Schrecklichkeiten, die notwendig sind, ausführen, um dann vor der nächsten Wahl wieder kleine Erleichterungen einzuführen. Wenn die Maßnahmen notwendig sind und die Politiker verantwortungsvoll handeln (und zugleich wieder gewählt werden) wollen, bleibt ihnen gar nichts anderes übrig.

Übrigens: Hier kommt das kleine Wörtchen »es« erneut ins Spiel: Wer dauernd scheibchenweise Steuern und Abgaben erhöht und Vergünstigungen streicht, der sorgt für viele unangenehme Erlebnisse. Wer zwei Mal zwei Wochen einen schönen Urlaub macht, hat zwar genauso viel objektives Glück erfahren wie derjenige, der einen vierwöchigen Urlaub macht, er kann aber von zwei Urlauben berichten und wird in der Retrospektive die zwei kürzeren Urlaube höher bewerten. Bei negativen Sachverhalten macht man dagegen besser aus vielem Ungemach *ein* Erlebnis. Dieses wird nicht so stark in der Erinnerung haften bleiben wie viele kleine negative Ereignisse.

Bahnungen und Kontraste

Ganz offensichtlich hängt also die Antwort auf die Frage »Sind Sie – so ganz allgemein – glücklich und zufrieden in ihrem Leben?« vom momentanen emotionalen Zustand der befragten Person ab. Wenn beispielsweise die deutsche Fußballnationalmannschaft gerade gewonnen hat, sind die Deutschen mit ihrem Leben insgesamt zufriedener.

Aber nicht nur die Emotionen beeinflussen unsere Selbsteinschätzung des Wohlbefindens: Die Antwort auf die Frage, wie glücklich man insgesamt ist, hängt auch davon ab, woran man gerade denkt, wie eine Reihe von Studien zeigt. Fragt man Studierende zuerst nach ihrem allgemeinen Lebensglück und dann danach, wie oft sie sich mit Studenten des anderen Geschlechts treffen, so korrelieren die Antworten nicht (r = −0,12), stellt man die Fragen jedoch in umgekehrter Reihenfolge, liegt die Korrelation bei 0,66 (Strack et al. 1988). Nicht anders liegen die Dinge bei verheirateten Menschen, die zuerst nach dem Lebensglück und dann nach dem Glück in ihrer Ehe befragt werden oder umgekehrt (Schwarz et al. 1991): erst Glück ganz allgemein und dann Ehe ergibt einen korrelativen Zusammenhang von 0,32; beim Fragen nach der Ehe zuerst und dann nach dem Glück beträgt die Korrelation 0,67.

Hat man also erst einmal einen gedanklichen Zugang zu positiven Gedanken im Hinblick auf einen wichtigen Lebensbereich, dann wirken sich diese auf die Einschätzung des Glücks insgesamt deutlich aus. Hat man übrigens zuvor Zugang zu mehreren Lebensbereichen (fragt man die Probanden also zuvor nach ihrer Zufriedenheit mit ihrer Arbeit, ihrer Freizeit und ihrer Ehe), so wirkt sich jeder einzelne dann geringer auf die Einschätzung des Glücks insgesamt aus: In diesem Fall betrug die Korrelation zwischen dem Eheglück und dem Glück überhaupt nur noch 0,46 (ebd.).

Nicht immer bahnen glückliche Gedanken eine glückliche Selbsteinschätzung. Auch das Gegenteil ist möglich, man spricht dann von Kontrasteffekten. Diese treten auf, wenn der Gedanke nicht zur emotionalen Einstimmung, sondern als Standard, gegenüber dem die Person ihr Glück einschätzt, verwendet wird. Betrachten wir hierzu folgendes Experiment (Strack et al. 1985): Versuchspersonen wurden zunächst gebeten, von drei positiven (bzw. negativen) Lebensereignissen zu berichten. Dann wurden sie gebeten, ihre Lebenszufriedenheit auf einer Skala von 1 bis 11 (maximal glücklich) einzuschätzen. Wie aus der Abbildung 8-6 (links) ersichtlich ist, führt das Denken an drei positive Lebensereignisse zu einer glücklicheren Selbsteinschätzung, wohingegen derjenige, der zuvor an drei negative Lebensereignisse denkt, sein Glück geringer einstuft.

Dies war jedoch nur der Fall, wenn die Versuchspersonen aufgefordert waren, an *jetzige* Lebensereignisse zu denken. Forderte man eine zweite Gruppe unter gleichen experimentellen Bedingungen dazu auf, an jeweils drei positive bzw. negative *vergangene* Lebensereignisse zu denken, um dann ihre jetzige Lebenszufriedenheit einzuschätzen, ergab sich das umgekehrte Bild (Abb. 8-6, rechts):

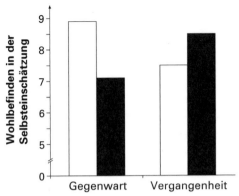

Abb. 8-6 Bahnungen und Kontraste in den Selbsteinschätzungen des subjektiven Wohlbefindens auf einer Skala von 1 (maximal unglücklich) bis 11 (maximal glücklich) in Abhängigkeit davon, ob die Versuchspersonen zuvor drei positive (weiße Säulen) oder drei negative (schwarze Säulen) Lebensereignisse aus der Gegenwart (links) oder aus der Vergangenheit (rechts) berichtet hatten (nach Daten aus Strack et al. 1985, Experiment 1). Links sieht man also Bahnungseffekte (positive/negative erinnerte Lebensereignisse bahnen die Selbsteinschätzung), rechts dagegen sieht man Kontrasteffekte (man hebt sein jetziges Erleben von der Vergangenheit ab).

Wer sich an negative vergangene Ereignisse erinnert hat, der schneidet beim internen Vergleich damit offensichtlich jetzt besser ab, schätzt sich also jetzt glücklicher ein. Und umgekehrt: Wer sich an die früheren »guten Zeiten« erinnert, der schätzt sein jetziges Glück geringer ein (vgl. hierzu auch Tversky & Griffin 1991).

Diese experimentellen Befunde passen gut zu den Berichten über die Auswirkungen von guten und schlechten Zeiten in der Jugend auf das Glück als Erwachsener. Wer als Kind während wirtschaftlich schlechter Zeiten (oder gar im Krieg) aufgewachsen ist, dem kann es als Erwachsener nur besser gehen (wie Elder [1974] am Beispiel von

Menschen, deren Kindheit in die Weltwirtschaftskrise fiel, korrelationsstatistisch zeigen konnte).

Vergleiche machen (un-)glücklich

»Vergleiche anzustellen ist ein gutes Mittel, um sich sein Glück zu vermiesen« (Lelord 2004, S. 27). Dies ist die erste Lektion, die sich der Protagonist Hector in François Lelords Büchlein über eine Reise auf der Suche nach dem Glück ins Notizbuch schreibt. Er hat damit jedoch nur die eine Hälfte der Wahrheit erfasst, denn Vergleiche sind auch eine wichtige Quelle des Glücks: »Ein reicher Mann verdient im Jahr 100 $ mehr als der Mann der Schwester seiner Frau« (Mencken, zit. nach Layard 2005, S. 41). Das Beispiel zeigt, wie wichtig Vergleiche sind, wenn wir uns selbst einschätzen. Und es ist keineswegs nur eine Redeweise: Wenn der Mann der Schwester einer Frau mehr verdient als ihr Mann, ist die Wahrscheinlichkeit, dass diese Frau arbeiten geht, nachweislich größer (Postlethwaite et al. 1998).

Ein anderes Beispiel (Solnick & Hemenway 1998): Studenten der Harvard-Universität wurden gefragt, in welcher möglichen Welt sie lieber leben würden. In der ersten Welt würden sie 50 000 $ pro Jahr verdienen, wobei der Durchschnittsverdienst bei jährlich 25 000 $ liegt. In der zweiten Welt würden sie 100 000 $ pro Jahr verdienen, wobei der Durchschnittsverdienst bei jährlich 250 000 $ liegt. Die Mehrheit der Studenten entschied sich dafür, ärmer zu sein, sofern die anderen noch ärmer sind!

Die wesentliche Frage bei Vergleichen ist, was und vor allem: womit verglichen wird. So kann ich mich jetzt mit mir in der Vergangenheit oder der Zukunft vergleichen. Ich kann mein Glück ganz allgemein oder mein Glück in der Ehe oder am Arbeitsplatz vergleichen, und ich kann mein jetziges Eheglück mit meinem Glück überhaupt im ganzen Leben vergleichen usw. Solche Vergleiche mit meinem Leben zu einem anderen Zeitpunkt können tückisch sein, wie unten anhand von Lottogewinnern noch genauer dargestellt wird.

Neben diesen intraindividuellen Vergleichen kann ich interindividuelle Vergleiche anstellen. Dies tun wir ganz besonders oft und mit heftigen Konsequenzen, wie oben bereits gesehen.

Oder ich kann bestimmte Annahmen machen und mich mit diesen vergleichen. Diese »Was-wäre-wenn ...?«-Vergleiche (man vergleicht sich mit dem Konjunktiv; im Angloamerikanischen spricht man von »counterfactual thinking«) kommen bei Bewertungen der eigenen Situation ebenfalls häufig vor; vor allem häufiger, als man denkt: Die Gewinner von Silbermedaillen sind beispielsweise unglücklicher als die Gewinner von Bronzemedaillen, weil sie andere Vergleichsprozesse anstellen. Silbermedaillen-Gewinner ärgern sich über verpasstes Gold, wohingegen sich der Bronzemedaillen-Gewinner über die gerade noch ergatterte Medaille freut (vgl. Medvec et al. 1995).

Weil es bei Vergleichen immer auf den Standard ankommt, gegen den man vergleicht, lassen sich Bewertungen, die auf Vergleichen beruhen, durch Manipulation des Standards entsprechend ändern. Dies ist allerdings kompliziert, wie das folgende Beispiel zeigt: Man bat Studenten, über einen skandalträchtigen Politiker – in diesem Fall Richard Nixon – nachzudenken. Dann fragte man sie zur Vertrauenswürdigkeit von Politikern ganz allgemein und fand – gemäß den oben beschriebenen Bahnungseffekten – eine nur geringe eingeschätzte Vertrauenswürdigkeit. Fragte man jedoch nach der Vertrauenswürdigkeit einer Reihe einzelner Politiker, so führten die vorherigen Gedanken an Nixon zur Einschätzung von mehr Vertrauenswürdigkeit dieser Politiker. Offenbar diente Nixon in diesen Einzelfällen jeweils als Vergleich, was zu einem besseren Abschneiden führte (Schwarz & Bless 1992).

Die Erfahrungen mit sozialen Online-Medien wie Facebook etc. haben uns über das letzten Jahrzehnt hinweg verdeutlicht, wie sehr soziale Vergleiche unser Wohlbefinden beeinträchtigen können: Wenn die Party woanders immer besser ist als da, wo man gerade ist, wenn alle anderen schöner sind, bessere Noten und tollere Freunde haben, geht es einem selbst entsprechend schlecht. In sozialen Medien fand und findet noch immer eine Art Inflation der erreichbaren und erreichten Standards statt, sodass sich jeder einzelne Teilnehmer irgendwann schlecht fühlt: Man kommt nicht mehr mit, verpasst zu viel, die anderen sind besser, glücklicher, verbundener etc. Das Endresultat ist, dass soziale Medien langfristig unglücklich machen, wie mittlerweile in einer ganzen Reihe von Studien nachgewiesen werden konnte (Übersicht bei Spitzer 2018).

Gewöhnung: Lottogewinne und Querschnittslähmungen

Neben Vergleichen ist die Gewöhnung (Adaptation) ein wesentlicher Faktor, der beständig dafür sorgt, dass wir nicht allzu glücklich sind. Meine Eltern sind noch ohne Zentralheizung aufgewachsen. Als mein Vater dann unter großen Mühen und Entbehrungen ein Haus baute, hatte es als eines der ersten im Dorf eine Zentralheizung. Wer auch immer wann immer zu Besuch kam, wurde in den Heizungskeller geführt und musste das Wunderwerk der Technik, das mein Vater begeistert vorführte, bestaunen. Heute wissen meine Kinder gar nicht mehr, was es heißt, keine Zentralheizung zu haben. Als unsere einmal kaputt war, fragte mein (ansonsten gelegentlich durchaus gescheiter) Sohn allen Ernstes, wieso ich mich denn aufrege und kümmere: Heizung sei doch irgendwie »vom Staat« bereitgestellt. Dass man einen Heizkessel kaufen und installieren (lassen) muss, damit man es warm hat, war für ihn eine völlig neue und fremde Idee.

Nicht anders steht es um (warmes) Wasser aus der Leitung, Energie und (neuerdings) Information aus der Steckdose, Geld aus dem Automaten (meine Tochter, als sie noch kleiner war: »Geld – ach Papa, wenn du keines mehr hast, geh' einfach zum Automaten«), Nahrungsmittel aus dem Supermarkt, Autos, Bahn, Flugzeuge, Gesundheitsversorgung, Versicherungen, Renten und was es noch an zivilisatorischen Errungenschaften gibt. Jede einzelne war wichtig und stellte bei ihrer Einführung einen riesigen Fortschritt dar. Die Menschen waren glücklich, ja, über Leitungswasser und ihr erstes Auto. Mit der Zeit aber gewöhnten sie sich an diese Dinge und dann sind Leitungswasser und Zentralheizung wie Suchtstoffe beim Süchtigen: Sie machen nicht mehr besonders glücklich, aber wenn sie nicht da sind, fühlt man sich miserabel und sehr unglücklich.

Die klassische wissenschaftliche Arbeit zur Gewöhnung an stark negativ oder positiv veränderte Lebensumstände wurde bereits im Jahr 1978 von Philip Brickman, Dan Coates (beide Northwestern University) und Ronnie Janoff-Bulman (University of Massachusetts) veröffentlicht. In dieser Studie wurden sowohl die Effekte von Kontrasten als auch die von Gewöhnung an 22 Lotteriegewinnern, 22 Kontrollpersonen und 29 Unfallopfern mit nachfolgender Querschnittslähmung untersucht. Was geschieht bei einem Lottogewinn? – Zunächst sollte man meinen, dass der Gewinn den Gewinner sehr glücklich macht. Die oben bereits beschriebenen Kontrasteffekte jedoch machen den Gewinn leicht zu einer Bürde, wie im folgenden Zitat deutlich wird:

> *»Wenn man eine Million Dollar gewinnt, dann ist dies einerseits ein sehr herausragendes Ereignis und andererseits ein Ereignis, das seine Schatten auf viele andere Lebensereignisse wirft. Weil es einen extrem positiven Vergleichspunkt darstellt, (...) sollten danach viele normale Ereignisse weniger angenehm erscheinen, denn sie nehmen sich jetzt vergleichsweise bescheidener aus. So ist der Gewinn von einer Million Dollar mit neuen Annehmlichkeiten verbunden, lässt jedoch zugleich alte Annehmlichkeiten weniger angenehm erscheinen.«*
> (Brickman et al. 1978, S. 918; Übers. d. Autors)

Mit anderen Worten: Die Menge des erfahrenen Glücks bleibt im Großen und Ganzen gleich, weil großes Glück (ähnlich wie helles Licht) alles andere unglücklicher (dunkler) erscheinen lässt.

Zusätzlich zum Kontrast tritt die Gewöhnung hinzu, deren Auswirkungen auf das erlebte Glück nach einem Lottogewinn ebenso negativ sind: Man gewöhnt sich – wie im Märchen des Fischers Frau – an die neuen Annehmlichkeiten, die einen dann langfristig nicht glücklicher machen. Werden die Auswirkungen eines glücklichen Zufalls kurzfristig durch Kontrasteffekte gemindert (man erlebt die anderen glücklichen Momente schwächer), so werden sie mittel- und langfristig durch Gewöhnungsprozesse aufgehoben, welche die neuen positiven Erlebnisse selbst betreffen. Das Gleiche gilt natürlich umgekehrt für heftige negative Erlebnisse wie eine unfallbedingte Querschnittslähmung: Kurzfristig werden kleine, normalerweise kaum wahrgenommene Freuden viel stärker, und langfristig gewöhnt man sich sprichwörtlich an alles.

Was war nun das Ergebnis der Befragung? Sollten die Menschen ihr jeweils besonderes Erlebnis auf einer Skala von 0 (das Schlimmste, was einem passieren könnte) bis 5 (das Beste, was einem passieren könnte) einordnen, dann kommen die Lottogewinner auf einen Wert von 3,78, die Unfallopfer auf 1,28, bewerten also ihr Schicksal recht symmetrisch um den »Nullpunkt« der Skala bei 2,5. Mit anderen Worten: Ein Lottogewinn ist etwa in dem gleichen Ausmaß positiv, wie ein Unfall mit Querschnittslähmung negativ ist.

Die Gruppen wurden so ausgewählt, dass das Ereignis zwischen einem Monat und einem Jahr zurücklag. Wie sie sich früher und zum Zeitpunkt der Befragung fühlten und wie sie sich wohl künftig fühlen würden, zeigt die Tabelle 8-4.

Unfallopfer schätzen sich nachträglich in Bezug auf früher (vor dem Unfall) signifikant glücklicher ein als Kontrollen und signifikant weniger glücklich zum Zeitpunkt der Befragung. Im Hinblick auf die Zukunft waren keine signifikanten Unterschiede zu verzeichnen (es gab allerdings in der Gruppe der Unfallopfer einige, die keine Angaben gemacht hatten). Der Unterschied in der Selbsteinschätzung des Glücks auf einer Skala von 0 bis 5 ist jedoch zwischen den Lotteriegewinnern und den Kontrollpersonen nicht signifikant und beträgt nur 0,18. Der entsprechende Unterschied zwischen gelähmten Unfallopfern und Kontrollpersonen beträgt 0,86, und selbst der Unterschied zwischen Lotteriegewinnern und Unfallopfern liegt nur bei

Tab. 8-4 Selbsteinschätzung des Glücks (in der Vergangenheit, Gegenwart und Zukunft) durch Unfallopfer, Lotteriegewinner und Kontrollpersonen. Aufgrund von Kontrasteffekten und von Gewöhnung sind die Auswirkungen von einem Lotteriegewinn oder einem schweren Unfall mit nachfolgender Querschnittslähmung wesentlich geringer, als man meinen würde; Menschen gewöhnen sich offensichtlich sowohl an eine Million als auch an einen Rollstuhl.

	Selbsteinschätzung des Glücks		
	früher	jetzt	zukünftig
Lotteriegewinner	3,77	4,00	4,20
Kontrollpersonen	3,32	3,82	4,14
Unfallopfer	4,41	2,96	4,32

1,04. (Man könnte auch sagen, auf einer Skala des Glücksempfindens von 0 bis 100 liegen Lotteriegewinner und an den Rollstuhl gebundene Unfallopfer um knappe 21 Punkte auseinander.) Mehr nicht! Interessant ist weiterhin, dass die jetzige Selbsteinschätzung der Unfallopfer über dem Nullpunkt der Skala von 2,5 lag. Entsprechend kommentierten die Autoren:

»*Obwohl Ereignisse wie der Gewinn von 1 Million Dollar oder eine Lähmung durch einen Unfall im Leben der Befragten die Extreme bilden, werden diese bei der subjektiven Beurteilung ihres Glücksempfindens auf der Skala der messbaren Ereignisse nicht als äußerste Grenzen angegeben. (...) Die vorliegende Studie gehört wohl zu einer kleinen, aber wachsenden Zahl von Veröffentlichungen, die uns daran erinnern, die Theorie von der Relativität des Glücks ernst zu nehmen. (...) Untersuchungen legen nahe, dass blinde, geistig behinderte und körperlich entstellte Menschen*

nicht weniger glücklich sind als andere. (...) Wir neigen dazu, die Größe, Allgemeingültigkeit und Dauer der Gefühle anderer zu überschätzen.«
(Brickman et al. 1978, S. 925 f.)

Die Tatsache, dass wir bei der Beurteilung der Auswirkungen einschneidender Lebensereignisse falsch liegen können, hat ihrerseits möglicherweise ungünstige Effekte auf unsere Mitmenschen: Wer glaubt, es gehe dem anderen ganz gut oder ganz schlecht, der mag sich vielleicht nicht mit ihm treffen: Wie soll man mit solch extremem Glück oder Unglück umgehen? Was soll man sagen? – Wenn alle wüssten, dass die Auswirkungen auch extremer Lebensereignisse geringer sind, als wir annehmen, würden wir uns eher trauen, mit den betroffenen Menschen zu reden. Und dies wäre gut!

Das war der Stand im Jahr 2006. Und man kann auf jeden Fall sagen, dass es nach wie vor unzählige Geschichten gibt, dass Lottogewinne sich verheerend auf das Leben eines (meist zuvor sehr armen) Menschen ausgewirkt haben. Aber die Datenlage hat sich geändert. Bereits im Jahr 2007 erschien eine britische Studie die im Längsschnitt das Wohlbefinden von 137 Gewinnern eines mittelgroßen Betrags im Lotto (1000 bis 120000 britische Pfund) zwei Jahre nach dem Gewinn untersuchte. Wie sich zeigte, ging es diesen Leuten im Vergleich zu einer Kontrollgruppe von Nicht-Gewinnern und einer zweiten Kontrollgruppe von Gewinnern kleiner Gewinne tatsächlich deutlich besser (Gardner & Oswald 2007).

Im Jahr 2010 erschien eine weitere Studie hierzu, die ein Risiko für schlechtere körperliche Gesundheit (mehr Rauchen und Trinken) einerseits, aber eine bessere psychische Gesundheit andererseits nach einem Lottogewinn fand (Abouey & Clark 2010). Eine später erschienene Studie hingegen fand, dass bei Lottogewinnern mit geringer Bildung die psychische Gesundheit litt (Raschle 2018). Im Gegensatz zur zuvor genannten Studie wurde hier kein negativer Effekt auf die körperliche Gesundheit (Rauchen, Trinken) gefunden. – Zwei Studien, von denen jeweils die eine das Gegenteil der anderen behauptet.

Ein schwedische Studie, die an 3362 Lottogewinnern über Zeiträume von 5 bis zu 22 Jahren die Auswirkungen des Gewinns auf das Wohlbefinden bestimmte, konnte zeigen, dass die genannten Unklarheiten wahrscheinlich auf das Konto methodischer Details gehen: Sie fanden, dass die Auswirkungen davon abhängen, wie genau man Wohlbefinden misst. Die Lebenszufriedenheit wird deutlich gesteigert (und das bleibt auch über Jahre erhalten), die Größe des Effekts eines Lottogewinns von 100 000 Dollar betrug 0,037 Standardabweichungen. Die psychische Gesundheit und das erlebte Glück werden dagegen deutlich weniger beeinflusst (Lindqvist et al. 2018).

Glück im Kopf

Unser Glückserleben spielt uns also ganz offensichtlich heftige Streiche. Es unterliegt Gewöhnungs- und Kontrasteffekten, übersieht die Dauer, bewertet Höhepunkt und Endpunkt zu stark, bewertet global anders als im Einzelnen und täuscht sich oft heftig im Hinblick darauf, was wirklich gut für uns ist. Wie können wir da glücklich werden?

Es ist höchste Zeit, dass wir nicht nur die Psychologie des Glücks betrachten, sondern auch dessen Neurobiologie. Diese hat eine bis in die 50er-Jahre des letzten Jahrhunderts zurückreichende Geschichte; gerade in den vergangenen Jahren wurden jedoch ganz besonders bedeutsame Fortschritte gemacht.

Bereits Ende der 1950er-Jahre hatte man zufällig gefunden, dass Ratten die elektrische Stimulation eines ganz bestimmten Gehirnareals ganz offensichtlich mögen. Dies stellte man mit einer sehr cleveren Versuchsanordnung fest: Ein Schalter im Käfig der Ratten war mit einem Impulsgenerator verbunden, der wiederum die elektrischen Reize generierte, die durch die Drähte in den Kopf der Tiere gelangten. Die Tiere konnten also per Knopfdruck ihre eigenen Neuronen selbst stimulieren. Sie drückten den Knopf immer wieder. Selbst wenn eine andere Quelle der Lust, wie zum Beispiel ein paarungsbereites Weibchen, anwesend war, konnte diese die Männchen nicht vom Drücken des Knopfes ablenken. Auch vergaßen die Tiere vor lauter Knopfdrücken ganz das Essen und Trinken. Manche starben, weil sie schlichtweg nichts weiter taten, als sich permanent ganz offensichtlich höchsten Lustgewinn durch Stimulation der hierfür zuständigen Gehirnzentren zu verschaffen.

Weitere Stimulationsexperimente wurden durchgeführt, und man glaubte bald, das Lustzentrum schlechthin gefunden zu haben. Hinzu kamen Studien mit Suchtstoffen, die sich die Versuchstiere ebenfalls über eine kleine Kanüle selbst verabreichen konnten. Diese legten den Schluss nahe, dass das Lustzentrum identisch war mit dem Suchtzentrum. Unklar war jedoch, weswegen es ein solches Zentrum geben sollte: Wir haben sicherlich im Verlauf der Evolution kein Gehirnzentrum entwickelt, dessen Aufgabe es ist, uns süchtig werden zu lassen! Jede derartige Mutation hätte sofort in einer Sackgasse geendet, denn wer süchtig ist, kümmert sich nicht mehr um Fortpflanzung und schon gar nicht um die Nachkommen. Was ist also die eigentliche Funktion eines solchen Zentrums?

Auch bei Affen und Menschen kann die elektrische Stimulation bestimmter Gehirnzentren zu positiven Erlebnissen führen. Entsprechende Experimente wurden in den 1960er-Jahren von einigen wenigen Wissenschaftlern durchgeführt (vgl. Berns 2005). Ihre Ergebnisse waren zwar spektakulär – der Orgasmus auf Knopfdruck schien möglich –, aber sie führten unser Verständnis der Funktion dieser Strukturen nicht weiter. Erst systematische Untersuchungen an Affen, die bestimmte Verhaltensweisen zeigten und bei denen gleichzeitig die Aktivität von Zellen im Bereich des Mittelhirns abgeleitet wurde, brachten den Durchbruch.

Die Abbildung 8-7 zeigt zunächst die Verbindungen der heute bekannten Strukturen, die an Glückserlebnissen beteiligt sind. Sehr tief im Gehirn, im sogenannten Mittelhirn, sitzt eine kleine Ansammlung von Neuronen, die den Neurotransmitter Dopamin produzieren und über zwei Faserverbindungen weiterleiten: zum einen in den Nucleus accumbens und zum anderen direkt ins Frontalhirn. Es sind nicht sehr viele, und ihr Ort im Mittelhirn wird mit dem wenig klangvollen Namen Area A10 bezeichnet.

Was genau machen diese Neuronen? Wie man heute weiß, feuern sie dann, wenn ein Ereignis eintritt, das besser ist als erwartet. Dies hat zwei Konsequenzen: Neuronen im Nucleus accumbens, die ihrerseits opiumähnliche Eiweißkörper produzieren und als Neurotransmitter im Frontalhirn ausschütten, werden aktiviert. Unser Gehirn macht selbst Opium (man spricht von endogenen Opioiden bzw. von Endorphinen), und wenn diese im Frontalhirn ausgeschüttet werden, dann macht dies – Spaß!

Die zweite Konsequenz der Aktivierung dopaminerger

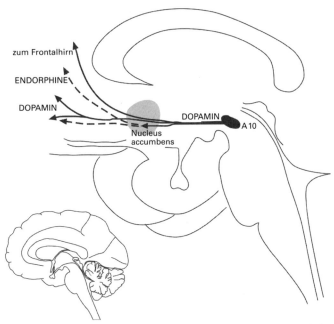

Abb. 8-7   Schnitt durch das menschliche Gehirn, in der Mitte, links ist vorne, rechts hinten. Eingezeichnet ist schematisch der Nucleus accumbens (grau) sowie die zu ihm von der Area A10 ziehenden und die vom Nucleus accumbens ins Frontalhirn ziehenden Fasern (gestrichelte Linien). Zudem sind die von den A10-Neuronen direkt ins Frontalhirn ziehenden Fasern eingezeichnet.

Neuronen des Mittelhirns besteht darin, dass Dopamin direkt im Frontalhirn ausgeschüttet wird. Dies wiederum bewirkt, dass es besser funktioniert: Man kann besser denken, verarbeitet die gerade vorliegenden Informationen besser. Das ist gleichbedeutend damit, dass mehr Aktionspotenziale über mehr Synapsen laufen, was wiederum zur Folge hat, das besser gelernt wird.

Das beschriebene System löst damit eine ganz wesentliche und zugleich schwierige Aufgabe unseres Gehirns: In jeder Sekunde strömen unglaublich viele Informationen auf uns ein. Wir können sie nicht alle verarbeiten. Unser Gehirn hat also das Problem der Auswahl: Was von dem vielen soll weiter beachtet und verarbeitet werden, und was kann es getrost übergehen? Es braucht daher ein Modul, das bewertet und vergleicht. Solange alles nach Plan läuft, also nichts geschieht, was wir nicht schon wüssten, tut dieses Modul nichts. Geschieht jedoch etwas, das besser ist als erwartet, dann feuert das Modul. Dann werden wir wach, aufmerksam, wenden uns dem Erlebnis zu und verarbeiten die Informationen besser. Das Wichtigste: Wir lernen besser. Auf diese Weise lernen wir langfristig alles, was gut für uns ist.

Betrachten wir ein ganz einfaches Beispiel: Sie laufen durch den Wald und essen grüne, saure Beeren. Nun erwischen sie eine rote, stecken sie in den Mund und sind ganz überrascht, dass sie so schön süß schmeckt. Von da an suchen Sie rote Beeren, denn Sie haben etwas gelernt.

Das klingt sehr einfach, ist es auch. Bedenken wir aber die Konsequenzen: Es geht bei der Aktivierung des Moduls nicht nur um den Spaß, es geht vor allem um das Lernen von all dem, was gut für uns ist. Das Modul springt immer als Folge eines Vergleichs an, wie wir sahen, nur dann, wenn etwas besser ist als erwartet. So gesehen ist das Glücksempfinden nur ein Nebenprodukt (ich sage ausdrücklich nicht: Abfallprodukt) unseres Lernvermögens.

Man sieht auch sofort: Auf dauerndes Glücklichsein ist das Modul gar nicht ausgelegt, vielmehr darauf, dass wir dauernd nach dem streben, was für uns gut ist! Beim Modul unseres Gehirns, das für Glückserlebnisse zuständig ist, geht es also gar nicht um dauerndes Glück, es geht vielmehr um dauerndes *Streben*. Das ist ein großer Unterschied!

Und es kann zur Falle werden. Denn wenn wir zu viel nach Glück streben, kann das Glück verloren gehen. Vor allem dann, wenn wir das Glück immer neu über kurze kleine Episoden zu realisieren versuchen. Wir verstehen jetzt, warum unser Glückserleben psychologisch durch starke Gewöhnungseffekte charakterisiert ist.

Die hedonische Tretmühle

Wer kennt nicht das Märchen vom Fischer und seiner Frau? Sie verlangt ein schöneres Haus, ein noch größeres Haus, ein Schlösschen, ein Schloss und will schließlich der liebe Gott sein, um schließlich wieder als arme Frau in einer kleinen Hütte zu enden. Der Hintergrund des Märchens wurde mittlerweile wissenschaftlich gut untersucht und ist unter der Bezeichnung »hedonische Tretmühle« (hedonic treadmill) in die Literatur eingegangen (Brickman & Campbell 1971; Frederick & Loewenstein 1999; Kahneman 1999).

Dies alles sind keine grauen Theorien, die sich in der akademischen Landschaft abspielen und ansonsten keinen Zusammenhang mit der wirklichen Welt haben. Im Gegenteil. Kaum etwas wirkt sich stärker auf unser Glück aus als die Vergleichsprozesse und die hedonische Tretmühle. Ein eindrucksvolles Beispiel liefern die Menschen in den neuen Bundesländern (vgl. Layard 2005), denen es seit der Wiedervereinigung objektiv wirtschaftlich deutlich besser geht, die sich jedoch unglücklicher fühlen. Nach der Wiedervereinigung begannen die Bürger der ehemaligen DDR, sich mit den Bürgern der alten Bundesländer zu vergleichen, denn sie gehörten ja nun dem gleichen Land an. Sie hörten umgekehrt damit auf, sich mit Bürgern von

Ostblockländern zu vergleichen, was sie zuvor getan hatten. Sie gerieten also in eine hedonische Tretmühle, aus der sie bis heute nicht mehr herausgekommen sind. Die Einwohner der Nachbarstaaten, denen es objektiv deutlich schlechter ging, fühlten sich einige Jahre nach der Wende deutlich besser: Sie konnten sich nur mit sich selbst, einige Jahre zuvor, vergleichen, und so gesehen waren sie besser dran.

Ein anderes Beispiel für die hedonische Tretmühle: Immer wieder hört man ältere Menschen sich darüber beschweren, dass die Jugend nur jammert und überhaupt nicht sieht, wie gut es ihr geht. Man selbst habe sich aus bescheidenen Verhältnissen hocharbeiten müssen, sei damals mit viel weniger ausgekommen, aber immer zufrieden gewesen. Kunststück: Die Nachkriegsgeneration kann sich im Lichte der Erkenntnisse zum Glückserleben tatsächlich glücklich schätzen, weil sie ganz unten anfangen konnte und dann alles immer besser wurde. Lauter Vergleiche! Und immer war alles zwei Jahre später schon wieder besser als vor zwei Jahren! Besser geht es gar nicht! Wollte man Umstände konstruieren, die es den Menschen ermöglichen, ihr Leben lang glücklich zu sein, dann würde dies ziemlich genau auf die Bundesrepublik Deutschland von 1945 bis 1989 hinauslaufen.

Der Nachteil: Wer in den 70er-, 80er- oder zu Beginn der 90er-Jahre geboren wurde, dem ging es von Anfang an so gut, dass er im Hinblick auf seine Chancen, glücklich zu sein, wirklich Pech gehabt hat! Er kann nichts dafür. Ebenso wenig wie die Nachkriegsgeneration etwas dafür konnte, zu ihrer Zeit zu leben, und wie irgendeine Generation irgendetwas dafür kann, wann sie lebt.

Statt auf sie zu schimpfen, täten ältere Menschen besser daran, die jüngeren zu bedauern. Und gesamtgesellschaftlich wird es Zeit, dass wir uns überlegen, wie ein junger Mensch tatkräftig und zuversichtlich seine Zukunft in die Hand nehmen soll, wenn wir ihm täglich vom Generationenkonflikt, weltweiter Konkurrenz, drohendem Jobverlust und seiner Unfähigkeit sowie seinem Gejammer erzählen. Wir müssen uns etwas Besseres einfallen lassen!

Was tun?

Einer der hartnäckigsten Mythen besteht darin, dass Geld glücklich macht. Er kommt gleich nach dem Mythos, dass Geld nicht glücklich macht. Und nach dem, dass man nach Glück nicht streben darf, sonst würde man unglücklich werden. Viele Menschen verhalten sich so, als dürfe man Glück ja nicht aktiv suchen, denn dann würde es sich gewiss nicht einstellen. Nichts könnte falscher sein: Wer Ostereier erst gar nicht sucht, der findet auch kaum welche! Und mit dem Glück ist es nicht viel anders.

Dabei kann man eine Menge für sein Glück tun. Man muss nur wissen, was. Und was nicht. Glück hängt also durchaus mit Wissen zusammen, dem Wissen, was man tun kann, um glücklich zu sein. Man findet Antworten auf die Frage nach dem Glück also genau dort, wo man sie zunächst am wenigsten vermuten würde: in der Wissenschaft. Für viele mag das überraschend sein, denn Wissenschaft und Glück, das verhält sich für viele etwa so wie Sauerkraut und Vanillesoße. Wissenschaft ist objektiv, kalt, kopflastig und berechnend, Glück dagegen ist subjektiv, warm und kommt ohne zu denken aus dem Bauch. Und dennoch: Menschen sind wie Pflanzen und Tiere das Produkt der Evolution. Daher sind auch unser Gehirn und seine Funktionen nicht völlig einzigartig auf der

Welt. Bei Mäusen und Menschen werden positive und negative Emotionen von den gleichen Strukturen des Gehirns hervorgebracht, die auf Belohnung und Bedrohung, auf Sex und sozialen Status in ganz ähnlicher Weise reagieren. Untersucht man diese Mechanismen wissenschaftlich, versteht man besser, warum das Begehren von etwas nicht das Gleiche ist wie dessen Besitz oder Konsum, denn es geht – im Gehirn – um jeweils andere Funktionen und Zustände. Wollen und Mögen, Vorfreude und Freude sind nicht das Gleiche. Beides aber gehört zum Streben nach dem Glück.

Was wissen wir noch?

- Beginnen wir beim Geld. Geld ist nicht dasselbe wie Glück: Die 100 reichsten Amerikaner sind nur geringgradig glücklicher als der Durchschnittsamerikaner, dessen Reichtum sich von 1957 bis 1996 verdoppelt hat, dessen Selbsteinschätzung als »sehr glücklich« jedoch im gleichen Zeitraum abnahm (von 35 auf 29 % der Befragten; vgl. Myers & Diener 1996). In den meisten Ländern (mit Ausnahme mancher ganz armer Länder) findet man praktisch keine Korrelation zwischen dem Einkommen und dem Glück der Leute. Immer mehr Geld und Wohlstand macht uns also nicht immer glücklicher.
- Bei der Beurteilung unseres eigenen Glücks liegen wir mitunter richtig daneben. Wir haben gesehen: Eine Million Dollar macht unsere Gegenwart kaum glücklicher. Aber 10 unverhofft gefundene Cent lassen uns unser gesamtes vergangenes Leben glücklicher erscheinen. Wir haben gesehen: Glück ist weder linear noch additiv.
- Man strebt nach vielem, aber nicht alles, wonach man strebt, macht einen glücklich. Unser Glücks-Modul

lässt uns nach Suchtstoffen streben, aber kaum ein vernünftiger Mensch würde einen Heroin- oder Kokain-Süchtigen als erstrebenswertes Modell für die eigene glückende Lebensgestaltung akzeptieren. Warum eigentlich nicht? Der Grund liegt im oben beschriebenen Modul: Es sorgt zwar für Euphorie und positive Emotion, aber im Normalfall nur in Begleitung zum Lernen. Suchtstoffe usurpieren dieses Modul gewissermaßen und entkoppeln den positiven Affekt vom Lernvorgang. Was bleibt, ist leerer, sinnloser positiver Affekt. Und der Verlust aller positiven Erlebnisse, für die das Modul normalerweise zuständig ist – allen voran, die Gemeinschaft mit anderen.

- Die meisten Menschen glauben, dass sie zukünftig glücklicher seien als jetzt, sind es aber dann später nicht. Die Menschen neigen dazu, den Einfluss von Lebensereignissen auf ihr Glück zu überschätzen.
- Glückliche Menschen sind körperlich und geistig gesünder, erfolgreicher beim Lernen und bei der Arbeit, kreativer, populärer, geselliger, seltener kriminell oder süchtig – und sie leben länger. Nach dem Glück zu streben ist also längst nicht so selbstsüchtig, wie es klingt. Glückliche Menschen sind die besseren Menschen, in jeder Hinsicht.
- Nachhaltiges Glück hat daher mit Sinn und Bedeutung sehr viel, mit Konsum und Genuss nur wenig zu tun. Und glücklicherweise betrifft die hedonische Tretmühle nicht alle Erlebnisse: Das Zusammensein mit der Familie, mit Freunden, Sex, ja sogar die Qualität und Sicherheit unserer Arbeit stellen Erfahrungen dar, an deren positive Auswirkungen wir uns nicht gewöhnen. Glück rührt also von unseren Erfahrungen her, vor allem von unseren Erfahrungen mit anderen Men-

schen. Wie wir uns dabei verhalten, haben wir selbst in der Hand. Daher hatte Abraham Lincoln Recht, wenn er sagte:

»Most people are about as happy as they make up their minds to be.« Und der Dichter Walter Savage Landor (1775–1864) nahm die hedonische Tretmühle vorweg, als er sagte: »We are no longer happy so soon as we wish to be happier.«

Unser Gehirn ist nicht für das dauernde Erleben von Glück gebaut. Die Evolution hat es vielmehr mit einem ausgeklügelten Modul versehen, das uns Menschen nach dem Glück streben lässt. Das hat die amerikanische Verfassung längst begriffen, die von Benjamin Franklin wie folgt kommentiert wurde: »The constitution only guarantees the American people the right to pursue happiness. You have to catch it yourself.« In anderen Kulturen hat man andere »Lösungen« des mit dieser Einsicht verbundenen Problems favorisiert: Wenn uns das Streben nach dem Glück nicht glücklich macht, sollten wir das Streben sein lassen, sagen die Buddhisten. Leo Tolstoi (1828–1910) fügte hinzu: »Wenn du glücklich sein willst, sei!«

Literatur

Abouey, B, Clark, AE (2010). Winning big but feeling no better? The effect of lottery prizes on physical and mental health. Forschungsinstitut zur Zukunft der Arbeit, IZA, Bonn. Discussion Paper No. 4730 (http://ftp.iza.org/dp4730.pdf; abgerufen am 10.12.2019).

Bargh, JA (1997). The automaticity of everyday life. In: Wyer RS (ed). Advances in Social Cognition. Vol. 10. New Jersey: Erlbaum; 1–61.

Berns, G (2005). Satisfaction. The Science of Finding True Fulfillment. New York: Holt.

Brickman, P, Campbell, DT (1971). Hedonic relativism and planning the good society. In: Apley MH (ed). Adaptation-level Theory: A Symposium. New York: Academic Press; 287–302.

Brickman, P, Coates, D, Janoff-Bulman, R (1978). Lottery winners and accident victims: is happiness relative? J Personal Soc Psychol; 36: 917–927.

Cacioppo, JT, Priester, JR, Berntson, GG (1993). Rudimentary determinants of attitudes: II. Arm flexion and extension have differential effects on attitudes. J Personal Soc Psychol; 65: 5–17.

Coghill, R, McHaffie, J, Yen, Y-F (2003). Neural correlates interindividual differences in the subjective experience of pain. PNAS; 100: 8538–8542.

Csikszentmihalyi, M, Larson, R (1987). Validity and reliability of the experience sampling method. J Nerv Ment Dis; 175: 526–536.

Diener, E, Diener, C (1996). Most people are happy. Psychol Sci; 7: 181–185.

Diener, E, Suh, EM (1999). National differences in subjective well-being. In: Kahneman, D, Diener, E, Schwarz, N (eds). Well-Being. The Foundations of Hedonic Psychology. New York: Russel Sage Foundation; 434–450.

Elder, GH (1974). Children of the Great Depression. Chicago: University of Chicago Press.

Evans, D (2005). A happy gathering. Nature; 436: 26–27.

Frederick, S, Loewenstein, G (1999). Hedonic adaptation. In: Kahneman, D, Diener, E, Schwarz, N (eds). Well-Being. The Foundations of Hedonic Psychology. New York: Russel Sage Foundation; 302–329.

Fredrickson, BL, Kahneman, D (1993). Duration neglect in retrospect evaluations of affective episodes. J Personal Soc Psychol; 65: 45–55.

Gardner, J, Oswald, AJ (2007). Money and mental wellbeing: a longitudinal study of medium-sized lottery wins. J Health Econ; 26: 49–60.

Hirata, J (2003). Putting gross national happiness in the service of good development. J Bhutan Stud; 9: 99–139.

Hirschhausen, E v (2009). Glück kommt selten allein. Reinbek bei Hamburg: Rowohlt.

Hutcheson, F (1725). Inquiry into the Origins of our Ideas of Beauty and Virtue, in Two Treatises. Indianapolis: Liberty Fund.

Kahneman, D (1999). Objective happiness. In: Kahneman, D, Diener, E, Schwarz, N (eds). Well-Being. The Foundations of Hedonic Psychology. New York: Russel Sage Foundation; 3–25.

Kahneman, D, Fredrickson, BL, Schreiber, CA, Redelmeier, DA (1993). When more pain is preferred to less: Adding a better end. Psychol Sci; 4: 401–405.

Kahneman, D, Diener, E, Schwarz, N (eds) (1999). Well-Being. The Foundations of Hedonic Psychology. New York: Russel Sage Foundation.

Kahneman, D, Krueger, AB, Schkade, DA, Schwarz, N, Stone, AA (2004). A survey method for characterizing daily life experience: the day reconstruction method. Science; 306: 1776–1780.

Knight, W, Crystall, B (2005). Hi-tech weaponry battles piracy on the high seas. New Scientist; 2529: 40.

Lelord, F (2004). Hectors Reise oder die Suche nach dem Glück. München, Zürich: Piper.

Layard, R (2005). Happiness. Lessons From a New Science. New York: Penguin Press.

Lindqvist, E, Östling, R, Cesarini, D (2018). Long-run effects of lottery wealth on psychological well-being. Research Institute of Industrial Economics. IFN Working Paper No. 1220 (https://www.ifn.se/storage/ma/610d56a6f5a94a7596d54551e333b68f/749eaac5ac3e4de7bf6374d23c2c0ed2/pdf/6B4806B539C9DE75172BADE06A7B6E3806800315/Wp1220.pdf; abgerufen am 11.12.2019).

Loewenstein, G, Schkade, D (1999) Wouldn't it be nice? Predicting future feelings. In: Kahneman, D, Diener, E, Schwarz, N (eds). Well-Being. The Foundations of Hedonic Psychology. New York: Russel Sage Foundation; 85–105.

Martin P (2005). Making Happy People. The Nature of Happiness and Its Origins in Childhood. London, New York: Fourth Estate.

Medvec, VH, Madey, SF, Gilovich, T (1995). When less is more: Counterfactual thinking and satisfaction among Olympic medalists. J Personal Soc Psychol; 69(4): 603–610.

Myers, DG (2000). The funds, friends, and faith of happy people. Am Psychologist; 55: 56–67.

Myers, DG, Diener, E (1995). Who is happy? Psychol Sci; 6: 10–19.

Myers, DG, Diener, E (1996). The pursuit of happiness. Scientific American; 5: 54–56.

Nettle, D (2005). Happiness. The Science Behind Your Smile. Oxford: Oxford University Press.

Nietzsche, F (1888). Götzen-Dämmerung. Oder wie man mit dem Hammer philosophiert. In: Colli, G, Montinari, M (Hrsg). Sämtliche Werke. Kritische Studienausgabe in 15 Bänden. Bd. 5. 2., durchges. Aufl. München: dtv 1999.

Postlethwaite, A, Cole, H, Mailath, G (1998). Class systems and the enforcement of social norms. J Publ Economics; 70: 5–35.

Rainville, P, Duncan, GH, Price, DD, Carrier, B, Bushnell, MC (1997). Pain affect encoded in human anterior cingulate but not somatosensory cortex. Science; 277: 968–971.

Raschke, C (2018). Unexpected windfalls, education, and mental health: evidence from lottery winners in Germany. Journal Applied Economics; 51: 207–218.

Redelmeier, DA, Kahneman, D (1996). Patient's memories of painful medical treatments: Real-time and retrospective evaluations of two minimally invasive procedures. Pain; 116: 3–8.

Redelmeier, DA, Singh, SM (2001a). Survival in academy award-winning actors and actresses. Ann Intern Med; 134: 955–962.

Redelmeier, DA, Singh, SM (2001b). Longevity of screenwriters who win an academy award: longitudinal study. Br Med J; 323: 1491–1496.

Schwarz, N, Bless, H (1992). Scandals and the public's trust in politicians: Assimilation and contrast effects. Personal Soc Psychol Bull; 18: 574–579.

Schwarz, N, Strack, N (1999). Reports of subjective well-being: Judgmental processes and their methodological implications. In: Kahneman, D, Diener, E, Schwarz, N (eds). Well-Being. The Foundations of Hedonic Psychology. New York: Russel Sage Foundation; 61–84.

Schwarz, N, Strack, F, Mai, HP (1991). Assimilation and contrast effects in part-whole questions sequences: A conversational logic analysis. Publ Opin Q; 55: 3–23.

Seligman, MEP (2002). Authentic Happiness. New York: The Free Press.

Solarz, A (1960). Latency of instrumental responses as a function of compatibility with the meaning of eliciting verbal signs. J Exp Psychol; 59: 239–245.

Solnick, S, Hemenway, D (1998). Is more always better? A survey on positional concerns. J Econ Beh Organisation; 37: 373–383.

Spitzer, M (2001). Schokolade im Gehirn. Stuttgart, New York: Schattauer.

Spitzer, M (2002). Lernen. Heidelberg: Spektrum Akademischer Verlag.

Spitzer, M (2003). Selbstbestimmen. Heidelberg: Spektrum Akademischer Verlag.

Spitzer, M (2018). Smartphone und Depression: Ursache oder Therapie? Nervenheilkunde; 37: 7–15.

Strack, F, Schwarz, N, Gschneidinger, E (1985). Happiness and reminiscing: The role of time perspective, mood, and mode of thinking. J Personal Soc Psychol; 49: 1460–1469.

Strack, F, Martin, LL, Schwarz, N (1988). Priming and communication: Social determinants of information use in judgments of life satisfaction. Eur J Soc Psychol; 18: 429–442.

Thinley, LJY (1999a). Gross national happiness and human development – searching for common ground. In: Kinga, S, Galay, K, Rapten, P, Pain, A (eds). Gross National Happiness: A Set of Discussion Papers. Thimphu: The Centre for Bhutan Studies; 7–11 (www.bhutanstudies.org.bt/publications/gnh/GNH_Ch1_LJThinley.pdf).

Thinley, LJY (1999b). Values and development: Gross National Happiness. In: Kinga, S, Galay, K, Rapten, P, Pain, A (eds). Gross National Happiness: A Set of Discussion Papers. Thimphu: The Centre for Bhutan Studies; 12–23 (www.bhutanstudies.org.bt/publications/gnh/GNH_Ch2_LJThinley.pdf).

Tversky, A, Griffin, D (1991). On the dynamics of hedonic experience: Endowment and contrast in judgments of well-being. In: Strack, F, Argyle, M, Schwarz, N (eds). Subjective Well-Being. Oxford: Pergamon Press; 101–118.

United Nations (2018). World Happiness Report 2017.

Varey, C, Kahneman, D (1992). Experiences extended across time: Evaluation of moments and episodes. J Beh Dec Making; 5: 169–195.

Veenhoven, R (1993). Happiness in Nations. Subjective Appreciation of Life in 56 Nations, 1946–1992. Rotterdam: Risbo.

9 Glückspille oder chemische Keule

Wie behandeln wir die Seele?

Josef Aldenhoff

Die Beeinflussung menschlichen Befindens, Wahrnehmens und Handelns durch Medikamente ist ein weites Feld, das für den unbefangenen Betrachter umso seltsamer erscheint, je mehr er sich in die Details vertieft: Während die Grundlagen für die Einnahme von Antidepressiva und Antipsychotika noch relativ übersichtlich erscheinen, sind sie beim Einsatz von Neuroenhancern schon weniger klar und beim Konsum von legalen und illegalen Drogen kommen schließlich nur noch irrationale Neigungen zum Zuge. Allein schon die Aufteilung in »legal« und »illegal« erscheint höchst beliebig und hat mit dem tatsächlichen Schädigungspotenzial nur am Rande etwas zu tun. Am merkwürdigsten erscheint, dass die Philosophien, was einem nutzen oder schaden könnte, durch tiefe Gräben und hohe Mauern voneinander getrennt sind. Jemand der Drogen zur Gefühls- oder Bewusstseinserweiterung einnimmt, will nichts von jemand wissen, der schwere seelische Störungen mit Medikamenten behandelt. Vor allem was das Schädigungspotenzial angeht, glauben viele Verbraucher, die sich für aufgeklärt halten, doch tatsächlich, dass die einen Stoffe »chemisch« und die anderen »natürlich« wirken. Und wenn es der Karriere im Sinne einer Leistungssteigerung dient, werden mitunter Substanzen geschluckt, deren Nebenwirkungspotenzial man einem psychiatrischen Patienten nur äußerst schwer »verkaufen« könnte.

Was motiviert uns zur Einnahme von Psychopharmaka?

Nimmt man solche Substanzen gerne ein? Verschaffen sie einem Lust, mit oder ohne Reue? Oder mobilisiert einen nur die manifeste oder drohende Krankheit zur Einnahme? Während der als missbräuchlich charakterisierte Gebrauch von Substanzen aus einer hohen »intrinsischen« Motivation heraus erfolgt, die nicht selten in kriminelle Energie mündet, setzt der therapeutische Einsatz eine nur selten erreichte Compliance (Folgsamkeit) voraus. Selbst Menschen mit einem zweifelsfrei hohen Leidensdruck zeigen Non-Compliance-Raten von ca. 20 % und höher. Im Bereich der therapeutischen Anwendung konkurrieren die Pharmaka mit anderen Verfahren, von der Hypnose bis zur Elektrokrampftherapie. Für die Betroffenen schwer zu verstehen ist die in den staatlich geforderten Zulassungsverfahren festgeschriebene Konkurrenz zum Placebo, da der gar nicht selten geäußerte Wunsch, mit Placebo behandelt zu werden, eben weder realisierbar ist, noch therapeutischen Sinn macht.

Im Umgang mit Medikamenten erlaubt sich der moderne Mensch Vorurteile, die ihm bei Lichte betrachtet eigentlich peinlich sein müssten. So bestehen selbst Akademiker, die eine wie auch immer geartete naturwissenschaftliche Ausbildung genossen haben müssen, beharrlich darauf, dass ein pflanzliches Präparat wirksamer oder zumindest weniger schädlich sein müsse als die »chemische« Vergleichssubstanz. Im Fall des Johanniskrauts beispielsweise wundert man sich dann, wenn diese angeblich harmlose, weil »grüne« Substanz die Neigung zum Sonnenbrand fördert oder durch Wechselwirkungen beim Abbau die Antibabypille so weit abschwächt, dass es zur

Schwangerschaft kommt. Apropos Schwangerschaft: Hier ist Volkes Meinung geneigt jedwedes Medikament für Teufelswerk zu halten, das eine oder andere Gläschen Alkohol aber für harmlos. Und das, obwohl jedes heute zugelassene Medikament in all seinen Wirkungen und Nebenwirkungen besser untersucht und harmloser ist als der – abhängig von der jeweiligen Schwangerschaftsphase – höchst unterschiedlich schädliche und ganz und gar nicht harmlose Alkohol. Aber der Alkohol gehört ja auch zu den aus der oben erwähnten intrinsischen Motivation heraus, also freiwillig eingenommenen Substanzen. Wie kommt das?

Alkohol verfügt über eine Reihe von Wirkungen, die zunächst, also unmittelbar nach der Einnahme, als angenehm wahrgenommen werden. Er regt zunächst an, in etwas höheren Dosierungen entspannt er, um schließlich eben nicht rechtschaffen müde zu machen. Der Einsatz des »Gläschens« Rotwein als Schlafmittel ist alles andere als eine gute Idee, weil das schnelle Absinken des Blutspiegels in Verbindung mit der diuretischen Wirkung vor allem das Durchschlafen stört. Faszinierend ist, dass der Alkohol alle Schlüsselereignisse unserer Gesellschaft begleitet – die Feiern zu Geburt, Taufe, Kommunion bzw. Konfirmation, Hochzeit, Beförderung bis hin zum Leichenschmaus sind ohne Alkohol nicht denkbar –, obwohl sein individuelles Risiko erheblich ist. Er kann zwar von sehr vielen Menschen genossen werden, wobei viele die Grenze zum Missbrauch regelmäßig überschreiten dürften. Aber bei einem harten Kern, der in Deutschland mehr als 3 Millionen Menschen umfasst, führt er zur schweren Abhängigkeit, verbunden mit massiven Krankheiten, die einem langsamen und quälenden Tod vorangehen. Und wenn einer oder eine Alkohol ganz normal konsumiert? Der Journalist

Bas Kast hat in seinem »Ernährungskompass« die heroische Aufgabe übernommen, die Literatur zu sichten, und kommt zu einem für ganz normale »User« wie Sie und mich ziemlich niederschmetternden Ergebnis: Nützlich im Sinne einer Senkung von Herz-Kreislauf-Erkrankungen ist Alkohol überhaupt nur im Alter zwischen 50 und 70, und das, wenn Männer täglich nicht mehr als zwei Glas Wein oder zwei kleine Biere konsumieren. Für Frauen gilt die Hälfte. Wo finden Sie sich da wieder? Ein früher mäßig Alkohol missbrauchender, jetzt abstinenter Patient sagte mir, als er das hörte: »Ein kleines Bier? Das hab ich doch früher eingeatmet, bevor ich überhaupt zu trinken angefangen habe.«

Abhängige Menschen kommen vom Alkohol nicht los, das heißt, ihre intrinsische Motivation zur Einnahme von Alkohol übersteigt alle anderen Motivationen, das Streben nach einem langen Leben, einer glücklichen Ehe, nach Gesundheit. Ähnlich geht es den zahlenmäßig allerdings viel selteneren Abhängigen von Drogen wie den Opiaten.

Wie kann so etwas geschehen? Man weiß seit langem, dass Alkoholismus eine genetische Komponente haben muss, obwohl auch das Erlernen gerade bei Söhnen nicht zu kurz kommt, die ihre so männlichen, weil trinkenden Väter nachahmen. Tatsächlich ist eine genetische Veränderung des CRH-1-Rezeptors mit anfallsweisem Trinken, erhöhter Alkoholeinnahme und erhöhter Trunkenheit assoziiert (Treutlein et al. 2006). Dieser Befund deutet darauf hin, dass die Neigung zur Alkoholkrankheit bei den Menschen besonders ausgeprägt ist, die Stress infolge eines erblichen Defekts nicht normal verarbeiten können. Das ist deshalb fatal, weil Stress ein alltäglicher Bestandteil unseres Lebens ist, mit vielen guten Seiten, aber auch in Begleitung von Herausforderungen, denen man gewachsen sein kann, an denen man aber auch scheitern kann. Die Menschen mit jenem erblichen Defizit können die positiven Elemente von Stress – Aktivierung, Steigerung der Effektivität, Unterstützung bei Auseinandersetzung mit widrigen Lebensereignissen oder Mitmenschen – nicht nutzen, sondern geraten in jeder mit Stress einhergehenden Situation schnell unter Druck und damit ins Hintertreffen. Wenn sie dann, mehr oder minder per Zufall, den Stresslöser Alkohol entdecken, wird der ihr Schicksal. Wobei sich unsere Gesellschaft den Luxus leistet, durch Werbung eine überzufällige Wahrscheinlichkeit herbeizuführen, dass ein dafür nicht gemachter Mensch mit Alkohol in Kontakt kommt.

Warum sind welche Drogen legal?

Einfach nur kurios ist, wie unsere Gesellschaft die rechtliche Grundlage im Umgang mit Rauschmitteln definiert. Die Einnahme von Alkohol ist bekanntlich legal, jeder kann sich zu Tode saufen, ohne mit dem Recht in Konflikt zu kommen, es sei denn, er führt alkoholisiert ein Kraftfahrzeug oder schädigt durch seine alkoholbedingte gesteigerte Aggressivität seine Mitmenschen. Man kann bei regelmäßigem Spiegeltrinken ohne jede soziale Auffälligkeit die wichtigsten Organsysteme, von Herz und Lunge, über die Fortpflanzungsorgane und die Leber bis hin zum Gehirn sukzessive schädigen, und ganz nebenbei das Risiko für verschiedene Krebs-Erkrankungen beachtlich steigern, ohne dass Gesetzgeber oder Krankenkassen etwas Wesentliches dagegen unternehmen. Im Gegensatz dazu sind die viel weniger toxischen Opiate nur auf Betäubungsmittelrezept erhältlich. Und wie war das noch mal mit Cannabis?

Für die meisten aus der Generation der 68er war das Verbot von Cannabis ein Witz, ein Ausdruck staatlicher Willkür. Niemand sah im gelegentlichen Kiffen ein wirkliches Gesundheitsproblem, abhängig machte das nicht, vielleicht wurde man beim Konsum von mehr als einem Joint etwas antriebslos. Im Großen und Ganzen aber galt Kiffen als harmlos – abgesehen von ein paar Pechvögeln mit einer Prädisposition für schizophrene Psychosen.

Diese Attitude hat dazu geführt, dass Cannabis heute kurz vor der Legalisierung steht. Problematisch ist, dass die Legalisierung politisch von der Attitude der Alt-68er getrieben wird, der heutige »Stoff« jedoch mit dem der 70er- und 80er-Jahre nicht mehr viel zu tun hat, sondern viel höhere Konzentrationen an Tetrahydrocannabinoid enthält.

Vor dem Hintergrund der nicht allzu reichlichen, aber doch verfügbaren Daten lassen sich mittlerweile klare Kontraindikationen formulieren, die zum Teil allerdings immer schon bekannt waren: Cannabis ist *nicht* unbedenklich in der Schwangerschaft, es kann zu potenziellen Schädigungen des Kindes führen, es verstärkt Panikerkrankung und Depression, auch bei einer Neigung zu aggressivem Verhalten wird vom Cannabiskonsum abgeraten. Auf körperlicher Seite sind Herz-Kreislauf-Erkrankungen bekannt.

Eine Firma, die ein neues Medikament mit diesem Nebenwirkungsprofil auf den Markt bringen wollte, täte sich wohl schwer damit, obwohl man bei der Verschreibung zumindest theoretisch – die Praxis sieht leider oft anders aus – immer noch die Schwelle der ärztlichen Aufklärung eingebaut hätte. Trotzdem soll Cannabis legalisiert werden. Warum?

Na ja: das Geld! Die zu erwartende Gewinnspanne ist

gewaltig, offenbar so gewaltig, dass Investoren, wie der PayPal-Gründer Peter Thiel in dieses Geschäft eingestiegen sind; er hat sich auch gleich den Ex-Minister Joschka Fischer als Berater engagiert, der Cannabis wohl aus ganz anderen Zeiten kennt.

Mit den Opiaten haben wir die zweite Parzelle menschlicher Reaktionen auf Pharmaka betreten. Vieles ist wie beim Alkohol, Einiges, Wesentliches sogar unterscheidet sich beträchtlich. So haben Opiate eine hohe Abhängigkeitsrate, aber das Gesundheitsrisiko vom Herz-Kreislauf-System bis zum Gehirn ist geringer als beim Alkohol. Opiate sind bekanntlich illegal, der Zugang ist extrem restriktiv geregelt. Die wesentliche Folge davon ist nicht etwa, dass Abhängige auf die Substanz verzichten – das weiß man seit der Prohibition in den USA –, sondern dass teure und tödliche Begleiterkrankungen wie HIV und Hepatitis gedeihen und dass die Drogenkriminalität die Sicherheit der Bürger, die sich gegen Raub oder Einbrüche am schlechtesten wehren können, wesentlich beeinträchtigt. Es ist ja nicht so, dass wir keine Abhilfe dagegen wüssten. Aussagekräftige Untersuchungen aus der soliden Schweiz haben zweifelsfrei belegt, dass Substitutionsprogramme, in deren Rahmen den Abhängigen unter strengen Auflagen Heroin gegeben wird, die beiden oben genannten Risiken substanziell verringern und auch den Drogenkonsum insgesamt senken (Nordt & Stohler 2006). In Deutschland leisten wir uns den Luxus, solche Programme nicht in Gang zu bringen, aus Gründen, die »politisch« genannt werden und in ihrer Irrationalität kaum überboten werden können.

Nicht alles, aber doch manches ist in Deutschland besser als in den USA. Zum Beispiel, dass es hier ein Betäubungsmittelgesetz gibt. Das verhindert, dass Opiate einfach so auf Gutschein verteilt werden können, weil eine

Pharmafirma auf diese Weise den Verkauf ankurbeln will. So geschehen in den USA, wo der Pharmariese Purdue 30 000 Gutscheine an Ärzte verteilte, um eine neue, angeblich 12 Stunden wirksame und angeblich nicht missbrauchbare Variante von Oxycodon unter die Leute zu bringen. Was folgte, ist eine der groteskesten und gleichzeitig besorgniserregendsten Geschichten, wie Geld den Medizinbetrieb unterwandern kann:
- Gegen »Gebühr« von 200 bis 400 $ konnten sich Patienten das Opiat in den Arztpraxen abholen – und verkauften es in vielen Fällen in der Drogenszene weiter.
- Da diese Patienten entgegen einer alten, auch hierzulande verbreiteten Sage, dass Schmerzpatienten nicht süchtig werden könnten, eben doch schnell abhängig wurden und mehr Stoff brauchten, stiegen viele von ihnen auf Heroin um.
- Das Heroin mussten sie entsprechend den Regeln des Schwarzmarktes erwerben: verunreinigt, in stark wechselnder Konzentration, und nicht selten mit Fentanyl angereichert, was bis zu 50-fach stärker wirken kann.

Die Folge: Eine halbe Million Drogentote zwischen 2000 und 2015, und seit 2016 mehr Drogentote durch Fentanyl als durch Heroin und rezeptpflichtige Schmerzmittel, 27 000 Entzugssyndrome bei Neugeborenen, oder anders ausgedrückt: 130 Tote – jeden Tag, was in den USA, einem der höchst-zivilisierten Länder zu einer Senkung der Lebenserwartung geführt hat.

Natürlich kann man Opiate nicht einfach verbieten, denn für chronisch Krebskranke und akute postoperative Schmerzsyndrome stellen sie eine gute unverzichtbare Alternative dar. Ohne Zweifel ist unser Gesundheitssystem besser als das der USA, aber auch hier wirbt Mundipharma, eine Ausgründung von Purdue mit Slogans wie »Schmerzfreie Stadt Münster« oder »Schmerzfreies Krankenhaus« und will entsprechende »geschulte« Krankenhäuser zertifizieren. Bei der hierzulande grassierenden Begeisterung für Zertifizierungen ist zu befürchten, dass auch in Deutschland der Gebrauch von Opiaten in die Höhe getrieben werden kann.

Doppelagenten par excellence, die in beiden Lagern – legal, illegal – spielen, sind die Benzodiazepine. Ihre Akutwirkung ist eine der segensreichsten in der ganzen Pharmakologie, die akuten Nebenwirkungen halten sich in Grenzen – und gleichzeitig machen sie, iatrogen induziert, gerade ältere Menschen mit Schlafstörungen so schwer abhängig, dass sie nicht selten wochenlang stationär entzogen werden müssen. Bei Junkies sind übrigens besonders die hochwirksamen Kandidaten dieser Gruppe als Beikonsum zu den Opiaten maximal beliebt, ungeachtet der Tatsache, dass sie die bei dieser Klientel immer wieder vorkommenden »kalten« Entzüge durch Delir und Krampfanfälle richtig gefährlich machen.

Das führt dazu, dass auch bei uns die Übergänge zwischen der ärztlichen Verschreibung und der Drogenszene fließend werden: vor einigen Jahren habe ich ein Ehepaar von zwei 80-jährigen aufgenommen, die von dem angeblich nicht abhängig machenden Non-Benzodiazepin Zopiclone abhängig geworden waren, weil ein vor der Pensionierung stehender Hausarzt dieses Mittel in immer weiter steigender Dosierung verschrieben hatte. Als sein Nachfolger eine weitere Steigerung erschrocken verweigerte und eine Entzugsbehandlung vorschlug, begaben sich die beiden Hochbetagten zum stadtbekannten Drogenumschlagplatz und kauften die Wundersubstanz beim Dealer! Mit 80!

Neuroenhancement

Im Zeitalter von Burnout und Leistungsoptimierung bleibt der selbstständige und häufig gar nicht legale Griff nach Medikamenten nicht aus, die das ermüdende Nervensystem zu weiteren Höchstleistungen treiben könnten.

Ganz freiwillig und durch ein dubioses Leistungsversprechen motiviert greifen Menschen, von Studierenden bis zu Piloten, zu Medikamenten, die Patienten nach Schilderung der möglichen Nebenwirkungen wohl schnell das Klo runterspülen würden: Von Metamphetaminen über Antidementiva, Antidepressiva, β-Blockern, Ginkgo biloba bis zu dem für die Narkolepsie zugelassenen Modafinil reicht die Liste. Was der Depressive in oft übervorsichtiger Abwägung möglicher Nebenwirkungen häufig ablehnt, gilt dem übermotivierten Leistungswilligen als Mittel der Wahl. Die Dunkelziffer ist beachtlich.

Psychopharmaka – Grundlage einer menschlichen Psychiatrie?

Wechseln wir ins Lager der verordneten, aber nur selten konsequent und dauerhaft eingenommenen Pharmaka. Die Geschichte der Psychopharmaka ist eine Geschichte klinischer Empirie, das Kausalgebäude schuf man sich erst später. Heute dominieren Medikamente die Behandlung aller schweren psychischen Störungen. Wenn man seine psychiatrische Ausbildung in den letzten 30 Jahren gemacht hat, kann man sich kaum noch vorstellen, dass es Psychopharmaka vor 60 Jahren noch nicht gegeben hat. Die Psychiatrie war und sah damals ganz, ganz anders aus. Im Bereich von Schizophrenie, manisch-depressiver Erkrankung und schweren Depressionen wurden nur die Patienten mit den positiven Spontanverläufen gesund und die wenigen, die positiv auf Psychotherapie ansprachen – was bedeutete, dass Schizophrene und Bipolare ihrem Schicksal überlassen wurden. So hatte die enorme Größe der meisten Landeskrankenhäuser ihren Grund nicht zuletzt darin, dass diese Einrichtungen alle chronifizierten und der Öffentlichkeit nach deren eigener Meinung nicht zumutbaren Patienten aufbewahren mussten. Arbeits- und Kunsttherapie waren ebenso wie die für das wirtschaftliche Überleben der »Anstalten« unverzichtbaren »Hausarbeiter« untrennbar mit der Tatsache verbunden, dass psychisch Kranke in der Regel chronisch hospitalisiert waren und selbst zum Erhalt der sie beherbergenden Anstalten beitragen mussten. Die Auflösung dieser chronisch psychiatrischen Lebensräume, die in gewisser Weise Schutz, aber immer auch Ausbeutung bedeuteten, wurde erst durch die Einführung von Medikamenten möglich. In erster Linie waren es die Antipsychotika, die trotz ihrer furchteinflößenden Nebenwirkungen, wie den Spätdyskinesien, eine frühzeitige Entlassung und ein Leben außerhalb der Anstaltsmauern mit diskutabler Lebensqualität ermöglichten. In zweiter Linie waren es das phasenprophylaktische Lithium und die Antidepressiva. Kurioserweise ist die durchaus pharmakologiekritische Sozialpsychiatrie, die die Befreiung der psychisch Kranken völlig zu Recht auf ihre Fahnen schrieb, ohne Medikamente kaum denkbar. Allein durch die Medikamente wäre diese Befreiung auch nicht zustande gekommen, hauptsächlich, weil erst die Sozialpsychiatrie den Kranken die Verantwortung für sich selbst zutraute, eine Verantwortung, die diese allerdings erst mit Unterstützung durch die Medikamente wahrnehmen konnten.

In Verkennung dieses Zusammenhangs wurden die

Substanzen, durch die eine schrittweise Befreiung erst möglich wurde, wegen ihrer Nebenwirkungen als chemische Fessel oder Keule diffamiert. Nicht nur wegen der Nebenwirkungen, sondern auch, weil sich die Mentalität der Behandler mit den neuen Behandlungsmöglichkeiten zunächst nicht änderte und weil es lange Zeit dauerte, bis man auf die Idee kam, den psychisch Kranken die Verantwortung für sich selbst, für die Wahl der Behandlung, für die Entscheidung über die zu wählende Lebensqualität selbst zu überlassen.

Die Reste dieser Haltung sieht man noch heute: Spezielle Gesetze für spezielle Störungen gibt es nicht für die körperlich, sondern nur für die seelisch Kranken, das »Gesetz für Psychisch Kranke« oder das Betreuungsgesetz. Freiheitsentzug und Zwangsbehandlung drohen nicht demjenigen, der durch Unvernunft sein gesundheitliches Befinden gefährdet oder verschlechtert, sondern nur dem, der auf der Grundlage einer seelischen Erkrankung selbst- oder fremdgefährdend ist.

Antipsychotika – eine Geschichte der Empirie

Die Antipsychotika wurden aus den Antihistaminika und Antiemetika allmählich entwickelt. Was wir heute »typische Antipsychotika« nennen, waren über Jahrzehnte die einzig verfügbaren und sind es in weniger begüterten Gegenden der Welt häufig immer noch. Ihre antipsychotische Wirkung wird durch massive Nebenwirkungen auf die Motorik erkauft, bei der Akutgabe vor allem, wenn man die Dosis schnell und zu sehr steigert. Auch die gefürchteten, bei ca. 10 % der Patienten auftretenden Spätdyskinesien manifestieren sich in der unwillkürlichen Regulation der Motorik. Die seit langem gängige Lehrmeinung ist, dass Wirkung und Nebenwirkungen durch den Antagonismus an einer Bindungsstelle für Dopamin, dem D2-Rezeptor, erklärt werden könnten. Dadurch wird das in der Psychose wohl zu sehr freigesetzte Dopamin geblockt, leider auch in den Hirnregionen, wo Dopamin für die normale Funktion gebraucht wird: für die unwillkürlichen Anteile der Motorik im Striatum, was zu einer Veränderung führt, die von der Parkinson-Erkrankung nicht zu unterscheiden ist, mit Rigor, Tremor, Reduktion der Mitbewegungen; für die Hemmung der Prolaktinfreisetzung im Hypothalamus, sodass nichtstillende Frauen und Männer plötzlich von einer Milchsekretion überrascht werden. Das ist ein Symptom, das einen schon an der eigenen Intaktheit zweifeln lässt, ganz abgesehen vom negativen Effekt auf die Sexualität.

Überhaupt – die Sexualität! Bei den meisten seelischen Störungen ist sie beeinträchtigt und oft schon lange vor dem Ausbruch der Krankheit verschwunden, außer bei der Manie, in der man auch davon viel zu viel hat. Bei den Depressionen verschwindet die sexuelle wie jede andere Appetenz schon im Vorfeld, bei der Schizophrenie ist schon Monate vor dem Auftreten der psychotischen Symptome der Zyklus bei der Frau aufgehoben, das sexuelle Interesse bei Frau und Mann ist oft schon Jahre, bevor die Krankheit klinisch manifest wird, verschwunden. Angesichts des Chaos, das die Psychose in den meisten Lebensbereichen anrichtet, fällt die Störung der Sexualität zunächst kaum auf, zumindest den Behandlern nicht – es gibt ja genügend anderes zu normalisieren. Blöd ist nur, dass die Sexualität auch noch gestört bleibt, wenn sich die sonstigen Lebensbereiche weitgehend normalisiert haben. Dies ist dann häufig durch die Wirkung der Medikamente bedingt. Selbst gut verträgliche, moderne Antidepressiva, die von den meisten

Patienten akzeptiert werden, die SSRI (selektive Serotonin-Wiederaufnahmehemmer), haben ausgerechnet die Nebenwirkung eines fehlenden Orgasmus. Beim Mann kommt es immerhin zur Erektion, aber dann geht's nicht weiter. Solange man depressionsbedingt zu nichts Lust hat, fällt das nicht auf, aber wenn die Depression verschwindet, ist dieser »Rest« zunehmend schwerer zu verkraften. Dies ist sicher einer der Gründe, warum die Empfehlung der Fachgesellschaft zur Verhütung von Rückfällen und weiteren Depressionen, »das Antidepressivum in der Dosierung, die antidepressiv wirksam war, mindestens für ein halbes Jahr weiter einzunehmen«, so selten befolgt wird.

Zurück zu den Antipsychotika: Es war schon ein kleines Wunder, als in den 60er-Jahren des 20. Jahrhunderts eine Substanz auftauchte, die antipsychotisch hochwirksam war, aber so gut wie keine motorischen Nebenwirkungen hatte. Davon hatten Patienten und Ärzte so lange geträumt, und nun witterte man Morgenluft. Clozapin hieß die Wundersubstanz, die in allen Studien den bis dahin bekannten Antipsychotika weit überlegen war. Bis es in Finnland zu einem epidemieartigen Auftreten von Agranulozytosen kam. Die Patienten konnten keine weißen Blutkörperchen mehr bilden und starben, weil man das nicht rechtzeitig bemerkte, scharenweise. Das wäre bei jeder anderen Substanz das Ende gewesen. Vielleicht hängt es mit der besonderen Schwere schizophrener Störungen zusammen, dass diese Geschichte anders weiterging.

Man versuchte zunächst neue Substanzen zu entwickeln, die weniger Nebenwirkungen haben sollten. Leider stellte sich bald heraus, dass all die neuen Substanzen bei schweren Störungen an die Wirkung des Clozapins nicht herankamen. Bis heute gilt das Clozapin als der »Goldstandard« für die antipsychotische Wirkung. Dies führte dazu, dass die Ärzte von der Herstellerfirma die Freigabe trotz der schweren Nebenwirkungen erbaten. Außerdem hatte sich herausgestellt, dass das epidemische Auftreten von Agranulozytosen in Finnland möglicherweise durch zusätzliche Belastungsfaktoren bedingt war. Bei extremer Zurückhaltung der Firma und unter größten Vorsichtsmaßnahmen wurde Clozapin wieder eingesetzt und hat immer noch seine Position als hochwirksames Medikament inne. Es ist das einzige Psychopharmakon, bei dem die Ärzte belegen müssen, dass sie Risiko und Vorsichtsmaßnahmen genau kennen, bevor sie diese Substanz verschreiben dürfen.

Wie wirken Psychopharmaka?

Diese Frage kann einen mutlos machen. Das Gehirn ist ein Organ mit vielen Millionen Zellen: Nervenzellen, Stützzellen und Zellen, die Blutgefäße bilden. Besonders die Nervenzellen gewinnen ihre enorme Power durch ihr Potenzial zur Vernetzung mit anderen Nervenzellen. Man schätzt, dass es rund eine Billiarde solcher Verbindungsstellen, sogenannter Synapsen, im Gehirn gibt. Und man kann keineswegs sicher sein, dass es nur die Nervenzellen sind, die zur pharmakologischen Wirkung beitragen. Ganz zu schweigen von den lokalen Unterschieden der verschiedenen Hirnregionen.

Die meisten Theorien wollen die Wirkung von Psychopharmaka über die Synapsen erklären. Was natürlich bedeutet, dass man auch eine synaptische Pathologie annimmt. Grob eingeteilt, sollen noradrenerge und serotonerge Synapsen an der Wirkung von Antidepressiva beteiligt sein, dopaminerge Synapsen an der Wirkung von Antipsychotika. Bereits unmittelbar nach ihrer Entdeckung begann man die Veränderung der Synapsen durch pharmakologisch wirksame Substanzen zu diskutieren. Dabei war ihre Existenz anfangs höchst umstritten: Durchaus renommierte Neurowissenschaftler wie Camillo Golgi glaubten nämlich, dass Nervenzellen direkt elektrisch kommunizieren, so ähnlich wie Steck-Kontakte.[1] Der Kampf zwischen diesen »Spark«-Leuten und denen, die glaubten, dass Signalübertragung über eine Art Neuro-Sekretion zustande käme, den »Soup«-Leuten, dauerte jahrzehntelang (Valenstein 2005). Heute ist er entschieden: Die Soup-Leute haben Recht behalten, ein Nobelpreis an Henry Dale und Otto Loewi machte das deutlich. Dabei ist die Kommunikation über Synapsen ein ziemlich komplexer Vorgang: Der ankommende elektrische Impuls, das Aktionspotenzial, setzt im präsynaptischen Terminal portionsweise sogenannte Überträgersubstanzen frei, die zum postsynaptischen Terminal diffundieren und dort wiederum eine elektrische Potenzialdifferenz auslösen. Kommen genügend solcher Portionserregungen zusammen – aus einer oder mehreren Synapsen –, so kann die Summenerregung in der nach der Synapse gelegenen Nervenzelle überschwellig werden und wieder ein Aktionspotenzial generieren, das weitergeleitet wird. Auf den ersten Blick ist das kompliziert, und man kann verstehen, warum der elektrische Steck-Kontakt zunächst attraktiver erschien. Auf den zweiten Blick macht diese Komplexität aber sehr viel Sinn: Ein ankommender Impuls wird nicht einfach so weitergeleitet,

---

[1] Aus heutiger Sicht wird das nur verständlich, wenn man sich klar macht, dass die Existenz eines synaptischen Spalts erst in den 1950er-Jahren mit der Einführung der Elektronenmikroskopie bewiesen werden konnte. Die bis dahin verfügbaren Zellfärbungen erweckten den Eindruck, dass Nervenzellen in der Tat ein fest verbundenes Netzwerk bilden.

sondern die weiterleitende Zelle »entscheidet« aufgrund ihres Potenzialzustandes selbst, ob sie ein Signal weiterleitet oder nicht. In diese »Entscheidung« gehen der Zustand der Zelle selbst und die anderen, erregenden oder hemmenden synaptischen Einflüsse ein, die auf dieser Zelle konvergieren. Synaptische Verschaltung ist also eine wesentliche Voraussetzung für die Netzwerkeigenschaften des Gehirns. Auch wenn dies heute grundsätzlich akzeptiert wird, ist es doch fast unmöglich, vorauszusagen, wie sich die pharmakologische Beeinflussung einer Synapse oder eines Synapsentyps in einem Netzwerk oder im globalen Verhalten auswirken wird. Grund ist die Tatsache, dass sich so komplexe Systeme im Allgemeinen nicht linear verhalten, was gegenüber intuitiven Einschätzungen ein fast unüberwindliches Hindernis darstellt.

Die Pioniere der synaptischen Theorie waren da viel unbekümmerter. Sie untersuchten synaptische Strukturen mit Substanzen, die spezifisch auf bestimmte Subfunktionen dieser Synapsen wirkten, und projizierten diese lokalen, man könnte sagen: »mikro-lokalen« Effekte dann auf eine globale Verhaltensebene. Im Rückschluss wurden dann noch mögliche pathogene Mechanismen auf Zellebene abgehandelt, über die man mangels Untersuchbarkeit eigentlich gar nichts wissen konnte.

So wurde die Reuptake-Hemmung (Reuptake = Wiederaufnahme) für die genannten Überträgersubstanzen zum wesentlichen antidepressiven, die Blockade der D2-Rezeptoren zum wesentlichen antipsychotischen Wirkmechanismus erhoben. Entsprechend wäre ein Unterangebot der Überträgersubstanzen an entsprechenden Synapsen der wesentliche pathogene Mechanismus der Depression, ein Überangebot an Dopamin der pathogene Mechanismus der Psychosen. Kann ja sein. Das eigentliche Problem liegt darin, dass sich solche Hypothesen in einem Organ wie dem Gehirn kaum veri- oder falsifizieren lassen. Tatsächlich hat ihre erdrückende Dominanz jahrelang den Blick für Alternativen blockiert, für Alternativen, die zumindest genauso plausibel, wenn nicht: wesentlich weiterführender sind als die guten alten Synapsentheorien. Die meisten Mediziner sind etwas denkfaul geworden und lassen sich lieber vom Marketing bedienen als selbst den Ungereimtheiten der jeweiligen Theorien nachzuspüren.

Ein denkwürdiger Nobelpreis

Im Jahre 2000 vergab das Nobelpreiskomitee den Preis für Medizin an drei Neurowissenschaftler, von denen zwei der Psychiatrie sehr nahe standen: Arvid Carlsson, Paul Greengard und Eric Kandel. Während Paul Greengard den Preis für fundamentale grundlagenwissenschaftliche Untersuchungen zur intrazellulären Signaltransduktion durch Second Messenger, speziell das zyklische AMP, bekam, haben die Arbeiten von Carlsson und Kandel einen engen Bezug zur Psychiatrie. (Die Psychiater stellten es gerne so dar, dass diese Preise an die Psychiatrie gefallen seien, die Neurologen versuchten das Gleiche für ihr Fach; de facto bekamen die beiden Laureaten den Preis für ihre Arbeiten im Bereich der Grundlagenwissenschaften, Kandel ist zwar ausgebildeter Psychoanalytiker, aber dafür bekam er den Preis nicht.) Carlsson bekam den Preis für die Erforschung der dopaminergen Neurotransmission, auf Eric Kandels Beitrag kommen wir gleich noch (s. auch Carlsson 2001).

Alle drei Preise waren natürlich hochverdient. Das Erstaunliche an der Preisvergabe ist, dass die zwei für die Psychiatrie relevanten Preisträger völlig unterschiedliche theoretische Implikationen für die Theorienbildung haben: Carlsson ist ein Protagonist der Theorie, dass Antipsychotika über die dopaminerge Synapsen wirken, und hat wesentliche Beiträge dafür geliefert, diese Theorie auch für die Klinik nutzbarer zu machen. Kandel hat ein Theoriegebäude erbaut, dessen wesentliche Aussagen substanzielle Zweifel an der Alleingültigkeit der Synapsen-Theorie wecken: In einem Aufsatz, der 1998 erschienen war, also wenige Jahre bevor er den Nobelpreis erhielt, hatte Kandel den Satz geschrieben (S. 457): »Soweit Psychotherapie oder Beratung effektiv sind und lang dauernde Veränderungen hervorrufen, geschieht dies, indem Veränderungen der Genexpression induziert werden.« Mit diesem Statement sorgte er in sehr gegensätzlichen Psycho-Lagern für Provokation: Psychotherapeuten haben im Allgemeinen mit Genen nichts im Sinn, die sie als fest verdrahtet und so gleichsam als Widerpart ihrer eigenen Profession ansehen. Neurobiologen wiederum sehen Psychotherapie nicht als wissenschaftlich seriös an, Gene allerdings durchaus. Die Synthese beider Ansätze ist ein wesentliches Fazit von Kandels Arbeiten: Manipulationen, die lang anhaltende Veränderungen im Output des Zentralnervensystems zur Folge haben, gehen tatsächlich mit einer Veränderung der Genexpression einher. Was die meisten Psychotherapeuten schlicht nicht wissen, ist die Tatsache, dass die Mehrzahl der Gene eines Organismus nicht aktiv ist, sondern erst durch bestimmte Transkriptionsfaktoren aktiviert, »eingeschaltet« wird, zum Beispiel durch Mediatoren wie das CREB[2]. Durch diese Aktivierung wird die Bildung spezifischer Eiweißkörper eingeleitet, die für neue Funktionen verantwortlich sind. Dass dies auch durch Lernen, ein we-

---

2 cAMP-responsive-binding-protein

sentlicher Mechanismus von Psychotherapie, geschieht, hat Eric Kandel mit seinen nobelpreisgewürdigten Arbeiten gezeigt.

Dass Psychotherapie beispielsweise bei Störungen wie der Depression ebenso effektiv wie Medikamente ist, haben die so gar nicht theorieverschreckten Amerikaner gezeigt, die sich trauten, auch mittelschwere und schwere Depressionen psychotherapeutisch zu behandeln. Nicht mit irgendeinem globalen Ansatz, tiefenpsychologisch oder verhaltenstherapeutisch, sondern mit einem speziell für die Besonderheiten der Depression gestrickten, störungsspezifischen Behandlungsverfahren, der Interpersonalen Therapie der Depression (Weissman et al. 1979).

Wie erreicht denn so eine Psychotherapie die depressogene Synapse? Vielleicht gar nicht. Das Modell taugt für diese Erweiterung der klinischen Realität nichts mehr, und wir müssen nach neuen Modellen suchen.

Schon seit vielen Jahren ist bekannt, dass das körpereigene Stress-System bei Depressionen funktionell verändert ist. Generell kann man auf Stress sehr unterschiedlich reagieren: Die einen profitieren von dem aktivierenden Stressanteil, mobilisieren all ihre Reserven und schaffen es auf diese Weise, mit Anforderungen fertig zu werden, die zum Teil sicher über ihrem normalen Anforderungshorizont liegen. Ein Banker sagte mir einmal: »Was die Leute nur immer gegen Stress haben. Ich brauche Stress, sonst kriege ich nichts geregelt.« Das ist die eine Seite. Wenn Anforderungen und Persönlichkeit nicht zueinander passen, wird das Stress-System zwar wie bei dem Banker aktiviert – diese Aktivierung reicht aber nicht aus, um das gesetzte Ziel zu erreichen. Der Stress nimmt immer mehr zu, die körpereigenen Anpassungsreaktionen ebenfalls, bis plötzlich der stressabhängige Schongang, der immer nach der Aktivierung einsetzt und das System zurückreguliert, abgeschaltet wird. Es kommt zu einem massiven Überwiegen der Aktivierung des Organismus an allen Organen, aber vor allem am Gehirn, das in einen »Overdrive« gerät. Das ist nach allem, was man heute dazu weiß, der Anfang der Depression.[3] Im Gehirn hat diese Überaktivierung einige markante negative Konsequenzen: Die Verbindungsstellen der Nervenzellen werden zunächst weniger effektiv und nehmen schließlich drastisch ab. Nervenzellen gehen im Extremfall zugrunde. Diese Mechanismen sind wahrscheinlich die Ursache für die Wahrnehmung der Depressiven, dass es kein lebhaftes Erleben mehr gibt, dass alles irgendwie abgestanden, schal, grau ist – und dass die Kognition deutlich verschlechtert ist.

Eine ganze Reihe neurobiologischer Befunde untermauern diese Theorie. Ihren eigentlichen Kick bekam sie aber, als sich herausstellte, dass Antidepressiva diese Entwicklung wieder rückgängig machen können, indem sie die Regenerationsfähigkeit der Nervenzellen steigern und bestimmte Nervenzellen zur Neubildung anregen.

Über die oben erwähnten Veränderungen der Genexpression kommt es zu einer Steigerung der Faktoren, welche die Lebensfähigkeit von Neuronen steigern, oder – das Allerneueste – die Neuroneogenese steigern.

Schön, dass Medikamente so etwas machen. Aber was ist mit Psychotherapie? Was ist mit Spontanverläufen? Wenn man Depressive fragt, ob sie eine solche Symptomatik schon früher erlebt hätten, antworten viele, dass sie so etwas schon mal gehabt hätten und dass die Symptome

---

3 Meine Darstellung ist natürlich extrem vereinfacht. Einen wissenschaftlich adäquaten Überblick findet man bei Holsboer (2001).

erfreulicherweise von selbst wieder abgeklungen seien, meist so nach drei bis vier Monaten. Offenbar kann der Organismus solche körpereigenen antidepressiv wirksamen Mechanismen selbst einschalten. Dass sie auch bei der pharmakologischen Wirkung der Antidepressiva eine wesentliche Rolle spielen könnten, zeigte eine relativ einfache Analyse: Hans Stassen aus der Arbeitsgruppe des Züricher Epidemiologen Jules Angst »meta-analysierte« Zulassungsdaten von Antidepressiva bezüglich des zeitlichen Verlaufs der Besserung (Stassen et al. 1993). Er fand heraus, was erfahrene Kliniker intuitiv wissen, dass nämlich die Zeitverläufe der Besserung für alle Antidepressiva gleich waren, egal, welche chemische Struktur sie haben. Schon dieser Befund ist neurobiologisch nicht ganz leicht zu erklären. Viel verblüffender war aber die Entdeckung, dass auch der Zeitverlauf bei Besserung auf Placebo dem der Verumsubstanzen entsprach! Natürlich besserten sich weniger Depressive auf Placebo, sonst wären die untersuchten Verumpräparate nicht zugelassen worden. Aber wenn sie sich besserten, dann geschah dies im gleichen Tempo wie bei den Patienten, die Verum erhalten hatten. Was ist die einzig mögliche Erklärung? Besserung einer Depression ist offenbar ein Prozess, der von ganz unterschiedlichen Interventionen in Gang gesetzt wird. Sie ist keine gleichsam »mechanische« Umstellung an einer »depressiven« Synapse, wo die Wiederaufnahme eines Neurotransmitters in das präsynaptische Neuron gehemmt wird, sondern wird oft durch solche, aber eben auch ganz anders geartete Prozesse ausgelöst. Diese Triggerfunktion haben aber nicht nur Medikamente, sondern auch spezifische Psychotherapie-Verfahren, wenn sie denn evidenzbasiert auf Depressionen wirken. Und anscheinend auch manche unspezifischen psychologischen Interaktionen, die – schwer erfassbar –

der Placebowirkung zugrunde liegen. Die gemeinsame Endstrecke könnte durchaus in den von Kandel untersuchten Transkriptionsfaktoren liegen, die zu einer Steigerung der neuronalen Regeneration führen.

Wo geht es hin?

Es hat natürlich eine Weile gedauert, bis solche Befunde akzeptiert wurden, da die meisten neurobiologisch interessierten Psychiater die »depressive« Synapse schon lange ihrem kristallinen Denkinventar zugeordnet hatten und nicht sehr begeistert waren, grundsätzlich umdenken zu müssen. Bereitschaft zum Umdenken ist andererseits die durchaus angemessene Grundhaltung, wenn man es mit einem derart faszinierenden und gegenüber unseren geistigen wie finanziellen Forschungskapazitäten überdimensionierten Organ wie dem Gehirn zu tun hat.

Es ist ja sehr menschlich, wenn man, um gegenüber dieser ungeheuren Vielfalt nicht zu verzweifeln, immer wieder den ja nicht verwerflichen Versuch macht, den verlorenen Schlüssel im Lichtkreis der Lampe zu suchen. Man darf sich nur nicht wundern, wenn andere mit beweglicheren Scheinwerfern bisweilen Befunde erheben, die mit den wohlvertrauten Theorien nichts zu tun haben. Und natürlich auch nichts mit den unser Denken viel zu sehr dominierenden Theorien des Pharma-Marketings.

Im Bereich der Antidepressiva-Forschung ist es ruhiger geworden. Genialische Theorien dominieren die gegenwärtige Literatur nicht. Andererseits belegen systematische Reviews Befunde, die für die Betroffenen unmittelbarer relevant sind. Wie zum Beispiel das im klinischen Alltag schon lange beobachtete Phänomen, dass sich bei Antidepressiva, und vor allem den neueren, durchaus Absetz- und Entzugssymptome zeigen können. Was keine Katastrophe ist, aber es im Interesse der Patienten zwingend erforderlich macht, SSRIs oder auch SNRIs eben langsam, über Wochen oder auch mal Monate, abzusetzen.

Auch die Ergebnisse der Forschung zum sogenannten therapeutischen Drug-Monitoring kommen in erster Linie den Patienten zu Gute: Es macht eben sehr wohl Sinn, Blutspiegel von Psychopharmaka zu bestimmen, weil das den Patienten ein fruchtloses Umsetzen oder Überdosieren erspart. Zu wünschen wäre allerdings, dass diese segensreiche Technik auch im immer stärker ökonomie-basierten Alltag der Nervenärzte erhalten bleibt.

Auch in den Theorien zur Schizophrenie, die jahrzehntelang im angeblich dysfunktionalen Dopaminsystem gründete, ist Bewegung gekommen. Zwei Psychiaterinnen, Sabine Bahn in Cambridge und Hannelore Ehrenreich in Göttingen, haben in der Grundlagenforschung und in der Therapieforschung erfrischend neue Wege beschritten. Sabine Bahn hat mit einem methodisch vielfältigen und theoretisch unvoreingenommenen Ansatz untersucht, wo denn tatsächlich die Auffälligkeiten bei schizophrenen Erkrankungen liegen. Sie hat also nicht im Lichtkreis der bekannten Suchlaternen, sondern mit neuen Lichtquellen gesucht, wie sie von der Molekularbiologie verwendet werden. Gefunden hat sie faszinierende Hinweise darauf, dass es bei schizophrenen Psychosen offenbar zu spezifischen Dysfunktionen in der Energieversorgung des Gehirns und in den Schutzmechanismen gegen oxidativen Stress kommt (Prabakaran et al. 2004). Hannelore Ehrenreich und ihre Mitarbeiter (2004) haben unabhängig davon mit einer nicht industriell, sondern universitär (!) organisierten Multicenterstudie gezeigt, dass Erythropoietin, eine Substanz, die auf keinen jener Mechanismen wirkt, die man bei der Schizophrenie für wichtig hält, als einzige pharmakologische Intervention auch auf die kognitiven Defizite jahrelang chronisch erkrankter Schizophrener wirkt.

Ob dies nun Eingang in die Schizophrenie-Therapie finden wird, spielt eigentlich nicht die entscheidende Rolle. Wichtiger ist, dass wir in unserer wissenschaftlichen Ausrichtung offen bleiben, immer wieder in eine von der Theorie unbeeinflusste Datenaufnahme eintreten und uns nicht mit allzu einfachen Modellen zufrieden geben, wenn wir es mit dem Gehirn und seinen Störungen zu tun haben.

Diese »Neuerungen« sind nun auch schon wieder ein paar Jahre alt. So neu, dass es dazu bisher kaum zitierfähige Publikationen gibt, ist die Theorie vom Mikrobiom, die möglicherweise einmal die Zusammenhänge zwischen Darm und Gehirn erklären wird. Zu hoffen bleibt, dass diese pharmakologisch kaum nutzbar zu machende Denkrichtung immerhin genügend Forschungsgelder einsammeln kann, um diesen interessanten Denkansatz zu verifizieren oder zu falsifizieren.

Literatur

Carlsson, A (2001). A half-century of neurotransmitter research: impact on neurology and psychiatry. Nobel lecture. Biosci Rep; 21: 691–710.

Ehrenreich, H, Degner, D, Meller, J, Brines, M, Béhé, M, Hasselblatt, M, Woldt, H, Falkai, P, et al. (2004). Erythropoietin: a candidate compound for neuroprotection in schizophrenia. Mol Psychiatry; 9: 42–54.

Franke, AG, Lieb, K (2010). Pharmakologisches Neuroenhancement und »Hirndoping«. Bundesgesundheitsblatt; 53: 853–860.

Ganslmeier, M. (2019). 130 Tote – jeden Tag. Opioid-Epidemie in den USA. Tagesschau.de 24.04.2019.

Heyn, G (2012). Doping fürs Gehirn. Pharmazeutische Zeitung 11.

Online: www.pharmazeutische-zeitung.de/ausgabe-112012/doping-fuers-gehirn/ (zuletzt abgerufen: 29.09.2019).

Henssler, J, Heinz, A, Brandt, L, Bschor, T (2019). Absetz- und Rebound-Phänomene bei Antidepressiva. Dtsch Ärztebl Int; 116: 355–361.

Hiemke, C (2017). Therapeutisches Drug Monitoring. In: Konrad, C (Hrsg). Therapie der Depression. Berlin: Springer; 187–202.

Holsboer, F (2001). Stress, hypercortisolism and corticosteroid receptors in depression: implications for therapy. J Affect Disord; 62(1–2): 77–91.

Kandel, E (1998). A new intellectual framework for psychiatry. Am J Psychiatry; 155; 457–469.

Kast, B (2018). Der Ernährungskompass. München: C. Bertelsmann.

Nordt, C, Stohler, R (2006). Incidence of heroin use in Zurich, Switzerland: a treatment case register analysis. Lancet; 367: 1830–1834.

Prabakaran, S, Swatton, JE, Ryan, MM, Huffaker, SJ, Huang, JT, Griffin, JL, Wayland, M, Freeman, T, Wayland, M, Freeman, T, Durbridge, F, Lilley, KS, Karp, NA, Hester, S, Tkachev, D, Mimmack, ML, Yolken, RH, Webster, MJ, Torrey, EF, Bahn, S (2004). Mitochondrial dysfunction in schizophrenia: evidence for compromised brain metabolism and oxidative stress. Mol Psychiatry; 9(7): 684–697.

Schaarschmidt, T (2019). 5 Fakten zur Opioid-Krise in den USA. Spektrum.de 20.02.2019; online: https://www.spektrum.de/wissen/5-fakten-zur-opioid-krise-in-den-usa/1544581 (zuletzt abgerufen: 29.09.2019).

Stassen, HH, Delini-Stula, A, Angst, J (1993). Time course of improvement under antidepressant treatment: A survival-analytical approach. Eur Neuropsychopharmacol; 3: 127–135.

Valenstein, ES (2005). The War of the Soups and the Sparks. The Discovery of Neurotransmitters and the Dispute Over How Nerves Communicate. New York: Columbia University Press.

Weissman, MM, Prusoff, BA, Dimascio, A, Neu, C, Goklaney, M, Klerman, GL (1979). The efficacy of drugs and psychotherapy in the treatment of acute depressive episodes. Am J Psychiatry; 136: 555–558.

10 Gedankenlesen

Fiktion oder Zukunftstechnologie?

Stephan Schleim

> Berlin/dpa Insiderberichten zufolge will die Bundesregierung ein Gesetz verabschieden lassen, das öffentlichen Amtsträgern einen Hirnscan vorschreibt. Zukünftig müssten dann beispielsweise Diplomaten, Richter und Abgeordnete einen bestimmten Test passieren, der ihre Hirnaktivierung als für das Amt geeignet einstuft. Bundesregierung, Bundestag und Bundesrat sollen von der Regel jedoch ausgenommen sein. Diesen Überlegungen sind Ergebnisse aus der Hirnforschung vorausgegangen, dass Menschen wichtige Entscheidungen manchmal nicht durch rationales Abwägen, sondern aufgrund unbewusster emotionaler Einflüsse träfen. Wenn das Gesetz wie erwartet Bundestag und Bundesrat passiert, könnte es schon zum 1. Januar 2025 in Kraft treten. Neue Bewerber für ein öffentliches Amt würden dann als berufsunfähig gelten, wenn ihnen der Hirnscan ungeeignetes Denken attestiere. Unklar ist jedoch, inwiefern sich das Gesetz auf bestehende Amtsverhältnisse auswirken würde. (Meldung vom 31. März 2024)

»Gedankenlesen« – dabei werden viele Menschen zunächst an Science-Fiction oder an Esoterik denken. Einen wissenschaftlicheren Anstrich verpassen sich Ratgeber über Körpersprache, die unbewusste Haltungen, Gestik und Mimik in bestimmte psychische Zustände übersetzen wollen. Diese Fähigkeiten, die Gedanken eines Gegenübers zu erkennen, werden vor allem von Entwicklungspsychologen und Primatenforschern untersucht. Sie interessiert, wie diese Fähigkeit funktioniert, seine eigenen Gedanken als getrennt vom anderen wahrzunehmen und sich umgekehrt in die Situation eines anderen hineinzuversetzen. Dabei hat es sich schon lange eingebürgert, vom »mind reading«, also dem »Gedankenlesen« zu sprechen.

Neuerdings schicken sich aber auch Hirnforscher an, »brain interpretation«, »brain reading« oder schließlich auch »mind reading« zu betreiben – und dabei geht es nicht so sehr um unsere biologischen Fähigkeiten, sondern um neue wissenschaftliche Verfahren. Mit ihnen sollen in der Hirnaktivierung die Gedanken, Gefühle und Erlebnisse einer Versuchsperson erkannt werden. Schneiden dabei teure Maschinen, gepaart mit rechenstarken Computern und intelligenten Algorithmen, besser ab als unsere natürlichen Fähigkeiten? Welche Möglichkeiten bietet die aktuelle Forschung, welchen Grenzen ist sie unterworfen? Welche Anwendungsideen lassen sich daraus entwickeln, und welche ethischen Bedenken sollten uns dabei beschäftigen?

Bildhaft das Gehirn verstehen

Zunächst sollte man sich die Dimensionen veranschaulichen, in denen heutige Wissenschaftler das Gehirn untersuchen. Es gibt eine Reihe verschiedener Verfahren, die von einer elektrischen Ableitung einzelner Nervenzellen über grobkörnige Ströme, die man auf der Kopfhaut misst, bis hin zur Untersuchung des ganzen Gehirns auf einmal reichen. Dabei erfreut sich vor allem die funktionelle Magnetresonanztomografie (fMRT) seit mehreren Jahren großer Beliebtheit. Sie erlaubt es, mit vertretbarer räumlicher und zeitlicher Auflösung die Hirnprozesse zu untersuchen, die beim Lösen bestimmter Aufgaben, also bei bestimmten gedanklichen Prozessen auftreten.

Konkret bedeutet das beispielsweise mit bewährten Standardwerten, dass man dreidimensionale Würfel (sogenannte Voxel) mit einer Kantenlänge von drei Millimetern aufzeichnet, aus denen man im Zeitraum von zwei Sekunden das gesamte Gehirn zusammensetzt. Man muss sich dabei verdeutlichen, was das in neuronalen Dimensionen bedeutet: In so einem 3 x 3 x 3 Millimeter, also 27 Kubikmillimeter großen Würfel befinden sich nämlich verschiedenen Schätzungen zufolge und je nach Hirnbereich variierend ganze 500 000 bis 2 Millionen Neurone, für die man alle zwei Sekunden einen Durchschnittswert erhält. Denkt man nicht nur an die Zellen im Gehirn, von denen Neurone nur die prominentesten Vertreter sind, sondern an ihre Verbindungen, dann ist diese Zahl noch einmal um einige Dezimalstellen größer. Dieser Komplexität entspricht, wohlgemerkt, bei einer fMRT-Messung nur ein einziger Durchschnittswert im Sekundentakt. Mit jeder Generation von Messgeräten verbessert sich zwar die zeitliche und räumliche Auflösung, es zeichnet sich aber auch so etwas wie eine »Unschärferelation« des Gehirns ab: Will man eine Größe besonders gut ermitteln, beispielsweise die zeitliche Dynamik der Signale besser erfassen, dann muss man bei einer anderen Größe Abstriche in Kauf nehmen, also räumliche Genauigkeit opfern.

Dass die fMRT-Forschung dennoch so erfolgreich ist und von Nikos Logothetis, einem der Direktoren des Max-Planck-Instituts für biologische Kybernetik in Tübingen, gar als die wichtigste Methode bezeichnet wurde, um die Hirnfunktion im Menschen zu untersuchen, mag neben den vergleichsweise guten räumlichen und zeitlichen Eigenschaften an ihrer vielfältigen Einsetzbarkeit liegen: Ganz gleich, welche gedanklichen Prozesse einen Forscher interessieren – solange sie eine Versuchsperson liegend und in einer überschaubaren Zeit mehrmals wiederholt ausführen kann, können sich dabei mit der fMRT die Gehirnvorgänge aufzeichnen lassen, ohne schädigend in das Gehirn einzugreifen.

Die Logik der Forschung funktioniert dabei standardmäßig wie folgt: Man lässt die Versuchsperson zwei Aufgaben ausführen und erkennt in den Unterschieden der gemessenen Signalstärke dann, welche Hirnregion für die jeweilige Bedingung besonders stark aktiviert ist. Bei den beiden Aufgaben handelt es sich meistens um eine Zielbedingung und um eine Kontrolle. Die Kontrolle sollte dabei in bestimmten, für das Experiment nicht wesentlich interessanten Eigenschaften mit der Zielbedingung identisch sein, sich in relevanten Eigenschaften aber von ihr unterscheiden. Stellen wir uns die Untersuchung vor, wie wir auf das Sehen von lächelnden Gesichtern reagieren. Würde man einer Versuchsperson nur solche zeigen, könnte man die Messdaten nicht verstehen. Man würde zwar einen Wert über die Signalstärke in jedem Voxel erhalten, könnte aber nichts darüber aussagen, ob dies nun höher oder niedriger ist als unter anderen Umständen. Daher die Kontrollaufgabe: Würde primär die Verarbeitung von Gesichtern interessieren, könnte man andere visuelle Objekte zeigen, beispielsweise Möbelstücke oder Werkzeuge. Da das Interesse in dem gewählten Beispiel insbesondere auf *lächelnden* Gesichtern liegt, vergleicht man diese idealerweise mit Gesichtern, die nicht lächeln, also zum Beispiel ohne bestimmten Ausdruck gucken, neutral sind. Dann ist die Bedingung erfüllt, dass die Kontrolle in den uninteressanten Eigenschaften sehr ähnlich ist (Gesichter), sich in der Zieleigenschaft aber unterscheidet (lächelnd gegenüber neutral).

Mithilfe dieser Forschungslogik hat man in den letzten Jahrzehnten das Projekt der Hirnkartierung vorangetrieben. Das heißt, man fand für die jeweilige experimentelle Aufgabe eine oder mehrere bestimmte Hirnregionen stärker aktiviert. Die plausibelste Annahme war, dass die Nervenzellen in diesen Bereichen speziell für die Informationsverarbeitung während der Zielbedingung zuständig waren. Es war nur eine Frage der Zeit, bis man diese Logik der Forschung irgendwann auf den Kopf stellt: Angenommen, man fände in der Region X im Gehirn eine bestimmte Aktivierung, lässt sich dann auch bestimmen, mit welcher gedanklichen Aufgabe die Versuchsperson gerade beschäftigt war? Die Idee des Gedankenlesens mit der fMRT war geboren.

Daran hat sich um die Jahrhundertwende schon Nancy Kanwisher vom Massachusetts Institute of Technology (MIT) orientiert. Sie hatte zunächst anhand der ersten Logik untersucht, welche Hirnaktivierung beim Betrachten – oder auch nur beim Vorstellen – verschiedener Gesichter auftritt. Im nächsten Schritt wollte sie herausfinden, ob man anhand der neuronalen Aktivität bestimmen könnte, wann eine Versuchsperson gerade an ein Gesicht dachte und wann an etwas anderes, beispielsweise an eine Landschaft. Immerhin klappte das so gut, dass ein Dritter für jedes einzelne Ereignis mit 85%iger Trefferquote bestimmen konnte, wann sich jemand ein Gesicht vorstellte und wann eine Landschaft. Kanwisher selbst sah sich damit schon als Pionierin, die den »Inhalt eines einzelnen Gedankens« erschlossen hatte. Wenn man sich allerdings klarmacht, in welch reduziertem Sinn sie hier von einem »Gedanken« spricht, dann muss man diese Interpretation zurückweisen. Schließlich galt die Trefferquote nur für die sehr allgemeinen Kategorien – niemand hätte aber sagen können, um *welches* Gesicht es sich eigentlich handelte. Man darf hingegen davon ausgehen, dass es einen bedeutenden gedanklichen Unterschied macht, ob man sich beispielsweise das Gesicht Angela Merkels oder das Oskar Lafontaines vorstellt.

Weil sie es genauer wissen wollten, haben in den letzten Jahren einige Pioniere neue Methoden verwendet, um den Gedanken näher zu kommen. Forscher wie David Cox, ebenfalls vom MIT, John-Dylan Haynes vom Bernstein Center for Computational Neuroscience in Berlin oder Frank Tong von der Vanderbilt University haben dafür von ihren Kollegen aus der Informatik abgeguckt. Im Bereich des Maschinenlernens entwickelt man dort nämlich schon seit längerer Zeit Verfahren, um komplexe Daten zu klassifizieren. Anwendungen wie die Sprach- oder Gesichtserkennung sind uns aus dem Alltag oder mindestens vom Hörensagen schon vertraut. In diesen Fällen gilt es, eine theoretisch unendliche Menge an Eingaben, etwa Varianten des gesprochenen Worts »Danke« oder des Porträts einer Person, einer eindeutigen Ausgabe zuzuordnen, also beispielsweise »Danke« oder »Kurt Beck«. Idealerweise würde die Erkennung des Letzteren sowohl mit als auch ohne Bart gelingen – das setzt aber schon einen sehr cleveren Algorithmus voraus. Unsere Gehirne beweisen jedoch, dass diese Lösung zumindest prinzipiell möglich ist: Uns gelingt es nämlich spielend, diese Identifikationsaufgabe zu lösen, auch wenn noch niemand genau weiß, wie wir das eigentlich machen.

Will man als Hirnforscher Gedankenlesen betreiben, dann ist das Problem ganz ähnlich gelagert: Eine große Anzahl möglicher Hirnzustände soll möglichst eindeutig einem bestimmten gedanklichen Prozess zugeordnet werden. Interessanterweise ähnelt dieses Problem der Aufgabe eines Arztes, der anhand verschiedener Symptome (»Eingabe«) eine bestimmte Krankheit diagnostizieren muss

(»Ausgabe«). Dass sich ein Gedanke auf vielfältige Weise im Hirnscanner niederschlagen kann, liegt nicht nur an der großen Variabilität der Nervenaktivität, sondern auch an der Mess-Ungenauigkeit der Instrumente selbst. Daher ist es essenziell, dass die Forscher, die den Methoden des Maschinenlernens folgen, nicht jedes gemessene Voxel isoliert, sondern viele in ihrem Zusammenhang zueinander berücksichtigen. Nervenzellen können nämlich ein bestimmtes Aktivitätsmuster aufweisen, so wie ein Flickenteppich aus bestimmten hellen und dunklen Fetzen zusammengenäht sein kann. Helle und dunkle Stellen stehen dann für starke und schwache Aktivierung.

Um für die Verwendung dieser Methoden einen besonderen Anreiz zu schaffen, haben Forscher der University of Pittsburgh sogar schon zweimal einen Brain-Interpretation-Wettbewerb veranstaltet. In der ersten Runde (2006) ging es darum, aus der Hirnaktivierung möglichst genau zu rekonstruieren, was für Szenen der Heimwerkerserie »Hör mal, wer da hämmert« Versuchspersonen sahen. In der zweiten Runde (2007) sollte sogar schon das Verhalten virtueller Avatare bestimmt werden, welche die Probanden in einer Computerspielwelt steuerten. Freilich macht es die Aufgaben für die Versuchspersonen etwas unangenehmer, dass sie dabei im harten Hirnscanner liegen mussten. Jedenfalls konnten Informatiker und Hirnforscher überraschend genau Rückschlüsse auf das Erlebte ziehen – das gelang jedoch schlechter für subjektive Zustände wie Gefühlsregungen als für objektive Größen wie Ereignisse in der Spielwelt, die dann gesehen und gehört wurden.

Ein Haken an diesem Wettbewerb war jedoch, dass er nur die absolute Trefferquote berücksichtigte und das dazu führte, dass die Gewinner zwar die besten statistischen Algorithmen verwendeten, ihre Ergebnisse jedoch für die

Hirnforschung unbrauchbar waren. Diese Funde ließen sich nämlich nicht mehr wie gewohnt bestimmten Hirnarealen zuordnen. Teilweise stammten die für die Vorhersage verwendeten Messwerte sogar aus Teilen des Kopfes, die außerhalb des Gehirns lagen, aber vom Hirnscanner mit aufgezeichnet wurden, beispielsweise den Augen. Daran wird ein generelles Problem der Muster-Erkennung deutlich: Die Verfahren des Maschinenlernens lassen sich zwar mit beliebig viel Information füttern, das macht aber am Ende das Verständnis des Ergebnisses schwierig. Daher haben sich Forscher auch schon überlegt, die Komplexität der Eingabe in einen solchen Algorithmus zu verringern, und sie haben sich dann die Idee mit dem »Suchscheinwerfer« einfallen lassen. Das kann man sich so vorstellen, als würde man jedes der bisher individuell ausgewerteten Voxel mit einer Taschenlampe anstrahlen. Jedes andere Voxel, das mit in den Lichtkegel fällt, wird dann auf der Suche nach einem bedeutungsvollen Muster in diesem Bereich berücksichtigt (Abb. 10-1).

Mithilfe der vorgestellten Methoden ist es Forschern wie Cox, Haynes und Tong bereits gelungen, anhand der Hirnaktivierung mit hoher Genauigkeit zu erkennen, welches von zehn möglichen Objekten eine Versuchsperson gerade sieht, auf welches von zwei möglichen Bildern sie sich gerade konzentriert oder auch, welche von zwei Handlungen sie gerade plant. Das Besondere an den meisten dieser Beispiele ist, dass sie in Einzelfällen sogar für individuelle Versuche oder Entscheidungen gelten, während man in der Auswertung von Hirndaten sonst meist viele Ereignisse über einen Kamm scheren muss. Teilweise waren die gefundenen Muster auch nach mehreren Tagen oder gar Wochen noch gültig, wenn sich die Versuchsperson erneut in den Scanner legte, oder ließ sich das mit den Daten *eines*

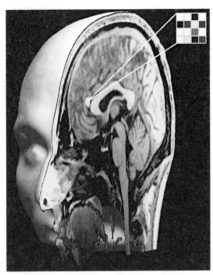

Abb. 10-1 Mit dem Suchscheinwerfer durchs Gehirn. Indem man nicht nur die Aktivierung einzelner Bildpunkte (Voxel) miteinander vergleicht, sondern nach räumlich ausgedehnten Mustern sucht, möchten Hirnforscher der Gedankenwelt näher kommen als dies bisher möglich war – und erzielen damit beachtliche Erfolge.

Probanden Gelernte auf einen *anderen* übertragen. Das lässt den Schluss zu, dass die Wissenschaftler den Gedanken ein Stück weit näher kommen als dies vorher der Fall war.

Jüngste Erfolge ließen sich vor allem im Bereich des visuellen Systems erzielen: Da hier die Funktionsweise der Nervenzellen besonders gut verstanden ist, konnten Forscher um Kendrick Kay von der Berkeley University in Kalifornien sogar schon ein Modell entwickeln, welches das Aktivierungsmuster im Gehirn vorhersagt, wenn man damit bestimmte Bilder analysierte. Die Strategie bestand hier also nicht darin, einen Algorithmus selbsttätig Muster finden zu lassen, sondern mit dem vorhandenen neurowissenschaftlichen Wissen eine Aussage darüber zu treffen, welche Messungen für einen bestimmten Stimulus zu erwarten wären. So konnten 120 Testbilder aus einer Datenbank von 2000 mit einer Trefferquote von bis zu 90 % richtig zugeordnet werden. Mit einer ähnlichen Strategie konnten Yoichi Miyawaki aus Kyoto und seine Kollegen im Hirnscanner gesehene Bilder live rekonstruieren. Als Stimuli dienten hier 10 × 10 Pixel große Matrizen, deren Felder entweder weiß oder schwarz sein konnten. Die Bilder, beispielsweise Buchstaben, konnten aus der gemessenen Hirnaktivierung wieder auf dem Computerbildschirm sichtbar gemacht werden. Diese Ergebnisse legen den Schluss nahe, dass man vor allem in den Bereichen, in denen man schon viel über die Funktionsweise des Gehirns weiß, anspruchsvolle Modelle für die Erkennung gedanklicher Prozesse entwickeln kann.

Thomas Metzinger, Philosoph an der Universität Mainz, kritisiert generell die Redeweise vom »Gedankenlesen« oder auch »Dekodieren«, wie es manchmal gerne verwendet wird. Seiner Meinung nach setzen ein Lesen oder ein Kode voraus, dass sich jemand oder eine Gemeinschaft – wie bei unseren Sprachen – auf die Bedeutung bestimmter Zeichen verständigt hat. Wer sollte das aber im Fall des Nervenfeuerns gewesen sein? Ich habe an anderer Stelle ausführlicher argumentiert, dass eine Reihe von Faktoren zu berücksichtigen ist, um den Gütegrad des »Gedankenlesens« zu erkennen: Wie genau funktioniert die Vorhersage und auf welcher Ebene der Feinkörnigkeit (man denke hier an den Unterschied zwischen Angela Merkel/Oskar Lafontaine und Gesicht/kein Gesicht zurück)? Wie stabil sind die gefundenen Muster im Lauf der Zeit? Lassen sie sich womöglich auf andere Personen oder gar auf ganz neue Fälle, mit denen man das System nicht vorher trainiert hat, übertragen? In dem Rennen zwischen natürlichen und wissenschaftlichen Gedankenlesern haben erstere also noch die Nase vorn, denn es gibt eine Reihe ungelöster Fragen zu erforschen. Womöglich hat auch Metzinger Recht – und wir benutzen die Begriffe des »Lesens« oder »Dekodierens« in einem metaphorischen Sinn. Ganz gleich, wie diese Fragen zu beantworten sind: Es lohnt auch heute schon ein Blick auf mögliche Anwendungen, die man aus der Grundlagenforschung entwickeln möchte.

Von der Forschung zur Anwendung

Eine der sehr frühen Anwendungen, die man mit den Methoden der bildgebenden Hirnforschung verfolgt hat, betrifft den Bereich des sogenannten Neuro-Marketings. Die Absicht hinter diesen Versuchen ist es, die Eigenschaften von Konsumprodukten oder von Werbung so zu verändern, dass sie das Kaufverhalten positiv beeinflussen. Im Marketing haben sich über lange Jahre aufwändige Test- und Frageverfahren bewährt, die aus der psychologischen Forschung entstanden sind. Diese Idee auf die Hirnforschung zu übertragen würde bedeuten, die Verarbeitung von Werbung und Kauf-Entscheidungen im Gehirn besser zu verstehen. Wüsste man, welche Eigenschaften ein Produkt aufweisen müsste, um das »Kauf-Areal« vieler Menschen zu aktivieren, dann würde sich das in barer Münze auszahlen.

Eine der Pionierarbeiten in diesem Bereich ist von Susanne Erk und ihren Kollegen (Erk et al. 2002) geleistet worden, die damals noch in der Psychiatrie der Ulmer Universitätsklinik forschten. Bei Autoliebhabern, denen man

Bilder verschiedener Sportwagen, Limousinen und Kleinwagen gezeigt hatte, fand man für die Sportwagen stärkere Aktivierungen in Hirnbereichen, die mit Belohnung in Zusammenhang gebracht werden. Seitdem gab es eine Reihe weiterer Studien, die mit Schokoriegeln oder anderen Konsumprodukten arbeiteten, die tatsächlich gekauft werden konnten. Viele der Ergebnisse deuten auf das Belohnungsareal. Es ist auch ohne Hirnaufnahmen plausibel, dass ein Produkt bevorzugt wird, wenn man sich davon eine Belohnung verspricht – und bestehe diese auch nur darin, dass das Waschmittel wirklich die Flecken reinigt. Auf theoretischer Ebene mag man sich durchaus fragen, ob diese Forschung tatsächlich neue Erkenntnisse bringt, daher ist das Neuro-Marketing auch nicht unumstritten. Ethisch wäre es verdienstvoll, sich darüber Gedanken zu machen, ob diese Forschung gesellschaftlich wünschenswert ist. Zumindest scheint die Suche nach dem »Kauf-Areal« das humanistische Menschenbild zu untergraben, dem zufolge wir unsere Entscheidungen wohlüberlegt und nach Abwägung von Gründen treffen.

Die heutige Werbung ist darauf optimiert, bestimmte Bedürfnisse nach Konsumprodukten zu erzeugen. Eine extreme Form ist dann erreicht, wenn gar nicht mehr das eigentliche Produkt, sondern etwa nur noch die Marke beworben wird. Damit ist der ursprüngliche Sinn der Werbung, die positiven Eigenschaften dieses Produkts gegenüber den anderen hervorzuheben und damit die Kauf-Entscheidung in die Richtung dieses Produkts zu lenken, längst in Vergessenheit geraten. Immer mehr Geld fließt daher auch gar nicht mehr in die Verbesserung der Produkte, sondern in die Verbesserung der Werbung, welche die Kunden dann absurderweise mit ihrem eigenen Geld bezahlen. Radikal formuliert bezahlen wir also dafür, dass man uns einredet, bestimmte Produkte zum Glücklichsein zu brauchen. Nehmen wir an, durch die Methoden der Hirnforschung könnte man Werbung derart modifizieren, dass sie in einer großen Anzahl an Personen gezielte Veränderungen hervorruft, die nicht unserer bewussten Kontrolle unterliegen. Das wäre eine Art Hypnose, in die wir gar nicht einwilligen. In einem wissenschaftlichen Experiment würde so etwas als unethisch gelten und wahrscheinlich keine Ethikkommission passieren – würden wir es akzeptieren, dass im Fall der Werbung der Zweck der Gewinn-Maximierung dieses Mittel heiligt?

In der folgenden Geschichte habe ich kurz angedacht, wie eine neurowissenschaftlich gestützte Kauf-Entscheidung in Zukunft aussehen könnte.

> Herr Schmidt parkte seinen in die Jahre gekommenen Wagen auf dem Parkplatz des Autohändlers. Seine Frau war im siebten Monat schwanger, und er wollte die alte Karre durch einen zuverlässigen Neuwagen ersetzen. Außerdem würden sie ja bald zu viert sein, und da bräuchten sie viel Platz. Der Autohändler hatte seine Filiale erst vor Kurzem eröffnet, und Herrn Schmidt war in der Zeitung eine Anzeige aufgefallen, in der es hieß, man würde seinen Kunden »mithilfe neuester wissenschaftlicher Methoden« zur optimalen Kauf-Entscheidung verhelfen. Ein Versuch koste ja nichts, hatte er sich gedacht, und dann auf den Weg gemacht.
> Im Geschäft wurde er freundlich von einem seriös aussehenden Mann im Anzug begrüßt. Herr Schmidt erzählte von seiner schwangeren Frau und erklärte mit einem abfälligen Blick auf seinen alten Wagen, den man durch die Schaufensterscheibe hindurch auf dem Parkplatz sehen konnte, warum er ein neues Auto brauche. Nur sei er noch nicht ganz sicher, für welches Modell er sich entscheiden solle. Er habe kürzlich eine Gehaltserhöhung erhalten, und so könne es durchaus »etwas mehr« sein als er sich damals für den alten gegönnt habe. Er würde sich aber freuen,

wenn man ihn mit der beworbenen Technologie bei der Kauf-Entscheidung unterstützen könne. Der Verkäufer erklärte ihm, dass man hier ein neues wissenschaftliches Verfahren verwende, das mithilfe magnetischer Felder – für den Kunden selbstverständlich völlig ungefährlich und auf Sicherheit geprüft – Hirnaktivierungen aufzeichne und nach einer Computeranalyse seine Vorlieben herausfinde. Er müsse nur fünf Minuten im Gerät Platz nehmen, und nachdem man ihm ein paar Filme von Autos gezeigt habe, wisse man sofort, welches Auto das beste für ihn sei.

Herrn Schmidt war zunächst etwas unwohl zumute, als er auf dem sterilen Stuhl, der ihn an eine Zahnarztpraxis erinnerte, Platz nahm. Seinen Kopf sollte er bequem in eine halboffene Kugel legen und einfach auf den Monitor vor ihm schauen, ohne sich zu bewegen. Der Verkäufer drückte an einer Konsole auf ein paar Knöpfe, woraufhin sich der Stuhl Herrn Schmidts Größe anpasste und es im Raum dunkel wurde. Als das Gerät lief und vor ihm verschiedene Filmsequenzen von Autos des Händlers und einiger Konkurrenzmodelle erschienen, merkte Herr Schmidt nur ein leichtes Brummen und entspannte sich.

Nach ein paar Minuten, die sehr schnell vorbeigingen, hörte das Brummen wieder auf, und nachdem der Verkäufer ihn aus dem Gerät geholfen hatte, erzählte er ihm enthusiastisch, dass er gleich gewusst habe, Herr Schmidt sei ein richtiger Sportwagen-Fan. Man habe herausgefunden, dass das neueste Sportwagen-Modell des Händlers ihn am glücklichsten mache. Die Videos dieses Autos habe die Neurone in seinem Nucleus accumbens am stärksten feuern lassen, welche die Erzeugung des »Glückshormons« Dopamin im Gehirn anregten. Um seine Aussage zu unterstützen, wedelte der Verkäufer mit einem farbigen Ausdruck herum, auf dem manche Bereiche in dem, was eine Aufnahme seines Gehirns sein musste, farbig hervorgehoben waren. Die farbigen Stellen verrieten ihm als Laien jedoch nichts.

Herr Schmidt war zuerst skeptisch, da das Auto nicht viel mehr Platz bieten würde als sein alter Wagen. Wie sollten sie darin zwei Kindersitze und womöglich noch einen Kinderwagen und etwas Gepäck unterbringen können? Andererseits fand er aber auch

> das Argument überzeugend, sich für dasjenige Auto zu entscheiden, das ihn offenbar am glücklichsten mache. Diesen Punkt müsse schließlich auch seine Frau einsehen. Der Verkäufer bot ihm an, den Vertrag gleich auf der Stelle zu unterschreiben, um schon nächste Woche den Sportwagen abholen zu können. Herr Schmidt erkundigte sich noch, ob seine Frau ebenfalls an dieser wissenschaftlichen Untersuchung teilnehmen könne. Prinzipiell sei das schon möglich, bekam er nach einem kurzen Zögern vom Verkäufer erklärt, doch sei das Gerät leider nicht für Schwangere freigegeben. Schließlich verabschiedete Herr Schmidt sich mit der Bitte um etwas Bedenkzeit, da er solche Kauf-Entscheidungen stets mit seiner Frau abspreche. Der Verkäufer gab ihm noch den farbigen Ausdruck von der Untersuchung sowie einen Prospekt des Sportwagens mit auf den Weg.

Zum Verständnis dieser Geschichte ist es mir wichtig, auf einen wesentlichen Punkt hinzuweisen: Herr Schmidt kommt mit dem rationalen und nachvollziehbaren Wunsch in das Autohaus, einen Neuwagen zu erwerben, der der zukünftigen Familiensituation angemessen ist. Indem der Verkäufer aber nach Aktivierungen in Belohnungsarealen sucht, missversteht er das Anliegen seines Kunden. Dieser wollte ja gerade kein Auto erwerben, das seinen ästhetischen Ansprüchen maximal genügt, für seine familiären Bedürfnisse aber völlig ungeeignet ist. Auch wenn die Verfahren der Hirnforschung in diesem fiktiven Beispiel eine interessante Antwort liefern, nämlich welches Auto bei Herrn Schmidt das Belohnungszentrum am stärksten aktiviert, so ist dies doch nicht die ideale Antwort für die Situation des werdenden Vaters. Hier ist wesentlich, welcher Neuwagen für die Anforderungen einer größeren Familie zweckdienlich ist. Bevor wir die Hirnforschung mit der Suche nach Antworten beauftragen, sollten wir uns Gedanken darüber machen, um welche Fragen es uns eigentlich geht.

Das Beispiel unwiderstehlicher Werbung mag noch in der Zukunft liegen. In der Gegenwart spielt sich hingegen schon ein unternehmerischer Wettlauf darum ab, das beste Hirnscanner-System zur Lügendetektion zu entwickeln. Inspiriert und unterstützt durch die Forschung von Andrew Kozel von der University of South Carolina sowie Daniel Langleben von der University of Pennsylvania wurden beispielsweise die Firmen »Cephos« und »No Lie MRI« gegründet. Diese sollen die Lügendetektion marktreif machen und bewerben dies zum Teil schon mit vollmundigen Versprechungen. Kozel und Langleben haben in Experimenten ihre Versuchspersonen nach gestellten Diebstählen oder mit Kartenspielen zum Lügen veranlasst und dabei ihre Hirnaktivierung gemessen. Beide Forscher kommen in ihren Experimenten auf eine 80- bis 90%ige Trefferquote. Das ist durchaus beachtlich, wenn man das mit den Ergebnissen des Polygraphen vergleicht, mit dem sich Psychologen anhand von Blutdruck, Hautleitfähigkeit und anderen körperlichen Maßen schon seit Jahrzehnten in der Lügenerkennung versuchen.

Ein Grund zur Jubelstimmung für die Befürworter dieser Technik ist das jedoch noch nicht – schließlich hat man ja keine Versuchspersonen untersucht, die wirklich lügen mussten, für die etwas auf dem Spiel stand. Ob sich diese Experimente auf mutmaßliche Täter übertragen lassen, die ihre Tat womöglich vor sich selbst verbergen – gerade bei Sexualverbrechen keine Seltenheit –, die Tat unter Drogen- oder Medikamenteneinfluss begangen haben oder Gegenmaßnahmen ergreifen, um ihre Hirnaktivierung zu manipulieren, darüber lässt sich bisher nur spekulieren. Sowohl in der klassischen Literatur zum Polygraphen als auch durch neuere Forschung mit der Aufzeichnung von Gehirnströmen ist gezeigt worden, dass bestimmte Gegenmaßnahmen ein Erkennen der Lüge verhindern und diese Verschleierungsversuche selbst auch einer Entdeckung entgehen können. Gleichzeitig haben Forscher mit den bildgebenden Verfahren gezeigt, dass Versuchspersonen, die beispielsweise an chronischen Schmerzen leiden, lernen konnten, ihre Hirnaktivierung so zu steuern, dass auch die Schmerzen abnahmen.

Das hindert »No Lie MRI« allerdings nicht, auf ihrer Internetseite eine ganze Reihe an Anwendungen in Aussicht zu stellen. Dort heißt es zum Beispiel, dass die Magnetresonanztomografie ein vielversprechendes Verfahren sei, wenn es darum gehe, den richtigen Lebenspartner und überhaupt Vertrauen in zwischenmenschlichen Beziehungen zu finden. Sie sei auch geeignet, um die Ehrlichkeit von Angestellten in einer Firma oder die gegenüber einem Versicherungsunternehmen zu sichern – und auch, um die staatliche Bekämpfung von Korruption zu gewährleisten. Die gegenwärtige Zuverlässigkeit betrage bereits über 90 %, und es werde erwartet, dass man diese auf 99 % steigern könne. Details über das Verfahren verrät die Firma leider nicht – Geschäftsgeheimnis –, und es steht zu befürchten, dass man dort nie über Langlebens Kartenspiele hinausgekommen ist.

Dieses schlechte Beispiel erinnert leider an die Geschichte des Polygraphen, der auf die Entwicklungen des US-amerikanischen Psychologen William Marston zurückgeht. Seit dem ersten Jahrzehnt des 20. Jahrhunderts hat er versucht, die Messung des Blutdrucks seiner Versuchspersonen als Indikator für Wahrhaftigkeit zu etablieren. In beiden Weltkriegen hat er dann seine Dienste der US-Regierung angeboten und die Einrichtung eines eigenen »Wahrheitsinstituts« vorgeschlagen. Seine Ideen haben die dortige Bundespolizei, das FBI, dazu veranlasst, ihm und seiner Arbeit genauer auf den Grund zu gehen. Im Zusammenhang mit einer Werbekampagne, die er für den Hersteller von Rasierapparaten Gillette im Jahr 1938 unterstützt hatte, fand ein Special Agent allerdings etwas heraus, das Marstons Glaubwürdigkeit unterminierte. Anders als es die Werbeanzeige nahe legt, hatte man die Männer nicht während der Rasur, sondern in einem anschließenden Gespräch mit dem »Lügendetektor« untersucht. Angeblich habe man bei den Männern, die keine Klinge von Gillette verwendet hatten, eine Reaktion im Blutdruck gefunden, die auf Stress und Unwohlsein schließen lasse. Marston hat dieses Experiment wohl von einem Kollegen mit einer größeren Anzahl an Versuchspersonen durchführen lassen, der jedoch zu dem Ergebnis kam, dass bei der Hälfte der Männer die Gillette-Klinge besser abschnitt, bei der anderen Hälfte die Konkurrenzklinge – also gerade Zufallsniveau. In der FBI-Akte heißt es nun, Marston habe dem Kollegen viel Geld angeboten, wenn dieser die Ergebnisse in Marstons Sinn berichte. Es ist bedauerlich, wenn die wissenschaftliche Suche nach der Wahrheit derart von Unwahrheiten getragen wird. Marston selbst ist dann auch der Durchbruch mit seinem »Lügendetektor« verwehrt geblieben. Dafür hatte er als Comic-Zeichner und Erfinder der »Wonder Woman« Erfolg. »Wonder Woman« hat übrigens ein Lasso, das jeden, den sie damit fängt, zum Sprechen der Wahrheit zwingt ...

Angesichts der Ergebnisse, die wir bisher kennen gelernt haben – und auch mit Blick auf die Geschichte –, ist also Vorsicht geboten, wenn andere uns Anwendungen der Hirnforschung voreilig anpreisen. Gerade im Bereich der Lügendetektion ist der psychologische Polygraph von Richtern des Deutschen Bundesgerichtshofs in den 90er-Jahren des vergangenen Jahrhunderts als unzuverlässig zerrissen und damit als für die Beweiserhebung im Strafprozess unzulässig eingestuft worden. Die Idee, dass die Methoden der bildgebenden Hirnforschung besser abschneiden könnten als der Polygraph, wird diese Diskussion neu entfachen – allerdings rechtfertigt das noch keinen Optimismus. Es könnte nämlich auch sein, dass ein Verfahren, das so gut ist, dass es die Gedanken eines Beschuldigten oder Zeugen liest, schlicht verfassungswidrig wäre. In einem Urteil aus den 50er-Jahren sahen das die Richter des Bundesgerichtshofs jedenfalls so, wenn ein Verfahren am Bewusstsein vorbei das Unbewusste messe (Abb. 10-2).

Man sollte außerdem bedenken, dass Lügendetektion ein zweischneidiges Schwert ist, das in der Gesellschaft für große Probleme sorgen könnte. Man denke an den Film »Sag die Wahrheit«, der zweimal in Deutschland gedreht wurde, zuerst mit Heinz Rühmann, dann mit Gustav Fröhlich in der Hauptrolle. Dort nimmt sich ein Mann vor, einen ganzen Tag lang die Wahrheit zu sprechen – und sorgt damit für einigen Wirbel. Schließlich landet er sogar in einer psychiatrischen Klinik, damals »Irrenhaus« genannt. Unsere Gesellschaft scheint also einen Rest an Unsicherheit und damit auch einen Freiraum für Flunkereien vorauszusetzen. Wer die ganze Wahrheit möchte, der sollte sie auch verkraften können.

Allerdings dürfen darum nicht die klinischen Anwendungen vergessen werden, welche die neurowissenschaftliche Forschung verspricht. Man denke nur an das Beispiel der Brain-Machine-Interfaces, die Menschen, die sich auf keine andere Art mehr äußern können, die Kommunikation mit der Außenwelt ermöglichen. Das kommt etwa in Fällen vor, in denen Patienten mit einem Locked-in-Syndrom in ihrem Körper eingeschlossen sind und womöglich nur noch ihre Augenlider bewegen können. Ein anderes

Abb. 10-2 Hirnscanner in die Gerichtssäle? Wenn es nach manchen Hirnforschern ginge, würden schon bald bildgebende Verfahren standardmäßig zur Beweiserhebung vor Gericht eingesetzt. Diese Vorstellung könnte sich jedoch als voreilig erweisen (aus: Schleim 2007).

Beispiel sind intelligente Prothesen, die Gliedmaßen so ersetzen sollen, als wären sie echt. Allerdings zielen diese Anwendungen meist nicht auf das Gehirn, sondern die näher am Einsatzort liegenden Nervenfasern. So lernen wir am Beispiel des Gedankenlesens, dass die ethische Bewertung der Forschung nie einseitig erfolgen kann, sondern immer gute Anwendungen gegenüber schlechten abgewogen werden müssen. Letztlich kommt es also darauf an, was eine

Gesellschaft aus der Forschung macht. Während die einen die Lügendetektion zum Schutz der Unschuldigen anpreisen, könnten andere sie zur Verfolgung Andersdenkender verwenden. Ich hoffe, es ist damit deutlich geworden, warum das Projekt des Gedankenlesens sowohl wissenschaftlich als auch im gesellschaftlichen Kontext eine spannende Herausforderung für Laien und Experten darstellt.

Literatur

Erk, S, Spitzer, M, Wunderlich, AP, Galley, L, Walter, H (2002). Cultural objects modulate reward circuitry. Neuroreport; 13(18): 2499–2503.

Haynes, JD, Rees, G (2006). Decoding mental states from brain activity in humans. Nat Rev Neuroscience; 7: 523–534.

Schleim, S (2007). Lauschangriff aufs Gehirn. c't; 17: 72–79.

Schleim, S (2008). Gedankenlesen – Pionierarbeit der Hirnforschung. Mit Vorworten von Thomas Metzinger und John-Dylan Haynes. Hannover: Heise Verlag.

Schleim, S, Walter, H (2007). Gedankenlesen mit dem Hirnscanner? Nervenheilkunde; 26: 505–510.

11 Humor ernst genommen

Lächeln, Erheiterung und das Gehirn

Barbara Wild

Mark Twain hat die Analyse von Humor mit der Vivisektion eines Frosches verglichen: »Es interessiert nur wenige Menschen, und der Frosch stirbt dabei.« – Ist das witzig? Woher wissen Sie das? Genauer gefragt: Was passiert in Ihrem Gehirn, wenn Sie dies beurteilen, wenn Sie darüber lächeln oder die Stirn runzeln?

Mark Twains Ansicht zum Trotz haben sich Philosophen, Schriftsteller, Anthropologen und Psychologen schon seit langem mit Humor bzw. dem Komischen beschäftigt. Das Wort »Humor« hat ja einen weiten Weg hinter sich gebracht von der ursprünglichen lateinischen Bedeutung »Flüssigkeit« bis zu dem, was heutzutage zum Beispiel ein Fernsehzuschauer darunter versteht. Während früher, im Rahmen der Ästhetik, Humor nur eine Lebenseinstellung bezeichnete, nämlich auch widrigen Dingen mit einem Lächeln zu begegnen, sind heute damit auch das, was uns zum Lächeln bringt, und die Fähigkeit, Witziges zu produzieren, gemeint.[4] Die Produktion von Humor, seine Erkennung und seine äußerlich beobachtbaren, oft eindrucksvoll lauten Effekte sind speziell menschliche Fähigkeiten und für das soziale Zusammenleben sehr wichtig. Die dabei ablaufenden neurophysiologischen Vorgänge sind aber, auch

---

4 Eine gute Übersicht zur Geschichte des Begriffs findet sich bei Ruch (1998) in einem auch sonst lesenswerten Buch über Humor als Persönlichkeitseigenschaft.

wegen der eruptiven Natur des Phänomens, schwierig zu untersuchen. Trotzdem ist inzwischen[5] doch Einiges über die zerebralen neuronalen Abläufe beim Erkennen von Humor und der Reaktion darauf bekannt. Dabei wurde vor allem versucht, die Frage zu beantworten, welche Gebiete des Gehirns beteiligt und notwendig sind.

In den 70er- und 80er-Jahren beschäftigte sich eine Gruppe von Linguisten unter der Leitung von Howard Gardner mit den Funktionen des rechten Stirnhirns. Hierüber war bis dahin sehr viel weniger bekannt als über die der linken Hirnhälfte, deren Schädigungen, z.B. durch Schlaganfälle, auffälligere Störungen, vor allem der Sprache, hervorrufen als solche der rechten Hirnhälfte. Die Gardner-Gruppe entwickelte eine Testbatterie, die auch einen Humortest enthielt. Die Patienten mussten aus Serien von Witzen und Cartoons (jeweils Original und veränderte Versionen) den witzigsten heraussuchen. In der Tat zeigten Patienten mit rechts frontalen Schäden hierbei Störungen (Gardner et al. 1975; Wagner et al. 1981). Dies passte gut zu der auch heute noch kursierenden Vorstellung, dass die rechte Hemisphäre für die emotionale Verarbeitung, die linke dagegen für das rationale Denken zuständig sei. Allerdings waren die Lokalisationen der Schädigungen nicht sehr gut dokumentiert. Und spätere Untersuchungen mit dem gleichen Testmaterial zeigten, dass es sich möglicherweise nicht um ein speziell das Humorverständnis betreffendes Defizit, sondern um die Folge von Störungen anderer Fähigkeiten wie der visuellen Wahrnehmung, des Arbeitsgedächtnisses, der verbalen Abstraktionsfähigkeit

---

5 2007 erschien dieser Text erstmals. Für dieses Buch wurde er ergänzt (2019), denn genauso wie alte Witze und alte Hüte sind alte wissenschaftliche Übersichtsarbeiten nur noch halb so gut.

und der mentalen Flexibilität handelte (Dagge & Hartje 1985; Shammi & Stuss 1999). Der Idee von der humorvollen rechten Hemisphäre widersprachen auch die Befunde von Zaidel und seinen Mitarbeitern (2002). Sie untersuchten mit den Gardner-Tests eine große Anzahl von Patienten mit sehr gut dokumentierten Läsionen und fanden in Bezug auf die Fähigkeit, Humor wahrzunehmen, keine Unterschiede zwischen Patienten mit rechtsseitigen und solchen mit linksseitigen frontalen Schädigungen. Letztlich war also nun zwar belegt, dass die Erkennung von Humor etwas mit kognitiven Funktionen wie dem Arbeitsgedächtnis zu tun hat. Die genaueren Abläufe und insbesondere die beteiligten Hirngebiete waren aber weiter unklar.

Neue Untersuchungsmöglichkeiten, auch an Gesunden, eröffneten die Methoden der funktionellen Bildgebung, also die Positronenemissionstomografie (PET) und die funktionelle Magnetresonanztomografie (fMRT). Hierbei werden durch statistische Berechnungen Hirnareale identifiziert, deren Durchblutung und damit auch deren neuronale Aktivität mit dem Auftreten eines bestimmten Stimulus korreliert, beispielsweise mit einer Pointe. Unterschiedlichste Gehirnfunktionen von der Wahrnehmung einfacher Schachbrettmuster bis zu komplexer Sprachverarbeitung waren damit schon untersucht worden, als 2001 die renommierte Zeitschrift »Nature Neuroscience« eine erste Studie zur Humorwahrnehmung veröffentlichte. Die Autoren Goel und Dolan (2001) hatten ihren Probanden Witze und nichtwitzige Sentenzen im MR-Scanner über Kopfhörer vorgespielt. Es wurden unterschiedliche Witzarten verwendet (phonologische und semantische). Als Hauptergebnisse (s. Abb. 11-1, ———) fanden sich bei beiden Arten von Witzen eine Aktivierung in einem Gebiet an der Grenze zwischen Schläfen- und Hinterhauptslappen links (temporookzipital) und bei phonologischen Witzen in einer Region im linken Stirnhirn in der Nähe des motorischen Sprachzentrums. Dies war wohlgemerkt eine Korrelation mit dem Auftreten der von den Experimentatoren für witzig gehaltenen Witze, die die Probanden jedoch nicht immer witzig fanden, wie die anschließende Befragung zeigte. Bei den individuell als witzig bezeichneten Stimuli fand man eine Aktivierung im medialen präfrontalen Kortex (also an der Innenseite des Stirnhirns). Letzteres deuteten Goel und

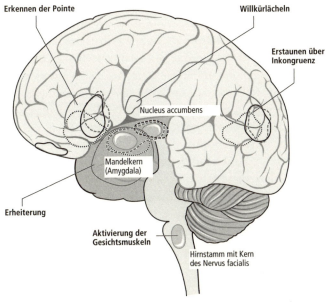

Abb. 11-1 Aktivierte Hirnareale. Die Abbildung zeigt ein Gehirn von links. Die Spitze des linken Schläfenlappens ist nicht dargestellt, und somit sind Hirnstamm und Innenseite des rechten Schläfenlappens sichtbar. Die verschiedenen Linien kennzeichnen die Aktivierungsgebiete der entsprechenden Studien (——— = Goel u. Dolan 2001; ------ = Mobbs et al. 2003; ·········· = Moran et al. 2004; ------ = Goldin et al. 2005; ——— = Wild et al. 2006).

Dolan als Ort der affektiven Reaktion, während sie den anderen Gebieten eine rein sprachliche Rolle zuschrieben.

Diese affektive Komponente der Erheiterung war im Visier einer zweiten Studie. Mobbs et al. (2003) gingen von der Hypothese aus, dass witzige Stimuli das sogenannte mesolimbische Belohnungssystem aktivieren sollten. Hierunter wird ein Netz aus Nervenzellen im Bereich des Mittelhirns[6] verstanden. Erstmals wurde eine Aktivierung dieses Systems in einer PET-Studie gezeigt, bei der Kokainabhängigen im Entzug Placebo oder Kokain gespritzt wurde. Nach Kokain gab es hier eine massive Aktivierung. Kann Humor das Gleiche wie Kokain? Mobbs et al. bejahten das! Sie zeigten ihren Probanden Cartoons, verbal und nonverbal funktionierende, und fanden eine Aktivierung (s. Abb. 11-1, ------), die mit dem Auftreten subjektiv als witzig beurteilter Cartoons korrelierte, in eben diesen Gebieten. Und sie fanden auch, wie Goel und Dolan, eine Aktivierung links an der Grenze zwischen Schläfen- und Hinterhauptslappen und im Stirnhirn. Dies war übrigens auch bei den nonverbalen Cartoons der Fall, was dagegen spricht, dass diese Gebiete bei der Verarbeitung von Witzen eine rein sprachliche Funktion ausüben.

Auch in der Studie von Moran et al. (2004) (Abb. 11-1, ···········) ging es wieder um die kognitiven und affektiven Komponenten der Humorwahrnehmung, aber mit einem ganz anderen Ansatz: Die Autoren benutzten einen Zeichentrickfilm (»Die Simpsons«), den sie zunächst einem größeren Publikum vorspielten. Dessen Lachen wurde aufgezeichnet. Dann wurde derselbe Film anderen Probanden im Kernspingerät gezeigt. Immer wenn die große Gruppe

---

6 Im ventralen Striatum, Nucleus accumbens, der ventralen tegmentalen Area und der Amygdala.

gelacht hatte, wurde die dazugehörige Filmsequenz als Zeit der »humor appreciation«, also als Erheiterung definiert. Die zwei Sekunden unmittelbar davor wurden als »humor detection«, also als Humorwahrnehmung oder Humorerkennung bezeichnet. Mit letzterem korrelierte wieder Aktivität links temporal – hier etwas weiter frontal (vorne) als in den beiden ersten Studien und im linken Stirnhirn, ebenfalls etwas nach frontal verschoben im Vergleich zu den beiden anderen Studien. Während der nachfolgenden Erheiterungsphase hingegen fand sich eine Aktivierung im Mandelkern (Amygdala) und in der Insula beidseits. Beides sind Gebiete im unteren mittleren Schläfenlappen, die zum sogenannten limbischen (emotionalen) System gerechnet werden und deren Beteiligung an emotionaler Verarbeitung bekannt ist. Dass es nicht gleichgültig ist, welche Emotionen durch Filme geweckt werden, legen die Ergebnisse von Goldin et al. (2005) nahe (Abb. 11-1, ------). Sie verwendeten neben erheiternden Videos auch traurige und neutrale und fanden bei den amüsanten speziell im Mittelhirn Aktivierung, genauer: rechts im Nucleus caudatus, dem Putamen, dem Hippocampus und links im Globus pallidus.

Keine dieser Arbeiten berücksichtigte aber, dass ja nicht nur eine innere Einschätzung der »Witzigkeit«, sondern auch eine äußere, mimische Reaktion, das Lächeln, existiert. Wir (Wild et al. 2006) filmten mit einer speziellen nichtmagnetischen Videokamera die mimischen Reaktionen von Versuchspersonen im MR-Scanner, während sie witzige und nichtwitzige Varianten von nonverbalen Gary-Larson-Cartoons sahen (s. Abb. 11-1, ------). So ließen sich Gebiete identifizieren, deren Aktivität mit dem Auftreten von spontanem Lächeln korreliert. Nach der MR-Messung, außerhalb des Gerätes, beurteilten die Probanden außerdem die Witzigkeit aller gesehenen Cartoons. Die hiermit korrelierende Aktivierung überlappte nur teilweise mit der während des Lächelns. Ein Vergleich beider Aktivierungskarten lieferte dann zum einen solche Gebiete, die mehr bei der Wahrnehmung der witzigen Cartoons aktiv waren, und zum anderen solche, die mehr beim Lächeln, also der emotionalen Reaktion, aktiviert worden waren. Hierbei trafen wir auf alte Bekannte: Auch bei dieser Studie findet sich links im Grenzgebiet zwischen und Schläfen- und Hinterhauptslappen, zusätzlich aber auch noch etwas weiter vorne und links im Stirnhirn Aktivität – mehr in Korrelation mit witzigen Cartoons, weniger beim Lächeln. Dieses wiederum korreliert mit Aktivität in den limbischen, »emotionalen« Gebieten des unteren mittleren Schläfenlappens[7].

Wie die in der Abbildung übereinander projizierten Aktivierungsareale zeigen, findet sich eine angesichts der Komplexität des untersuchten Phänomens »Humor« eine frappierende Übereinstimmung zwischen einer Reihe von Studien, die Reaktionen auf witziges Material noch dazu mit unterschiedlichen Methoden untersucht haben. Dabei

---

7 In der Amygdala, im Gyrus parahippocampalis und zusätzlich im Thalamus. Die Amygdala-(Mandelkern-)Aktivierung mag erstaunen, da diese meist mit Angst und Ärger in Verbindung gebracht wird. Negative Emotionen sind allerdings viele Jahre in der Emotionsforschung bevorzugt untersucht worden, wahrscheinlich weil sie einerseits auch im Tierversuch gut evozierbar und konditionierbar sind und andererseits natürlich auch im menschlichen Kontakt häufiger Probleme machen. Dies hat aber zu der einseitigen Vorstellung der Amygdala als Schaltzentrale negativer Emotionen geführt. In den letzten Jahren sind eine Reihe unterschiedlicher Bildgebungsstudien erschienen, die eine Beteiligung der Amygdala auch an der Verarbeitung positiver Emotionen belegen.

scheint es nicht *das* »Humorgebiet«, wie ursprünglich erhofft, zu geben, sondern mehrere Beteiligte. Aber was machen diese Areale nun? Die Region links an der Grenze zwischen Hinterhaupts- und Schläfenlappen ist auch in funktionellen Bildgebungsstudien aktiv gewesen, bei denen Probanden die Absicht anderer einschätzten (Brunet et al. 2000) oder logische Zusammenhänge identifizierten (Blakemore et al. 2001). Das Sprachzentrum im linken Stirnhirn (Broca-Region) und die benachbarten Gebiete sind bei der semantischen Suche (nach passenden Wörtern) und der Auflösung von sprachlicher Inkongruenz aktiv (Martin & Chao 2001). Dies passt hervorragend zu dem 1972 von dem Psychologen Suls publizierten Zwei-Stufen-Modell der Humorperzeption. Danach muss zunächst in einem Witz eine Inkongruenz wahrgenommen werden – die Pointe ist ja nicht die logische Fortführung des Witzbeginns, sondern eigentlich eine Überraschung. Dann jedoch muss wieder ein Zusammenhang, eine Kohärenz, gefunden werden – sonst hat man den Witz nicht verstanden. Nach so einem Blickrichtungswechsel passt die Pointe sehr gut zum Rest des Witzes. Es liegt nun nahe, dass der erste Schritt im Grenzgebiet zwischen Hinterhaupts- und Schläfenlappen, der zweite im linken Stirnhirn geleistet wird. Damit sind die durch einen Witz ausgelösten Reaktionen aber noch nicht zu Ende. Der Züricher Psychologe Ruch hat dem Modell einen dritten Schritt hinzugefügt (s. Ruch & Hehl 1998): die Erkennung, dass es sich nicht etwa um ein Rätsel, sondern eben um einen Witz, also um positiven Nonsense handelt, was Spaß macht, mit der Emotion Erheiterung einhergeht und Lächeln oder Lachen auslöst. Es liegt nahe, dass hierfür die beschriebene limbische Aktivierung (im medialen basalen Temporallappen und mesolimbischen Belohnungszentrum) benötigt wird.

Dass die geschilderten Studien hier verschiedene Anteile des Systems aktiviert fanden, könnte mit den unterschiedlichen experimentellen Verfahren zusammenhängen. Es könnte aber auch ein methodisches Problem sein, da die verwendeten statistischen Verfahren nicht identisch waren und in diesem Bereich ohnehin durch die Nähe der großen Blutgefäße Verzerrungen auftreten.

Und der rechte Frontallappen, dessen Schädigung wie eingangs erwähnt, zumindest bei manchen Patienten auch zu einer Störung der Reaktion auf Humor führte? Und der in keiner der Studien an Gesunden eine nennenswerte Aktivierung zeigte? Zu unserer Verblüffung fanden wir (Wild et al. 2006) hier eine Deaktivierung, vor allem in Korrelation mit dem Auftreten von spontanem Lächeln, weniger beim Betrachten von später als witzig eingeschätzten Cartoons, gar nicht jedoch beim willkürlichen Lächeln, das unsere Probanden auf Kommando ausführen mussten.

Um dies zu erklären, soll zunächst ein Blick auf die neurophysiologischen Abläufe beim Lächeln und Lachen geworfen werden. Bereits 1837 beschrieb Magnus eine Patientin, bei der nur willkürliche mimische Bewegungen gestört waren, nicht jedoch die spontane emotionale Mimik. Inzwischen ist durch viele Fallberichte und größere Untersuchungen geklärt, dass tatsächlich zwei Systeme existieren – eines für die Willkürmimik, ein anderes für die spontane emotionale Mimik. Im Hirnstamm liegen die Nervenzellen des willkürlichen Systems und ihre Faserverbindungen ventral (der Nase zugewandt), die des emotionalen Systems dorsal (dem Rücken zugewandt)[8]. Oberhalb des Hirnstamms werden die anatomischen Verbindungen

---

[8] Eine Übersicht über die Befunde findet sich bei Wild et al. (2003).

unklarer. Bekannt ist aber, dass beidseitige Schäden des sogenannten motorischen Kortex und der prämotorischen Gebiete, insbesondere der Operculae, zu einer isolierten Lähmung der willkürlichen Mimik führen. In unserer Studie wie auch in einer PET-Studie (Iwase et al. 2002), bei der zur Messung der Gesichtsbewegungen Elektromyografie[9] verwendet wurde, wurden beim willkürlichen Lächeln auch genau diese Regionen aktiviert (s. Abb. 11-1, ——).

Störungen der emotionalen Mimik, inklusive des Lächelns (das typische »Maskengesicht«), findet man häufig bei Patienten mit der Parkinson-Erkrankung. Hierbei gehen im Mittelhirn, in der sogenannten Substantia nigra, Nervenzellen zugrunde, die den Botenstoff Dopamin produzieren. Interessanterweise ist dies auch der Botenstoff des mesolimbischen Belohnungssystems. Weitere beteiligte Gebiete kennt man durch Hirnstimulation (z.B. bei der Epilepsiechirurgie). Sie liegen hauptsächlich im limbischen System und überschneiden sich mit den in der funktionellen Kernspintomografie bei Erheiterung gefundenen Regionen. Lächeln und Lachen, teilweise auch mit passenden positiven Gefühlen, können ausgelöst werden durch Stimulation der Schläfenlappen (basaler Temporallappen) (Arroyo et al. 1993), der Insula (Yan et al. 2019), des frontalen Operculums (Caruana et al. 2016), des vorderen Cingulums (Caruana et al. 2015), der S. nigra reticulata (Huang et al. 2018), des Nucleus accumbens (Okun et al. 2004) und des Nucleus subthalamicus (Krack et al. 2001). Lachen kann auch Symptom eines epileptischen Anfalls sein (die sogenannte »gelastische Epilepsie«, nach dem griechischen *gelos* [= Lachen]). Typischerweise finden sich hierbei

---

9 Messung der elektrischen Muskelaktivität

Tumore des Hypothalamus (Arroyo et al. 1993), der am oberen Ende des Mittelhirns sitzt.

Interessanterweise gibt es auch Patienten, die nach unpassenden Reizen lächeln oder lachen, ohne dies zu wollen, was im Deutschen mit dem unschönen Begriff »emotionale Inkontinenz« belegt ist. Viele dieser Patienten haben Läsionen des ventralen Hirnstamms (also dort, wo die »Willkürfasern« verlaufen), aber einige auch im Stirnhirn. Gerade Patienten mit Schäden im rechten Stirnhirn fallen durch unpassende emotionale Äußerungen auf. Deshalb liegt die Idee nahe, dass der rechte Stirnlappen zwar nicht, wie ursprünglich angenommen, für die Erkennung von Humor notwendig ist, aber für die Reaktion darauf. Möglicherweise hemmt er normalerweise den mimischen emotionalen Ausdruck und muss deshalb vor dem Lächeln deaktiviert werden. Der englische Neurologe Gowers (1887, zit. nach Ironside 1956) bemerkte vor vielen Jahren über das Lachen: »Der Wille wird nicht benötigt, um es hervorzurufen, sondern um es zu unterdrücken.« Hierzu passt auch, dass Lachgas (Stickoxid, ein sogenannter NMDA-Antagonist) wahrscheinlich über eine Hemmung der Neurone im motorischen und prämotorischen Kortex wirkt (Franks & Lieb 1998).

Echtes und willkürliches Lächeln unterscheiden sich auch im Ausmaß der beteiligten Gesichtsmuskulatur. Zum echten Lächeln, das zu Ehren des französischen Neurologen, der dieses Phänomen erstmals beschrieb (Duchenne de Boulogne 1862), auch Duchenne-Lächeln genannt wird, gehört nicht nur das Hochziehen der Mundwinkel, sondern auch eine Verengung der Lidspalte (Ekman & Friesen 1982).

Untersuchungen an Patienten und die Ergebnisse der funktionellen Bildgebung legen also nahe, dass es zwei unterschiedliche Systeme für echtes und willkürliches Lächeln gibt. Während das willkürliche Lächeln, wie andere Willkürbewegungen auch, von den »klassischen« Bewegungszentren (Pyramidenbahnsystem, ausgehend vom primären motorischen Kortex) gesteuert wird, kann wahrscheinlich die Erregung verschiedener limbischer, also emotionaler Gebiete (basaler medialer Temporallappen, Hypothalamus, mesolimbisches Belohnungssystem) echtes Lächeln oder Lachen aktivieren. Dessen Ablauf wird dann letztlich im hinteren (dorsalen) Hirnstamm komponiert, während gleichzeitig die Kontrolle des Stirnhirns nachlässt.

Und warum sind echtes Lachen und Lächeln ansteckend? Aus dem motorischen System sind bereits länger besondere Nervenzellen, sogenannte Spiegelneurone, bekannt. Diese sind aktiv, wenn man eine Bewegung selbst ausführt und auch wenn man eine ähnliche Bewegung bei anderen beobachtet (Iacoboni et al. 1999). Ähnliches findet sich wahrscheinlich auch im emotionalen System. Das Betrachten von Fotos lächelnder Gesichter aktiviert die gleichen Gebiete wie die Empfindung von Freude (Wild et al. 2003). Das Hören von Lachen aktiviert die Amygdala (Sander & Scheich 2001) und motorische Areale, die die Kehlkopfaktivierung kontrollieren (Meyer et al. 2005). Das Hören von Ausdrücken, die Lachen beschreiben oder nachahmen, aktiviert das mesolimbische Belohnungssystem (Osaka & Osaka 2005). Im vorderen Cingulum wurde bei einem Patienten mit Epilepsie nicht nur Lächeln durch elektrische Stimulation ausgelöst, sondern dieses Gebiet war auch beim Betrachten von lachenden Menschen aktiv (Caruana et al. 2017). Wahrscheinlich erkennen wir Emotionen eines Gegenüber, indem wir sie selbst zumindest ein wenig spüren, was im Fall von Erheiterung zum ansteckenden Lächeln führt.

Das Phänomen des Kitzelns gehört – zumindest am

Rande – auch zu unserem Thema, denn leichte Berührung, insbesondere an bestimmten empfindlichen Stellen, löst ja Lächeln und Lachen aus. In einer Reihe von wahrscheinlich von viel Lachen begleiteten Experimenten untersuchten Sarah-Jayne Blakemore und Mitarbeiter (2000), warum man sich nicht selbst kitzeln kann. Sie erklärten dies damit, dass während einer Bewegung die hierdurch erzeugte sensorische Rückmeldung vom Nervensystem kurzfristig unterdrückt wird, weil wir sonst ständig von unnützen Informationen überflutet würden. Blakemore et al. benutzten nun einen speziellen Stift, mit dem eine zeitliche Verzögerung zwischen einer Bewegung und der hierdurch hervorgerufenen leichten Hautberührung variabel erzeugt werden konnte. Je länger die Verzögerung wurde (> 100 ms) und je mehr sie von der Bewegungsrichtung abwich, umso mehr kitzelte sie. Und warum bringt uns Kitzeln zum Lachen? Eine neurophysiologische Erklärung habe ich hierfür nicht. Aber aus biologischer Sicht ähnelt das menschliche Lachen Spielgesten der Primaten. Hiermit signalisieren die Beteiligten, dass es sich bei einer Rauferei um Spaß, nicht um Aggression handelt. Und dies ähnelt doch sehr der typischen Situation beim Kitzeln – ein Scheinangriff, gefolgt von harmlosen Berührungen, die allen Beteiligten (mehr oder weniger) Spaß machen.

Eine Reihe von Studien hat sich mit den Unterschieden zwischen Männern und Frauen beschäftigt. Es verwundert nicht, dass die (meist männlichen) Humorforscher zunächst glaubten, Frauen seien weniger humorvoll. Dabei sind sie allerdings ihren eigenen Vorurteilen auf den Leim gegangen. Im verwendeten Witzmaterial waren mehr frauenfeindliche als männerfeindliche Witze enthalten, die Frauen eben nicht so besonders witzig fanden (Crawford & Gressley 1991).

Und im Gehirn? Azim und Kollegen fanden gleichermaßen bei Männern und Frauen eine Aktivierung des oben bereits beschriebenen linkshemisphärischen und limbischen Netzwerks durch witzige Cartoons (Azim et al. 2005). Dabei aktivierten die Frauen aber stärker als die Männer das linke Stirnhirn und das mesolimbische Belohnungssystem, obwohl es keine Geschlechtsunterschiede in der Bewertung der Witzigkeit gab. Die Autoren interpretieren die stärkere Aktivierung des linken Stirnhirns als einen Hinweis darauf, dass Frauen, denen ja auch größere verbale Fähigkeiten zugeschrieben werden, in einem größeren Ausmaß exekutive Funktionen wie Arbeitsgedächtnis, Umstellungsfähigkeit, verbale Abstraktion, Aufmerksamkeit und Suche nach Irrelevanz benutzen. Die bei Frauen stärkere Aktivierung des mesolimbischen Belohnungssystems wurde damit erklärt, dass Frauen möglicherweise weniger als Männer etwas Witziges erwarten. Es könnte aber auch möglich sein, dass diese Beobachtung letztendlich Ausdruck einer bei Frauen generell stärkeren Aktivierung in emotionalen Gebieten ist. In keinem Areal aktivierten die Männer mehr als die Frauen.

Die Autoren einer anderen Studie (Kohn et al. 2011) betonten die Rolle der emotionalen Verarbeitung und postulierten, dass bei der Wahrnehmung von Cartoons bei Frauen die emotionale Wahrnehmung im Vordergrund stehe (und sich deshalb eine stärkere Aktivierung des mesolimbischen Belohnungssystems wie auch anderer limbischer Gebiete finde). Bei Männern seien stattdessen Gebiete der emotionalen Regulierung aktiv. Allerdings fanden in dieser Studie generell die Frauen die Stimuli witziger als die Männer, was die zerebrale Aktivierung beeinflusst haben kann.

In einer anderen Studie (Vrticka et al. 2013) fanden die

weiblichen Teilnehmerinnen die Witze besser als die männlichen Teilnehmer. Die Autoren untersuchten die Witzwahrnehmung im Vergleich zur Wahrnehmung positiver nichtwitziger Filmclips bei Kindern (6–13 Jahre) mittels fMRT und zwar insbesondere auch den statistischen Zusammenhang zwischen Aktivierung von ventromedialem präfrontalem Kortex, Amygdala und Mittelhirn. Sie stellten einen Zusammenhang her zwischen Erwartung eines guten Witzes (hohe Aktivität im vmPFC), der Bedeutungserkennung desselben (»salience«, in der Amygdala) und der Sensitivität dafür (Aktivierung des Mittelhirns). So betrachtet zeigten die Mädchen in der Studie eine geringere Erwartung und eine höhere Sensitivität und Reaktivität auf Witze als die Jungen. Die Autoren stellten dann die Hypothese auf, dass die Mädchen weniger Positives oder Belohnung erwarten (von den Witzen, aber vielleicht auch sonst vom Gegenüber) als die Jungen, und deshalb sensitiver sind – was wiederum bei der späteren Auswahl von Geschlechtspartner eine Hilfe sein könnte. Und sie schlagen den Bogen dann noch weiter, nämlich zu der Aussage, dass diese reduzierte Erwartung (letztendlich an das Leben im Allgemeinen) Frauen mehr als Männer prädestiniert für Depression (die ja bei Frauen häufiger auftritt).

Vielleicht ist hier aber auch die Erwartung an die Aussagekraft von fMRT-Studien etwas zu hoch geschraubt? Auf jeden Fall sind auch in Bezug auf Geschlechtsunterschiede noch viele Fragen offen. Insbesondere ist nicht klar, inwiefern die beschriebenen Unterschiede generell zwischen Männern und Frauen bestehen oder wie viel davon spezifisch für die Verarbeitung von Witzmaterial ist.

Fast wie Science Fiction wirkt die Studie von Sawahata und Mitarbeitern (Sawahata et al. 2013). Mithilfe von fMRT gelang es ihnen, aus den zerebralen Reaktionen von zehn Versuchspersonen auf Comedy-Filme einen Algorithmus zu erstellen, mit dem sich bei anderen Versuchspersonen im Scanner vorhersagen ließ, ob sie kurz danach mit Erheiterung reagieren würden! Die Hirnaktivität in bestimmten Gebieten (rechts dorsolateral präfrontal und rechts temporal) scheint der Entscheidung, einen Schieber zu bedienen, mit dem sie ihre Erheiterung anzeigten, um bis zu zwei Sekunden vorauszugehen. Witzig übrigens auch die Herkunft der Wissenschaftler – sie arbeiten in einem Labor einer japanischen Fernsehgesellschaft und formulieren auch als Hintergrund ihrer Studie das Ziel, Comedy-Produktionen zu verbessern.

Ist Lachen gesund, leben Menschen mit Humor besser?

Mit Stress und Erheiterung beschäftigten sich van Steenbergen und Mitarbeiter (van Steenbergen et al. 2015). Sie untersuchten die Adapation der zerebralen Aktivität je nach Schwierigkeit einer Aufgabe und die Beeinflussung dieses Prozesses durch witzige Cartoons: Je schwieriger eine Aufgabe (hier Knopfdruck bei bestimmten Stimuli) war, desto mehr Aktivität findet sich in den beteiligten Gehirngebieten bei der darauf folgenden Aufgabe, was dann auch in einer kürzeren Reaktionszeit resultierte – d.h., man strengt sich mehr an beim nächsten Mal. Wenn aber zwischen den beiden Aufgaben ein witziger statt eines neutralen Cartoons gezeigt wurde, gab es diesen Effekt nicht. Das lässt sich nun unterschiedlich interpretieren: »Erheiterung macht faul« wäre eine Möglichkeit. Ich halte es aber lieber mit den Autoren, die meinen, dass das Ergebnis einen wertvollen Einblick gebe, wie positiver Affekt und Humor ein Antidot gegen Stressreaktionen bei Anforderungen im Alltag sein könnten.

Dass die Förderung von Humorfähigkeiten in einem siebenwöchigen Training die Ausschüttung des Stresshormons Kortisol reduziert, konnten wir mittels Haaranalyse bei Patienten mit therapieresistenter Angina pectoris zeigen (Voss et al. 2019).

Die spannendste neue Studie zum Thema Lachen und Gehirn aber stammt von Manninen et al. (2017). Schon länger gab es die Hypothese, dass beim Lachen Endorphine freigesetzt werden, also körpereigene schmerzreduzierende Substanzen. Indirekte Belege dafür lieferten Studien, die zeigten, dass man Schmerzen besser aushalten kann, wenn man zuvor erheitert wurde und kräftig gelacht hat (Zweyer et al. 2004; Dunbar et al. 2012). Manninen et al. (2017) nun gelang es, die Endorphinfreisetzung direkt zu messen. Mittels einer radioaktiv markierten Substanz ([11C] Carfentanil), die an Rezeptoren (sog. µ-Opioidrezeptoren) mit hirneigenen Endorphinen konkurrieren, konnten sie zeigen, dass beim Betrachten witziger YouTube-Filme in Gesellschaft von zwei Freunden Endorphine ausgeschüttet werden. Die Anwesenheit der Freunde war den Autoren wichtig, denn sie sehen die Funktion von gemeinsamem Lachen und Endorphinen in einem größeren Zusammenhang. Sie argumentieren, dass gemeinsames Lachen den Zusammenhalt in größeren Gruppen stärkt. In kleinen Gruppen können die Beziehungen durch direkten Körperkontakt gefestigt werden (das »Lausen« bei Affen hat ähnliche Funktionen wie das Streicheln bei Menschen). Körperkontakt wiederum führt zur Endorphinausschüttung. In größeren Gruppen könnte das Lachen diese Funktion übernehmen und soziale Beziehungen schaffen und erhalten. In der Studie von Manninen et al. gab es übrigens auch einen Zusammenhang zwischen der Zahl der Rezeptoren und dem Ausmaß an Lachern: Je mehr (ungesättigte) Rezeptoren für Endorphine am Anfang vorhanden waren, desto mehr lachten die Probanden. In einer früheren Studie hatten die Autoren einen Zusammenhang gesehen zwischen der Zahl der Opiodrezeptoren und dem Bindungsstil (je weniger Opioidrezeptoren frei waren, desto mehr vermieden die Teilnehmer soziale Bindungen, Nummenmaa et al. 2015). Sie postulieren deshalb, dass Menschen mit mehr Opioidrezeptoren auch durch Lachen Beziehungen mit anderen Gruppenmitgliedern verstärken und auf das Lachen anderer stärker reagieren.

Hier ist noch viel Spekulation im Spiel, aber die Ergebnisse passen zu dem, was wir alle spüren: Lachen ist gesund und Humor wichtig. Damit lässt sich auch besser verstehen, dass sich bei uns Menschen Humor entwickelt hat (der vielleicht manchen Humoristen wie Mark Twain den Lebensunterhalt sichert, aber nicht unbedingt auf den ersten Blick lebensnotwendig erscheint und trotzdem so viele Hirnareale benötigt).

Humor ist aber eben eine Fähigkeit, die uns das Zusammenleben erleichtert, uns hilft mit eigenen Unzulänglichkeiten und den Fehlern anderer umzugehen und sogar Aggressionen sozialverträglich auszudrücken.

Oder, wie es der leider kürzlich verstorbene Zeichner Mordillo so weise ausgedrückt hat: »Nachdem Gott die Welt erschaffen hatte, schuf er Mann und Frau. Um das Ganze vor dem Untergang zu bewahren, erfand er den Humor.«

Literatur

Arroyo, S, Lesser, RP, Gordon, B, Uematsu, S, Hart, J, Schwerdt, P, Andreasson, K, Fisher, RS (1993). Mirth, laughter and gelastic seizures. Brain; 116: 757–780.

Azim, E, Mobbs, D, Jo, B, Menon, V, Reiss, A. (2005) Sex differences in brain activation elicited by humor. PNAS; 102: 16496–16501.

Blakemore, S-J, Wolpert, D, Frith, C (2000). Why can't you tickle yourself? NeuroReport; 11: R11–R16.

Blakemore, S-J, Fonlupt, P, Pachot Clouard, M, Darmon, C, Boyer, P, Meltzoff, AN, Segebarth, C, Decety, J (2001). How the brain perceives causality: an event-related fMRI study. Neuroreport; 12: 3741–3746.

Brunet, E, Sarfati, Y, Hardy Bayle, MC, Decety, J (2000). A PET investigation of the attribution of intentions with a nonverbal task. Neuroimage; 11: 157–166.

Caruana, F, Avanzini, P, Gozzo, F, Francione, S, Cardinale, F, Rizzolatti, G (2015). Mirth and laughter elicited by electrical stimulation of the human anterior cingulate cortex. Cortex; 71: 323–331.

Caruana, F, Gozzo, F, Pelliccia, V, Cossu, M, Avanzini, P (2016). Smile and laughter elicited by electrical stimulation of the frontal operculum. Neuropsychologia; 89: 364–370.

Caruana, F, Avanzini, P, Gozzo, F, Pelliccia, V, Casaceli, G, Rizzolatti, G (2017). A mirror mechanism for smiling in the anterior cingulate cortex. Emotion; 17: 187–190.

Crawford, M, Gressley, D (1991). Creativity, caring, and context. Women's and men's accounts of humor preferences and practices. Psychology of Women Quarterly; 15: 217–231.

Dagge, M, Hartje, W (1985). Influence of contextual complexity on the processing of cartoons by patients with unilateral lesions. Cortex; 21: 607–616.

Duchenne de Boulogne, G-B (1862). The Mechanism of Human Facial Expression. New York: Cambridge University Press 1990.

Dunbar, RI, Baron, R, Frangou, A, Pearce, E, van Leeuwen, EJC, Stow, J, Partridge, G, MacDonald, I, Barra, V, van Vugt, M (2012). Social laughter is correlated with an elevated pain threshold. Proc Biol Sci; 279: 1161–1167.

Ekman, P, Friesen, WV (1982). Felt, false, and miserable smiles. J Nonverb Behav; 6: 238–258.

Franks, NP, Lieb, WR (1998). A serious target for laughing gas. Nat Med; 4: 383–384.

Gardner, H, Ling, PK, Flamm, L, Silverman, J (1975). Comprehension and appreciation of humorous material following brain damage. Brain; 98: 399–412.

Goel, V, Dolan, RJ (2001). The functional anatomy of humor: segregating cognitive and affective components. Nature Neurosci; 4: 237–238.

Goldin, PR, Hutcherson, CAC, Ochsner, KN, Glover, GH, Gabrieli, JDE, Gross, JJ (2005). The neural basement of amusement and sadness: A comparison of block contrast and subject-specific emotion intensity regression approaches. NeuroImage; 27: 25–36.

Huang, Y, Aronson, JP, Pilitsis, JG, Gee, L, Durphy, J, Molho, ES, Ramirez-Zamora, A (2018). Anatomical correlates of uncontrollable laughter with unilateral subthalamic deep brain stimulation in Parkinson's disease. Front Neurol; 9: 341.

Iacoboni, M, Woods, RP, Brass, M, Bekkering, H, Mazziotta, JC, Rizzolatti, G (1999). Cortical mechanisms of human imitation. Science; 286: 2526–2528.

Ironside, R (1956). Disorders of laughter due to brain lesions. Brain; 79: 589–609.

Iwase, M, Ouchi, Y, Okada, H, Yokoyama, C, Nobezawa, S, Yoshikawa, E, Tsukada, H, Takeda, M, Yamashita, K, Takeda, M, Yamaguti, K, Kuratsune, H, Shimizu, A, Watanabe, Y (2002). Neural substrates of human facial expression of pleasant emotion induced by comic films: A PET study. NeuroImage; 17: 758–768.

Kohn, N, Kellermann, T, Gur, RC, Schneider, F, Habel, U (2011). Gender differences in the neural correlates of humor processing: implications for different processing modes. Neuropsychologia; 49: 888–897.

Krack, P, Kumar, R, Ardouin, C, Limousin Dowsey, P, McVicker, JM, Benabid, A-L, Pollak, P (2001). Mirthful laughter induced by subthalamic nucleus stimulation. Movement Disord; 16: 867–875.

Magnus, A (1837). Fall von Aufhebung des Willenseinflusses auf einige Hirnnerven. In: Müller, J (Hrsg). Archiv für Anatomie, Physiologie und Wissenschaftliche Medicin. Berlin: Verlag von W. Thome; 258–266.

Manninen, S, Tuominen, L, Dunbar, RI, Karjalainen, T, Hirvonen, J, Arponen, E, Hari, R, Jääskeläinen, IP, Sams, M, Nummenmaa, L (2017). Social laughter triggers endogenous opioid release in humans. J Neurosci; 37: 6125–6131.

Martin, A, Chao, L (2001). Semantic memory and the brain: structure and processes. Curr Opin Neurobiol; 11: 194–211.

Meyer, M, Zysset, S, von Cramon, Y, Alter, K (2005). Distinct fMRI responses to laughter, speech, and sounds along the human peri-sylvan cortex. Cogn Brain Res; 24: 291–306.

Mobbs, D, Greicius, MD, Abdel-Azim, E, Menon, V, Reiss, AL

(2003). Humor modulates the mesolimbic reward centers. Neuron; 40: 1041–1048.

Moran, JM, Wig, GS, Adams, RB, Janata, P, Kelley, WM (2004). Neural correlates of humor detection and appreciation. NeuroImage; 21: 1055–1060.

Nummenmaa, L, Manninen, S, Tuominen, L, Hirvonen, J, Kalliokoski, KK, Nuutila, P, Jääskeläinen, IP, Hari, R, Dunbar, RI, Sams, M (2015). Adult attachment style is associated with cerebral µ-opioid receptor availability in humans. Hum Brain Mapp; 36: 3621–3628.

Okun, MS, Bowers, D, Springer, U, Shapira, NA, Malone, D, Rezai, AR, Nuttin, B, Heilman, KM, Morecraft, RJ, Rasmussen, SA, Greenberg, BD, Foote, KD, Goodman, WK (2004). What's in a »smile«? Intra-operative observations of contralateral smiles induced by deep brain stimulation. Neurocase; 10: 271–279.

Osaka, N, Osaka, M (2005). Striatal reward areas activated by implicit laughter induced by mimic words in humans: a functional magnetic resonance imaging study. Neuroreport; 16: 1621–1624.

Ruch, W (ed) (1998). The Sense of Humor: Explorations of a Personality Characteristic. Berlin: Mouton de Gruyter.

Ruch, W, Hehl, F-J (1998). A two-mode model of humor appreciation: Its relation to aesthetic appreciation and simplicity-complexity of personality. In: Ruch, W (ed). The Sense of Humor: Explorations of a Personality Characteristic. Berlin: Mouton de Gruyter; 109–142.

Sander, K, Scheich, H (2001). Auditory perception of laughing and crying activates human amygdala regardless of attentional state. Cogn Brain Res; 12: 181–198.

Sawahata, Y, Komine, K, Morita, T, Hiruma, N (2013). Decoding humor experiences from brain activity of people viewing comedy movies. PloS One; 8: e81009.

Shammi, P, Stuss, DT (1999). Humour appreciation: a role of the right frontal lobe. Brain; 122: 657–666.

Suls, J (1972). A two-stage model for the appreciation of jokes and cartoons. In: Goldstein, JH, McGhee, P (eds). The Psychology of Humor: Theoretical Perspectives and Empirical Issues. New York: Academic Press; 81–100.

van Steenbergen, H, Band, GP, Hommel, B, Rombouts, SA, Nieuwenhuis, S (2015). Hedonic hotspots regulate cingulate-driven adaptation to cognitive demands. Cereb Cortex; 25: 1746–1756.

Voss, M, Wild, B, Hirschhausen, E von, Fuchs, T, Ong, P (2019). Effekt von Humortraining auf Stress, Heiterkeit und Depression bei Patienten mit koronarer Herzkrankheit und therapierefraktärer Angina pectoris. Herz; online verfügbar unter https://doi.org/10.1007/s00059-019-4813-8.

Vrticka, P, Neely, M, Walter Shelly, E, Black, JM, Reiss, AL (2013). Sex differences during humor appreciation in child-sibling pairs. Social Neurosci 2013; 8: 291–304.

Wapner, W, Hamby, S, Gardner, H (1981). The role of the right hemisphere in the apprehension of complex linguistic material. Brain and Language; 14: 15–33.

Wild, B, Rodden, FA, Grodd, W, Ruch, W (2003). Neural correlates of laughter and humour: a review. Brain; 126: 2121–2138.

Wild, B, Rodden, FA, Rapp, A, Erb, M, Grodd, W, Ruch, W (2006). Humour and smiling: cortical regions selective for cognitive, affective and volitional components. Neurology; 66: 887–893.

Yan, H, Liu, C, Yu, T, Yu, K, Xu, C, Wang, X, Ni, D, Li, Y (2019). Mirth and laughter induced by electrical stimulation of the posterior insula. J Clin Neurosci; 61: 269–271.

Zaidel, E, Kasher, A, Soroker, N, Batori, E (2002). Effects of right and left hemisphere damage on performance of the »right hemisphere communication battery«. Brain and Language; 80: 510–535.

Zweyer, K, Velker, B, Ruch, W (2004). Do cheerfulness, exhilaration, and humor production moderate pain tolerance? A FACS study. Humor; 17: 85–119.

12 Glaubst du noch oder denkst du schon?

Moderne Hirnforschung und religiöse Gefühle

Vince Ebert

Im Zeitalter der Aufklärung war man sicher, dass durch Logik und Vernunft Dinge wie Aberglauben, Mythen und Magie schnell der Vergangenheit angehören würden. So kann man sich täuschen. 250 Jahre danach lassen sich sinnsuchende Akademiker von Kinesiologen Fruchtzucker-Intoleranzen auspendeln oder lernen in Rebirthing-Workshops, wie unglaublich wichtig die eigene Geburt für das spätere Leben ist.

Einer Allensbach-Umfrage zufolge glaubt über die Hälfte aller Deutschen an die Existenz von Engeln. Die Esoterikbranche erwirtschaftet pro Jahr einen Umsatz von 400 Millionen Euro. Und über 11 % der Bevölkerung sind sogar davon überzeugt, dass Politiker im Großen und Ganzen glaubwürdig sind. Ist das nicht verrückt?

Die Bereitschaft, offensichtlichen Unsinn zu glauben, ist – so scheint es – grenzenlos. Neulich erst erzählte mir eine gute Bekannte: »Du, ich hatte wirklich mal einen Freund, der konnte in die Zukunft blicken. Aber er hat mich leider verlassen, zwei Wochen, bevor wir uns kennen gelernt haben...«

- Wie kommt es also, dass sich intelligente, gebildete Menschen im Zweifel gegen den Zweifel entscheiden?
- Warum ist Leichtgläubigkeit faszinierender als Logik?
- Wieso glaubt der Mensch, wenn er stattdessen denken könnte?

Da dies ein Buch über Hirnforschung ist, liegt die Vermutung nahe, dass die Antwort darauf etwas mit der Arbeitsweise des Gehirns zu tun haben könnte. In der Tat. Unser Gehirn ist nämlich darauf spezialisiert, Strukturen und Ordnungen zu erkennen. Ein kleines Beispiel. Was sehen Sie in der folgenden Abbildung? (Abb. 12-1)

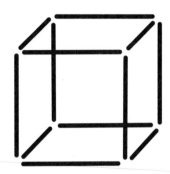

Abb. 12-1

Einen Würfel? Ich muss Sie leider enttäuschen. In Wirklichkeit sehen Sie zwölf schwarze Linien auf einem weißen Blatt Papier. Der Würfel ist nichts anderes als eine Interpretation Ihres Gehirns. Die nächste Abbildung enthält exakt die gleiche Information (Abb. 12-2).

Abb. 12-2

Falls Sie übrigens auch da einen Würfel erkennen können, sollten Sie einen guten Neurologen aufsuchen.

Ein wesentlicher Grund für optische Täuschungen liegt in der Verarbeitung von äußeren Signalen. Die menschliche Netzhaut hat ca. 130 Millionen Rezeptoren, doch der Sehnerv kann gerade mal 1 Million Informationen weiterleiten. Das heißt: Über 99 % der gesamten optischen Realität schustert sich unser Gehirn selbst zusammen. Insofern ist es eigentlich ein Wunder, dass wir jeden Morgen unseren Partner wieder neu erkennen können (obwohl es manchmal ziemlich schwer sein kann). Das ist natürlich eine unglaubliche Leistung, gleichzeitig aber auch ein großer Nachteil. Denn dadurch erkennt unser Gehirn auch dann Strukturen und Ordnungen, wenn es überhaupt keine gibt. »Wärme dehnt die Dinge aus – deswegen sind die Tage im Sommer länger!« Klingt logisch, ist aber falsch.

Oder ist Ihnen schon mal aufgefallen, dass der Mond viel größer ist, wenn er knapp über dem Horizont steht und durch die Bäume scheint? Auch da spielt uns unser Gehirn einen Streich. Objekte erscheinen nämlich immer dann als sehr viel größer, wenn in ihrem Umfeld optische Störgrößen vorhanden sind. Deswegen lassen wahrscheinlich viele Männer beim Sex auch die Socken an.

Diese Mond-Illusion kann man übrigens ganz einfach abschalten, indem man den Mond kopfüber anschaut. Probieren Sie's aus! Wenn das nächste Mal der Mond knapp über dem Horizont steht, dann schauen Sie ihn einfach durch die Beine an, und zack – er schrumpft auf die normale Größe. In dem Zusammenhang noch ein kleiner Tipp an die Leserinnen: Wenn Ihre neue Eroberung zum ersten Mal die Hosen runter lässt – einfach mal die Perspektive wechseln.

Sie sehen: Dieser glibberige Klumpen da oben gaukelt

uns ziemlich viel vor, was wir als »Realität« bezeichnen. Seien Sie deshalb kritisch und glauben Sie nicht alles. Wenn die Ampel rot ist, fahren Sie einfach drüber. Es könnte eine optische Täuschung sein. Selbst Zeit und Raum werden im Gehirn stärker verzerrt, als Albert Einstein es sich hätte träumen lassen. Die letzte Spielminute dauert ewig. Das Tor des Gegners ist kleiner, der Torwart größer. Unser gesamtes Bild von der Umwelt gleicht nicht einem Foto, sondern eher einem mittelalterlichen Gemälde, in dem bedeutende Personen größer dargestellt sind. Ärmere Kinder überschätzen die Größe von Geldmünzen. Wenn wir Fieber haben, arbeitet die Zeitwahrnehmung schneller. Adrenalin bewirkt das Gleiche. Deshalb haben ängstliche Menschen wahrscheinlich immer das Gefühl, alles könne zu spät sein.

Und weil das Gehirn die Realität eben nicht identisch abbildet, sondern mehr oder weniger willkürlich *konstruiert*, können wir gar nicht anders, als uns etwas vorzumachen. 80 % aller weiblichen Autofahrer halten sich für überdurchschnittlich gute Verkehrsteilnehmer. Bei den Männern liegt der Anteil sogar bei 104 %. Auch wer nicht viel von Statistik versteht, kommt hier ins Stutzen.

Doch es gibt Hoffnung. Das Gehirn ist nämlich nicht nur in der Lage, sich glaubhaft eine Wirklichkeit vorzugaukeln, sondern es ist glücklicherweise auch fähig, sich dieser Täuschungen bewusst zu werden. Genau aus diesem Grund kam es zu der Erfindung von Wissenschaften. Schon immer wollte man wissen, nach welchen Regeln und Gesetzen die Welt funktioniert. Dabei erkannte man jedoch, dass einem der erste Eindruck, die Intuition, ziemlich oft einen Streich spielt. Die meisten Denkirrtümer basieren nämlich nicht auf Fehlern unserer Logik, sondern auf einseitigen Wahrnehmungen. Wir nehmen wahr, was wir erwarten. Ludwig Wittgenstein fragte einmal einen Bekannten: »Warum hielten es die Menschen so lange für ganz natürlich, dass die Sonne um die Erde kreist und sich die Erde nicht dreht?« Darauf bekam er die Antwort: »Es hat eben den Anschein, dass sich die Sonne um die Erde dreht.« Worauf Wittgenstein erwiderte: »Wie hätte es denn ausgesehen, wenn es den Anschein gehabt hätte, dass sich die Erde um die Sonne dreht?«

Das bedeutet natürlich keinesfalls, dass wir unser Bauchgefühl ignorieren sollten. Im Gegenteil. Unsere Intuition gibt uns zunächst einmal einen ersten Anhaltspunkt, wie die Welt funktionieren *könnte*. Nicht mehr und nicht weniger. Um aber zu erkennen, ob diese Vorstellung auch der Realität entspricht oder ob man eventuell einem Irrtum aufsitzt, muss sie mit der Realität abgeglichen werden. Genau das ist der Grundgedanke von Wissenschaft. Wissenschaftliches Denken ist, banal gesagt, eine Methode zur Überprüfung von Vermutungen. Wenn ich beispielsweise vermute, dass im Kühlschrank noch Bier sein könnte und auch nachschaue, ob dies denn stimmt, betreibe ich im Prinzip schon eine Vorform von Wissenschaft. Das ist im Übrigen der große Unterschied zur Theologie. In der Theologie werden Vermutungen in der Regel nicht überprüft. Wenn ich also nur behaupte, dass im Kühlschrank Bier ist, bin ich Theologe. Wenn ich nachsehe, bin ich Wissenschaftler. Wenn ich nachsehe und nichts finde, aber trotzdem behaupte, dass Bier drin ist, dann bin ich Esoteriker.

Was aber mache ich, wenn der Kühlschrank abgeschlossen ist? Dann muss ich versuchen, die Wahrheit anderweitig herauszufinden. Ich kann z. B. daran rütteln, ich kann ihn wiegen oder mit Röntgenstrahlen durchleuchten. Ich kann das Ding sogar abfackeln und danach die Verbrennungsprodukte auf Bier untersuchen. Das alles ist natürlich extrem aufwändig und langwierig. Deshalb kann ein Esoteriker in fünf Minuten auch mehr Unsinn behaupten, als ein Wissenschaftler in seinem ganzen Leben widerlegen kann. Aber selbst wenn ich alle möglichen Experimente durchgeführt habe, habe ich trotzdem nie die volle Gewissheit, ob sich in diesem blöden Kühlschrank tatsächlich Bier befindet. Ein Restzweifel bleibt immer. Weil ich mit jedem Experiment immer nur einen kleinen Teil der Wirklichkeit abbilden kann. Das ist der Grund, weshalb es in der Wissenschaft kein absolut gesichertes Wissen gibt. Ein Dilemma, das einige sicherlich aus dem privaten Bereich kennen. Oder wie meine Oma zu sagen pflegte: »Bub, Beziehung ist der Zeitraum im Leben, bis was Besseres auftaucht...«

Etwas seriöser formulierte es vor 2500 Jahren der Philosoph Sokrates: »Ich weiß, dass ich nichts weiß.« Und daran hat sich bis zum heutigen Tage eigentlich gar nicht so viel geändert.

- Wie kam das Leben auf die Erde?
- Was war vor dem Urknall?
- Warum und womit schnurren Katzen?
- Und warum kotzen die immer nur auf den Teppich und nie aufs Parkett?

Das sind trotz intensiver Untersuchungen und Studien nach wie vor ungeklärte Fragen. Der am besten gesicherte Teil unseres Wissens besteht immer noch darin, was wir *nicht* wissen. Und es war schon immer eine große Versuchung, diese Wissenslücken mit den unterschiedlichsten Glaubensvorstellungen aufzufüllen. Sonnenaufgang und -untergang wurden einst Helios und seinem flammenden Streitwagen zugeschrieben. Erdbeben und Flutwellen waren die Rache Poseidons. Und genau wie heute waren Skeptiker und Zweifler eher in der Minderheit. Schon Hippokrates war der Auffassung:

> »*Die Menschen halten die Epilepsie für göttlich, nur weil sie sie nicht verstehen. Aber wenn sie alles göttlich nennen würden, was sie nicht verstehen, dann wäre des Göttlichen kein Ende.*«

Ist also folglich der Glaube widersinnig? Oft scheint es tatsächlich so zu sein. Warum etwa beten Katholiken für ein langes Leben, wenn der Tod doch die Erlösung bedeutet? Das habe ich nie verstanden. Vielleicht, weil die göttliche Macht auf Erden ja direkt vom Papst ausgeht. Und der ist ja bekanntlich der einzige Katholik, der sich durch seinen Tod karrieremäßig verschlechtert.

Natürlich muss man auch fairerweise zugeben, dass uns zunächst einmal gar nichts anderes übrig bleibt als zu glauben. Ob Physiker oder Schamane – wir alle sind gezwungen, uns ein Weltbild zu machen, das über unser eigenes Wissen hinausgeht. Ich habe z. B. jahrelang geglaubt, wenn ich mit nassen Haaren aus dem Haus gehe, tut es einen Schlag und ich bin tot! Das hat meine Oma immer zu mir gesagt. »Bub, zieh 'ne Mütze auf! Und mach nicht so'n Gesicht. *Sonst bleibt's so.*« Und, was ist passiert? Es ist so geblieben.

Die meisten Dinge, die wir wissen, glauben wir nur zu wissen. Natürlich weiß ich nicht wirklich, ob es tatsächlich schwarze Löcher gibt. Oder Bielefeld. Ich glaube, dass das Universum mit dem Urknall entstanden ist. Doch im Gegensatz zu Glaubenssystemen wie Religion, Mystik oder Esoterik kann sich der Wissenschaftler profundes Wissen aneignen, um es herauszufinden.

Wissenschaft ist der Versuch, bei der Erklärung der Natur ohne die Inanspruchnahme von Wundern auszukommen. Das geht freilich nur mit einem gnadenlosen Testverfahren. Die harte, aber gerechte Regel heißt: Wenn eine Idee nicht funktioniert, muss sie über Bord geworfen werden. Noch vor 150 Jahren waren praktisch alle Ärzte davon überzeugt, dass Bahnfahren automatisch zu psychischen Erkrankungen führt. Und seit dem Lokführerstreik konnte man es auch tatsächlich nachweisen.

Selbst die Relativitätstheorie ist nur deswegen richtig, weil es bisher noch keinem gelungen ist, sie zu widerlegen. Wenn Sie nur ein einziges Experiment finden, dass eindeutig nachweist, dass sich Einstein irrte, dann hätte Einstein ein großes Problem. In der Religion ist es oft genau umgekehrt. Galilei wies eindeutig nach, dass sich die Kirche irrte – und somit hatte Galilei ein großes Problem.

Wissenschaftliche Systeme basieren also auf der Suche nach dem Zweifel, Glaubenssysteme dagegen basieren auf dem Zweifelsverzicht. Denn die Aussage »Es gibt einen Gott« ist weder beweisbar noch widerlegbar. Das bedeutet freilich nicht, dass sie zwangsläufig falsch ist. Aber wenn ich eine Aussage nicht überprüfen kann, habe ich auch keine Chance, herauszufinden, ob ich einer Täuschung oder einer Lüge aufsitze. Der Philosoph Bertrand Russell wurde einmal gefragt, was er tun würde, wenn er nach seinem Tod Gott gegenüberstünde und erklären müsste, warum er nicht an ihn geglaubt habe. Russell dachte kurz nach und sagte dann den legendären Satz: »Ich würde antworten: keine ausreichenden Anhaltspunkte, Gott. Keine ausreichenden Anhaltspunkte…«

Dieses Dilemma ist natürlich auch den Kirchen bewusst. Daher gab es im Laufe der Religionsgeschichte immer wieder große Bestrebungen, intelligente und schlüssige Testverfahren zu entwickeln. Denken Sie nur an die Beweisführung von Hexenprozessen! Die verdächtige Person wurde an Armen und Beinen zusammengebunden und in einen Fluss geworfen. Blieb sie an der Oberfläche, war sie eine Hexe und wurde danach verbrannt. Ging sie unter, war sie unschuldig und ist ertrunken. Aus der Sicht der Kirche eine klassische Win-win-Strategie, die noch vor 300 Jahren in Europa zehntausendfach mit großem Erfolg durchgeführt wurde. Das ist im Übrigen auch der Grund, weshalb es in der heutigen Zeit praktisch keine Hexen mehr gibt. Weil uns die heilige Inquisition die Welt sozusagen besenrein übergeben hat.

In dem Zusammenhang soll natürlich nicht verschwiegen werden, dass es durchaus eine Menge von Phänomenen gibt, bei denen selbst die Wissenschaftler an Erkenntnisgrenzen stoßen. So gibt es in Offenbach einen Reiki-Lehrer, der fliegen kann. Gut, zwar nur in eine Richtung, aber immerhin. Oder wenn man einen Menschen auffordert, an etwas Positives zu denken und gleichzeitig seine Körpertemperatur misst, dann steigt sie leicht an oder bleibt gleich oder sinkt minimal. Und jetzt kommt das Erstaunliche: Bei etwas Negativem ist es genau umgekehrt!

Wenn Glaubenssysteme anscheinend etwas so offenkundig Unlogisches und Irrationales sind, wieso aber gibt es sie dann? Nach den Kriterien der evolutionären Selektion sollten sich ja eigentlich nur Eigenschaften durchsetzen, die in irgendeiner Form von Nutzen sind. Was aber nützt dem Homo sapiens der Glaube an das Unbeweisbare? Dazu im Folgenden vier Erklärungsmodelle.

Große Gehirne stellen unangenehme Fragen

Auch wenn es oft nicht danach aussieht, aber der Mensch kann nichts besser als Denken. Über 20 % der gesamten Energiezufuhr gehen direkt in die Birne. Ob Sie wollen oder nicht. Und für die wirklich wichtigen Tätigkeiten wie Schlafen, Essen, Verdauung und Fortpflanzung reicht im Prinzip das Rückenmark. Warum also leistet sich die Evolution so eine unglaubliche Verschwendung? Weil wir sonst nichts anderes gut können. Praktisch jedes Lebewesen ist uns in irgendeiner Eigenschaft haushoch überlegen. Eine Languste z. B. kann das Magnetfeld der Erde so empfindlich wahrnehmen, dass sie von jedem beliebigen Ort im Meer wieder zurück nach Hause findet. Ich bin in einem normalen Parkhaus schon überfordert. Oder es gibt eine Tintenfischart, bei der das Männchen einen Begattungsarm besitzt, der sich vom eigentlichen Körper abtrennen kann. Wirklich. Der schwimmt dann mit dem Samen alleine weg und befruchtet selbstständig die Weibchen. Im Endeffekt eine super Sache. Wenn beispielsweise die Paarungszeit genau mit dem Bundesligastart zusammenfällt.

Und was können wir? Wir können nicht besonders gut hören oder riechen, sind kümmerlich behaart (zumindest die meisten) und haben keine Krallen oder Reißzähne. Als wir vor zwei Millionen Jahren auf der Bildfläche erschienen, hätte jede Marketing-Abteilung schon vor der Serienproduktion gesagt: »Aufrechter Gang? Braucht kein Mensch!«

Trotzdem haben wir uns vermehrt wie die Karnickel. Wir haben Herden gebildet. Und haben das Rad, die Pockenschutzimpfung und schließlich sogar den elektrischen Fensterheber erfunden. Weil wir nichts besonders gut können – außer Denken. Das ist unsere evolutionäre

Nische. So gesehen ist Intelligenz eigentlich nicht die Krone der Schöpfung, sondern eher der Notnagel. Trotzdem haben wir es damit in erstaunlich kurzer Zeit an die Spitze der Nahrungskette geschafft.

Doch wie jedes Wunderwerk – Sie ahnen es vielleicht schon – hat auch das menschliche Gehirn ein paar kleine Konstruktionsfehler. Bei genauerem Hinsehen erweist sich nämlich die herausragende Fähigkeit unseres Hirns, Zusammenhänge zu konstruieren und nach Ursachen und Wirkungen zu suchen, ab und an als intellektueller Bumerang.

So ist es eine große Versuchung, zwei Ereignisse miteinander in Verbindung zu bringen und zu behaupten, das eine sei die Ursache des anderen. Die Mutter von Johannes Kepler wurde wegen Hexerei verhaftet, weil ihr Besuch bei einer Nachbarin unglücklicherweise mit einer schweren Krankheit der Nachbarin zusammenfiel. Wer so denkt, verwechselt Korrelationen mit Kausalitäten. Anders gesagt: Verursachen Zahnspangen Pubertät? Nun, Zahnspangen und Pubertät sind miteinander korreliert. Was nichts anderes bedeutet, als dass beide Ereignisse gleichzeitig auftreten. Dieser Denkfehler, der Kausalität mit Korrelation verwechselt, ist ziemlich tückisch. Denn nur weil zwei Ereignisse gleichzeitig auftreten, heißt das noch lange nicht, dass das eine die Ursache vom anderen ist. Vor ein paar hundert Jahren hat ein russischer Zar herausgefunden, dass in der Provinz mit den meisten Ärzten auch die meisten Leute krank waren. Und was hat er getan? Er hat befohlen, die Ärzte zu erschießen. Darauf kommt noch nicht mal unser Gesundheitsministerium.

Der zweite Schwachpunkt unseres Gehirns ist, dass es paradoxerweise in der Lage ist, sich Fragen zu stellen, die es von vornherein nicht beantworten kann. Was macht die

Zeit, wenn sie vergangen ist? Hat das Universum einen Sinn? Und wieso sind Gebrauchsanleitungen von elektrischen Saftpressen so dick wie ein russisches Revolutionsepos?

Genau an diesem Punkt kommt der Glaube ins Spiel. Unser tief sitzendes Bedürfnis, hinter jedem Ereignis irgendwelche Gründe anzunehmen, führte automatisch zu der Erfindung von Ritualen, zu Aberglauben und Gottheiten.

Dies kann man selbst bei Laborratten beobachten. Stellen Sie sich einen drei Meter langen Käfig vor, an dessen Ende ein Fressnapf steht. In diesen Käfig lässt man nur eine Laborratte. Die Versuchsanordnung ist so konstruiert, dass nach zehn Sekunden Futter in den Napf fällt, vorausgesetzt, dass die Ratte erst zehn Sekunden nach dem Öffnen an den Napf kommt. Kommt sie in weniger als zehn Sekunden an, bleibt der Napf leer. Nach einigem Ausprobieren erfasst die Ratte die offensichtliche Beziehung zwischen dem Erscheinen von Futter und der verstrichenen Zeit. Da sie aber normalerweise für den Weg zum Napf nur etwa zwei Sekunden braucht, muss sie die restlichen acht Sekunden irgendwie »verbummeln«. Indem sie beispielsweise drei Pirouetten ausführt. Die Ratte jedoch nimmt irrtümlich an, dass die Ausführung der Pirouetten der Auslöser für das Futter ist. Mit der Folge, dass sie bei jedem weiteren Gang zum Fressnapf akribisch immer wieder das gleiche Ritual ausführt. Die Ratte wurde also abergläubisch. Kommt Ihnen das nicht bekannt vor?

Offenbar ist also aus dem im Gehirn angelegten Deutungsbedürfnis nach Sinn und Zweck auch der Glaube entstanden. Denn das menschliche Hirn hasst nichts so sehr wie Ambivalenz. Unangenehmerweise wimmelt unsere Welt aber von unklaren Phänomenen. Die meisten Dinge sind verdammt komplex. Frauen zum Beispiel oder Männer. Erst recht Frauen *und* Männer. Das Wetter, unser Girokonto, das Tarifsystem der Deutschen Bahn. Wie soll man das alles nur erklären? Dahinter *muss* doch etwas Größeres, Magisches stecken.

Anscheinend können wir uns nur sehr schwer damit abfinden, dass es möglicherweise zu den meisten Fragen überhaupt keine Antworten gibt. Oder dass vieles im Leben einfach so passiert. Ohne irgendeinen höheren, göttlichen Plan. Wenn uns z. B. irgendetwas Schlimmes widerfährt, fragen viele Menschen automatisch nach dem Sinn. Erstaunlicherweise fragen sehr wenige nach dem Sinn, wenn es ihnen gut geht oder wenn nichts Schlimmes passiert. Der Mensch ist von Natur aus egozentrisch. Und daher hat jede Form von Glauben quasi einen Heimvorteil. Denn kaum einen anderen Gedanken können wir so schlecht akzeptieren wie die Idee, dass wir vielleicht doch nicht der Höhepunkt von irgendetwas sind.

Das ist der Hauptgrund, weshalb die Evolutionstheorie von fundamentalistischen Gläubigen bekämpft wird.
- Kann so etwas Komplexes wie das menschliche Gehirn nur durch Zufall entstanden sein?
- Muss da nicht ein göttlicher Plan dahinterstecken?
- Wenn uns aber wirklich ein intelligenter Designer erschaffen hat, warum hat er dann so etwas Unnötiges wie den Blinddarm entwickelt?

Gut, vielleicht war er Chirurg ...

Schaut man sich etwas intensiver im menschlichen Körper um, dann muss man an einem intelligenten Designer zweifeln. Alleine, was wir für einen genetischen Krempel mit uns herumschleppen. 90 % des gesamten Erbmaterials hat nach heutigem Kenntnisstand keine eindeutige Funktion. Das linke Ohr ist mit der rechten Hirnhälfte verbunden, Luft- und Speiseröhre sind gekreuzt, die Abwasserleitung läuft direkt durch das Vergnügungsviertel. Kein Bauleiter würde so eine Butze abnehmen. Intelligenter Schöpfer hin oder her – aber Innenarchitektur ist mit Sicherheit nicht seine Stärke.

Was immer die Evolution hervorbrachte – es entstand ohne Ziel und Absicht. Und vor allem ohne den Ehrgeiz, eine optimale Lösung zu finden. Wenn etwas funktioniert, wird es beibehalten – wenn nicht, stirbt es aus. Deshalb hat sich beispielsweise auch die Büffelhaut entwickelt. Weil die Büffel ohne Haut immer wieder auseinandergefallen sind.

Die Naturgeschichte verliefe vollkommen anders, würde sie sich noch einmal abspielen. Das ist der Grund, weshalb Charles Darwin bei Religionsführern so unbeliebt ist. Weil er nachwies, dass es ein purer Zufall war, der zu unserer Existenz führte.

Wir haben kein Sinnesorgan für »Zufall«

Der vielleicht größte Impuls für die Entstehung von Glauben ist die menschliche Unfähigkeit, einen pragmatischen Umgang mit dem Zufall zu pflegen. Unser Gehirn ist schlicht und einfach nicht dafür ausgerüstet. Das ist der Grund dafür, weshalb Menschen am Roulettetisch Geld verlieren. Man schaut sich die zurückliegenden Würfe an und sagt intuitiv: »Nach fünfmal Rot muss doch jetzt einfach Schwarz kommen!« Warum ist das Quatsch? Weil eine Kugel eben kein Gedächtnis hat.

Der Mensch neigt dazu, zufälligen Ereignissen eine unangemessene Bedeutung zu geben. Daher meinen auch viele, sie müssten übersinnliche Kräfte bemühen, wenn eigentlich nur Wahrscheinlichkeiten ihre Arbeit tun. Was schätzen Sie: Wie viele Personen müssen in einem Zimmer sein, damit es mehr als wahrscheinlich wird, dass zwei am selben Tag Geburtstag haben? Dazu benötigt man nur 23 (!) Personen. Bei Zwillingen sogar noch deutlich weniger.

Oder stellen Sie sich einen Würfel vor mit einer Kantenlänge von einem Kilometer. Dieser Würfel ist randvoll mit Wasser gefüllt. Im Boden ist ein Loch, aus dem pro Sekunde 100 Liter auslaufen. Wie lange dauert es, bis der Würfel leer ist? Nur schätzen, nicht rechnen. Ein paar Minuten? Einen Tag? Eine Woche? Die korrekte Antwort: 317 Jahre. Das zeigt, dass unser Geist im Umgang mit Zahlen und Wahrscheinlichkeiten ziemlich schnell an die Grenzen der Vorstellungskraft stößt.

Noch viel schwerer tun wir uns bei der Bewertung von Risiken. Mein Nachbar raucht jeden Tag zwei Päckchen Reval ohne Filter, aber bei jedem Hustenanfall röchelt er: »Oh, der blöde Feinstaub...« Die Psychologie bezeichnet ein solches Verhalten als »kognitive Dissonanz«. Je näher die Gefahr an einem dran ist, desto mehr ignoriert man sie. Ein Bekannter von mir ist ein totaler Sicherheitsfreak. Firewalls, Antivirusprogramme, Alarmanlage, versichert bis unter die Hutschnur; und letztes Jahr war seine Wohnung ausgeräumt und die Konten geplündert – von seiner eigenen Frau!

Und so ticken wir irgendwie alle, oder? Beim Lottospielen sagen wir: »Die Chance auf den Hauptgewinn steht 1 zu 140 Millionen – es könnte mich treffen!« Beim Rauchen sagen wir: »Die Chance für Lungenkrebs steht 1 zu 1000 – warum sollte es ausgerechnet mich treffen?«

Der Grund für dieses sehr unlogische, paradoxe Verhalten liegt in der Evolution. Seit Jahrmillionen ist unser Wahrnehmungsapparat auf Gefahren eingestellt, die exotisch, unberechenbar und hochdramatisch sind. Das war früher immens wichtig. In der Steinzeit war ein übersehener Säbelzahntiger für die Lebensqualität wesentlich relevanter als ein erhöhter Blutdruck. Und weil wir heute außer Versicherungsvertretern und Gebrauchtwagenhändlern keine natürlichen Feinde mehr haben, fürchten wir uns eben vor sehr abstrakten Dingen: Globalisierung, Gentechnik oder Elektrosmog. So eine Stimmung vor 500 000 Jahren, und die Sache mit dem Feuer wäre nie genehmigt worden.

Das menschliche Gehirn, wie es sich im Verlauf der Evolution bis zum Auftreten des Homo sapiens entwickelt hat, ist anscheinend mit seinen kognitiven Fähigkeiten nicht darauf angelegt, die Welt zu verstehen. Daher sind wir oft so hilflos. Unser Geist hat sich in erster Linie entwickelt, um in der Natur zu überleben, und nicht, um Computer zu konfigurieren, Klingeltöne herunterzuladen oder über den Sinn des Lebens nachzudenken. Oder wie es Ronald Wright treffend formulierte: »Wir benutzen die Software des 21. Jahrhunderts auf einer Hardware, die zum letzten Mal vor 50 000 Jahren aufgerüstet wurde.«

Glauben ist bequem

1998 wurde in der Fachzeitschrift »Nature« das religiöse Verhalten der US-Amerikaner untersucht. Man fand heraus, dass 90 % der Gesamtbevölkerung an irgendein übernatürliches Wesen glauben. Unter Naturwissenschaftlern lag der Anteil der Gläubigen bei etwa 40 %. Bei den amerikanischen Spitzenwissenschaftlern jedoch sank die Rate dramatisch auf 7 %. Die durchaus interessante Frage, wie es mit dem religiösen Verhalten von Gott selbst aussieht, wurde leider nicht untersucht. Der Antwortbogen kam nicht zurück.

Der Grund, wieso Naturwissenschaftler oft nicht an Gott glauben, ist nicht, weil sie Erkenntnisse ignorieren, sondern weil sie sehr viel fundiertes Wissen angesammelt haben. Wenn man in etwa weiß, wie das Universum aufgebaut ist oder wie Atome funktionieren, dann ist es praktisch unmöglich, an traditionelle Gottesbilder zu glauben. Der Nobelpreisträger Steven Weinberg sagte dazu: »Das Verdienst der Naturwissenschaften besteht nicht darin, dass sie es den Menschen unmöglich macht, gläubig zu sein, sondern, dass sie es ihnen möglich macht, ungläubig zu sein.«

Diese Denkweise hat jedoch einen entscheidenden Nachteil. Es ist bedeutend mühsamer, an nichts zu glauben als an irgendetwas zu glauben. Denn das Gefühl von Unwissenheit ist extrem unangenehm. Und von diesem Gefühl hat die Naturwissenschaft reichlich. Sie bietet keine Hoffnungen für ein Leben nach dem Tod an, toleriert keine Magie, und sie verrät uns erst recht nicht, wie wir leben sollen. Religionen dagegen bieten ein Mindestmaß an Gewissheit in Bereichen, in denen keine letzte Gewissheit zu haben ist.

Bei der großen Frage nach der Existenz Gottes hilft einem dieser Sachverhalt natürlich auch nicht viel weiter. Die Tatsache, dass ein gläubiger Mensch eventuell glücklicher ist als ein Skeptiker, trägt zur Sache nicht mehr bei als die Tatsache, dass ein betrunkener Mensch glücklicher ist als ein nüchterner. Trotzdem scheint es von der psychologischen Warte her möglich, dass es den Menschen besser geht, wenn sie an etwas glauben. So unwahr dieses Etwas auch sein mag. Schon alleine deshalb musste es zwangsläufig zu der Entstehung von Religionen kommen.

Eine ganze Fülle von Studien hat gezeigt, dass fromme Menschen länger leben. Außer vielleicht sie sind Christ in Afghanistan. Gläubige Menschen erleiden weniger häufig Schlaganfälle und Herzinfarkte, haben ein besseres Immunsystem und einen niedrigeren Blutdruck als die Durchschnittsbevölkerung. Das bedeutet, dass Atheismus praktisch genauso gesundheitsschädlich wie Rauchen und Saufen ist.

Der Rostocker Altersforscher Marc Luy fand sogar heraus, dass katholische Mönche fast fünf Jahren älter werden als ihre Geschlechtsgenossen außerhalb der Klostermauern und somit fast die Lebenserwartung von Frauen erreichen. Was natürlich auch an ihrem grundsätzlich gesünderen Lebenswandel liegen könnte. Mönche verschwenden keine übermäßige Energie bei der Partnerwerbung, haben weniger Stress auf der Arbeit und leiden relativ selten an Geschlechtskrankheiten.

Zunehmend weisen Neurologen, Mediziner und Psychologen nach, wie stark Glaubensvorstellungen den Heilungsprozess von Krankheiten beeinflussen. Pure Überzeugung kann Schmerzen lindern, Asthma bessern oder Allergien mindern. Mit Scheintherapien lassen sich erstaunliche Erfolge erzielen. Im Zweiten Weltkrieg spritzten Mediziner ohne das Wissen der Patienten statt Morphium Kochsalz, weil ihnen die Schmerzmittel ausgingen. Trotzdem berichteten viele von einer Besserung. Selbst Jesus hat sich auf den Placeboeffekt berufen. Laut unbestätigten Aussagen sagte er jedesmal, wenn er einen Menschen geheilt hatte: »Dein Glaube (nicht etwa Gott) hat dir geholfen.« Ist also Religion ein Placebo? Hat der Gottesdienst die gleiche biologische Wirkung wie ein Zuckerpillchen? Es sieht fast so aus.

Andererseits lösen Religionen bei vielen Gläubigen ja

auch ganz bewusst große Ängste aus. Oder wie die Komikerin Cathy Ladman feststellte: »Religion, das sind Schuldgefühle mit unterschiedlichen Feiertagen.« Trotzdem könnte es möglich sein, dass gerade der gezielte Aufbau von gemeinsamen Ängsten einer Gruppe von Individuen einen Überlebensvorteil bringt. Denn Angst und Schuld können auch zusammenschweißen. Deshalb lautet das Motto des Christentums ja auch: Du darfst tun, was du willst, solange es dir keinen Spaß macht.

Der Mensch ist ein extrem soziales Wesen (Ausnahmen bestätigen die Regel). Evolutionsbiologisch war es stets überlebenswichtig, in der Gruppe angesehen zu werden. Die Förderung des sozialen Zusammenhalts ist deshalb ebenfalls ein entscheidender Grund, weshalb sich Rituale und Religionen durchgesetzt haben. Heute können wir es uns freilich leisten, individuell zu leben. Aber in der Steinzeit war jeder Atheist ein gefundenes Fressen für den Säbelzahntiger. Lange Zeit war es für die pure Existenz immens wichtig, die Sippe zusammenzuhalten. Andererseits musste man sich von konkurrierenden Stämmen bewusst abgrenzen, um zu überleben. Ursprüngliche Rituale wie Tier- oder gar Menschenopfer dienten auch diesem Zweck.

Keine kulturelle Erfindung ist so effektiv bei der Ausgrenzung von Andersdenkenden wie religiöse Systeme. Ein zentraler Gedanke des christlichen Glaubens ist z. B. der der Erbsünde. Für gläubige Christen kommen die Menschen keinesfalls als unbeschriebenes Blatt auf die Welt, sondern sind quasi von Geburt an stigmatisiert. Ein perfektes Instrument, um andere Gruppen per se zu diskriminieren und gleichzeitig die Moral der eigenen zu stärken. Die meisten erfolgreichen Glaubenssysteme haben eine verbindende, aber eben auch eine spaltende, abgrenzende Komponente. Zwei Elemente also, die eindeutig soziale

Bindungen festigen und – nicht zu vergessen – natürlich auch Machtstrukturen untermauern. Die üblichen religiösen Begründungen für eine strenge Sexualmoral haben weniger etwas mit echten humanitären Werten, sondern viel mehr mit Machtfragen zu tun. Hirnforscher haben sogar festgestellt, dass Moralprediger wie alle Menschen, die bestrafen dürfen, dabei Glücksgefühle entwickeln. Wer andere zurechtweist oder sie für unpassendes Verhalten bestraft, fühlt sich dabei besonders gut.

Wir glauben, weil wir nicht vernünftig sind

Jeder Religionskrieg basiert im Wesentlichen auf der Idee, Menschen zu töten, um herauszufinden, wer den besten unsichtbaren Freund hat. Dabei ist jedoch anzumerken, dass religiöse Gräueltaten nicht deswegen begangen werden, weil der Mensch grundsätzlich böse ist, sondern vielmehr, weil er von Natur aus nur teilweise rational ist. Oder wie es der Schriftsteller Christopher Hitchens ausdrückte: »Die Evolution bringt es mit sich, dass der präfrontale Kortex bei uns zu klein, die Adrenalindrüsen zu groß und die Sexualorgane schlampig konstruiert sind.«

Wir sehen uns gerne als rationale und logisch denkende Wesen. Doch entspricht dieses Bild tatsächlich der Realität? Naja. Wenn man ehrlich ist, haben die meisten Dinge, die wir tun, mit rationalem Verhalten herzlich wenig zu tun. Wir verschieben das Kinderkriegen, um Karriere zu machen, setzen für Drogen unsere Gesundheit aufs Spiel oder schaufeln uns mit schlechter Ernährung selbst das Grab.

Doch ist es wirklich möglich, vollkommen frei zu entscheiden? Hirnforscher glauben: Nein. Wenn Sie zum Beispiel einen Neurobiologen fragen, ob er Tee oder Kaffee möchte, dann sagt er in der Regel: »Ich glaube nicht an den freien Willen, deswegen warte ich einfach ab und gucke, was ich bestelle.«

Dazu gibt es ein sehr interessantes Experiment. Man legte Versuchspersonen Elektroden an den motorischen Bereich im Großhirn, mit denen man dann durch eine einfache Reizung ihren Arm heben konnte. Als man aber danach die Personen nach dem Grund für die Bewegung fragte, behaupteten sie steif und fest: »Weil ich es so gewollt habe!« In letzter Konsequenz bedeutet dies: Das, was wir als freien Willen bezeichnen, ist im Endeffekt einfach nur ein cleverer PR-Gag unseres Gehirns, um uns vorzugaukeln, wir hätten auch irgendetwas zu melden.

Wir wissen heute, dass das limbische System, also jene »Funktionseinheit« im Gehirn, die die menschliche Gefühlswelt steuert, die erste und letzte Entscheidung trifft, und nicht etwa die Großhirnrinde, der Sitz des Verstands. Die hat nur beratende Funktion. Das weiß jede Frau, die schon mal in einen Idioten verliebt war. Ihre Großhirnrinde flüstert: »Schick ihn zum Teufel!« Ihr limbisches System dagegen schreit: »Aber er ist doch sooo süß!«

Der Mensch entscheidet vollkommen anders als er denkt. Wir benutzen verschwommene Erinnerungen, um vorschnell Schlüsse zu ziehen, glauben in letzter Konsequenz lieber, was unsere Emotionen sagen, und denken meistens das, was unsere Mitmenschen für richtig halten. Ein Wunder, dass überhaupt irgendetwas Produktives vorangeht.

Auch beim Glauben spielt das limbische System eine entscheidende Rolle. Elektrische Stimulation der limbischen Strukturen verursacht bei Versuchen am Menschen traumhafte Halluzinationen, Gefühle der Körperlosigkeit, Déjà-vu-Erlebnisse und Sinnestäuschungen, wie sie auch während spiritueller Zustände beobachtet wurden.

Epileptiker, bei denen die Anfälle sich im sogenannten Temporal- oder Schläfenlappen des Gehirns abspielen, berichten ebenfalls oft von spirituellen Visionen. Einige Forscher gehen sogar so weit, bei den größten Mystikern der Geschichte posthum epileptische Anfälle zu diagnostizieren. So wird beispielsweise behauptet, der Prophet Mohammed, der Stimmen hörte, Visionen sah und bei seinen mystischen Episoden reichlich schwitzte, habe möglicherweise unter komplexer fokaler Epilepsie gelitten. Auch die Bekehrung des eifrigen Christenverfolgers Saulus zu einem Apostel, der sich fortan Paulus nannte, könnte mit einem epileptischen Anfall verbunden gewesen sein.

Sind also die Weltreligionen nur aufgrund eines Krampfleidens entstanden? Vielleicht hätten sich der Islam und das Christentum überhaupt nicht durchgesetzt, hätte es damals schon Medikamente wie Valproat oder Carbamazepin gegeben. Wer weiß.

In jedem Fall hat die Bedeutung, die ein Mensch seinem Glauben beimisst, in hohem Maße mit seiner Hirnaktivität zu tun. Bei tibetanischen Mönchen, die zum Meditieren in einen Computertomografen geschickt wurden, fand man heraus, dass sich während der Meditation die neuronale Aktivität in einem Hirnareal verringert, das normalerweise für das räumliche Orientierungsvermögen zuständig ist. Der meditierende Mensch verliert also den Kontakt zu seinem eigenen Körper und fühlt sich von Raum und Zeit losgelöst. Auch der Glaube an paranormale Phänomene wie Telepathie oder Telekinese hängt u. a. mit einer relativen Überaktivierung der rechten Hirnhälfte zusammen. Dadurch werden selbst die banalsten Zufälle als Ereignisse mit einem tieferen Sinn angesehen. Ich weiß, wir Naturwissenschaftler können manchmal ganz schöne Spielverderber sein. Aber das ist schließlich unser Job.

Wer antwortet?

Existiert also Gott nur in unseren Köpfen? Diese Frage ist bedauerlicherweise nicht beantwortbar. Möglicherweise nie. Doch unabhängig von der Antwort, eines ist jetzt schon sicher: Der Glaube selbst findet in jedem Fall in unserem Geist statt.

Es gibt vieles, was die Wissenschaft nicht versteht. Die größten Geheimnisse der Natur sind alles andere als gelöst. In einem Universum, dass 14 Milliarden Jahre alt ist und 10 Milliarden Lichtjahre groß, wird das vielleicht für immer so sein. Und auf die großen Fragen nach Sinn und Zweck liefert die Wissenschaft erst recht keine Antworten. Aber tun das die Glaubenssysteme? Als Abraham seinen eigenen Sohn töten sollte, fragte er Gott: »Warum?«, und er erhielt keine Antwort. Und als Jesus am Kreuz fragte: »Vater, warum hast Du mich verlassen?«, herrschte ebenfalls Funkstille. Vielleicht müssen wir uns damit abfinden, weder mithilfe unseres Glaubens noch mit unserem Verstand die entscheidenden Fragen beantworten zu können. Das Einzige, was wir tun können, ist, nicht allzu leicht zu glauben. Denn wer zu leicht glaubt, kann auch zu leicht für dumm verkauft werden.

Wissenschaftler mögen vielleicht mystische Offenbarungen ablehnen, für die es nur unbewiesene Aussagen von unsicheren Zeugen gibt. Aber sie halten ihr Wissen über die Natur kaum für vollständig. Die Wissenschaft ist weit davon entfernt, ein vollkommenes Instrument des Wissens zu sein. Sie ist einfach nur das Beste, was wir haben. Der große Francis Bacon sagte: »Wenn jemand mit Gewissheit beginnen will, wird er in Zweifeln enden. Wenn er sich aber bescheidet, mit Zweifeln anzufangen, wird er vielleicht zu Gewissheit gelangen.«

Literatur

Dawkins, R (2006). Der Gotteswahn. Berlin: Ullstein.
Hitchens, C (2007). Der Herr ist kein Hirte. München: Blessing.
Newberg, A, d'Aquili, E, Rause, V (2005). Der gedachte Gott. München: Piper.
Sagan, C (2000). Der Drache in meiner Garage. München: Droemer Knaur.
Urbach, M (2007). Warum der Mensch glaubt. Frankfurt a.M.: Eichborn.
Watzlawick, P (1978). Wie wirklich ist die Wirklichkeit? München: Piper.

13 Transkranielle Mandelkern-Massage (TMM)

Wie ich eine neue Körperpsychotherapie erfand

Wulf Bertram

Andreas, Lutz und ich hatten zusammen studiert, danach noch eine Weile am gleichen Institut gearbeitet, dann hatten sich unsere Wege getrennt. Andreas hatte ein paar Jahre in einer sozialpsychiatrischen Beratungsstelle gejobbt, war anschließend nach Kalifornien gegangen, wo er eine Ausbildung in Humanistischer Physiotherapie absolvierte, und hatte sich dann mit einer eigenen Praxis in Düsseldorf niedergelassen. Meist war er allerdings mit seinen Klienten unterwegs, Toskana, Korsika und so, wo er sie an Seilen zwischen Baumkronen und Felsklippen baumeln, in eigenhändig ausgehobenen Erdmulden übernachten und in Bergdörfern um etwas zu Essen betteln ließ. Das sollte die Resilienz stärken und bei Kundenkontakten mehr Selbstbewusstsein ermöglichen. Er selbst fuhr ab und zu mit seinem SUV an den Mulden vorbei, pöbelte die Manager von BMW und Audi, die es nötig hatten, oder die Ver.di-Funktionäre an und beschimpfte sie als Weicheier, was deren Durchhaltewillen festigen sollte, schlief seinerseits in Fünfsterne-Hotels und verdiente sich dabei eine goldene Nase. Lutz hingegen war erst in einem Ashram in Bengalen gewesen und hatte zu Hause dann die Ur-Ei-Therapie entwickelt: Er steckte seine vorzugsweise sozialphobischen Patienten in eiförmige, schalldichte Kabinen mit körperwarmem Salzwasser, ließ sie abwechselnd mit Mozart und Peristaltikgeräuschen beschallen und die Eier auf einem hydraulischen Hebewerk sanft wiegen und kreisen. Die Dinger waren eine erhebliche Investition gewesen, hatten sich aber inzwischen nicht nur amortisiert (die Stunde im Ei war eine IGeL-Leistung und kostete so an die 750 Euro), sondern sie wurden mittlerweile sogar als patentierte Lizenzprodukte in China hergestellt, womit Lutz noch einmal eine Stange Geld verdiente.

Nicht dass ich neidisch war. Ich konnte mich nicht beklagen, hatte mit meiner Praxis ein wirklich gutes Auskommen und eine stattliche Warteliste, auch weil in meiner Gegend viele Lehrer wohnten. Ich wurde weiterempfohlen, hatte ein paar Arbeiten über meinen Übertragungsansatz veröffentlicht, spielte mit unserem Bürgermeister Golf und wann immer ich mich im »Vesuvio« blicken ließ, brachte mir Luigi sofort, unaufgefordert und mit einem fröhlichen »Buon giorno, dottore!« meinen Spritz al Campari. Aber irgendwie fing die Sache an, langweilig zu werden. Ich hatte eine krisenfeste Therapieroutine, musste keine Sekunde mehr überlegen, wann ich zu schweigen, zu deuten oder lieber behutsam zu spiegeln hatte und wann verhaltenstherapeutische Übungen sinnvoll einzubauen waren, ertappte mich aber manchmal dabei, dass ich über längere Strecken Gefühle verbalisiert hatte, ohne anschließend zu wissen, worum es eigentlich gegangen war. Die Patienten waren freilich durchweg zufrieden und kamen gerne wieder. Aber, wie gesagt, mein therapeutischer Alltag war alles andere als aufregend. Ich hatte zunehmend den Wunsch, neue Wege zu gehen, wusste nur nicht, wohin und wie. Noch mal von der Pike auf eine Ausbildung in MBT, TFP, DBT, Schematherapie oder was weiß ich nicht alles zu machen, hatte ich aber keine Lust.

Wie alle meine Kollegen fuhr ich jedes Jahr Ende April nach Bad Eichwiesen. Das war selbstverständlich. Man traf sich dort. Weniger, weil man nach all den Jahren von den Vorträgen, Seminaren und Workshops noch sonderlich profitierte oder auf profunde Erkenntnisse hoffte, sondern eher weil Eichwiesen einfach eine Institution war, ein Mekka, ein Santiago de Compostela der Psychotherapie. Außerdem lag es sehr hübsch in einem von dichten Wäldern umgebenen, überschaubaren sanften Tal, hatte komfortable Hotels, die dicht beieinander lagen, sodass man anderen Teilnehmern auf Schritt und Tritt begegnete. Man fuhr ja auch nicht nach Eichwiesen, um sich gegenseitig aus dem Weg zu gehen. Bei gutem Wetter saß man beim Weißbier unter blühenden Japankirschen, manchmal gar am Nebentisch von Fritz Stadelman aus La Jolla oder Jan Nixmaa aus Antwerpen. Leider blieben die Referenten allerdings meist unter sich. Man erkannte sie von weitem an kleinen Messingschildchen mit dem Logo der Eichwiesener Psychotherapietage (EPT) und ihrem Namen am Revers oder der handgewebten Rohseidenbluse. Sie trugen es alle, auch die, die alle kannten, weil sie seit mindestens 20 Jahren zu den EPT kamen und deren Konterfei wiederholt von den Titelseiten des Eichwiesner Kuriers strahlte. Im sehr komfortablen Wellnessbereich des »Eichwiesner Hofes« begegnete man ihnen allerdings so gut wie nie, vermutlich weil man sich in der Sauna das Messingschildchen so schlecht anheften konnte.

Zu den Vorträgen am frühen Morgen ging ich inzwischen nicht mehr, zumal ich es kaum vermisste, den Tag mit gemeinsamem Summen zu beginnen. Am späteren Vormittag liefen dann die Vorlesungen mit den Großen Müttern, Tiefen Meeren und Hohen Türmen, die ich gerne besuchte, auch wenn ich in meiner Praxis nicht viel damit anfangen konnte. Aber C. G. Jung war einfach unterhaltsam.

Angenehm war zudem, dass man das ganze Eichwiesen inklusive Archetypen, Wellness, Prominentenbegegnung, Weißbier und Japankirschen von der Steuer absetzen konnte.

In jenem Jahr hatten mir meine Freunde empfohlen, ja nachgerade aufgetragen, mir die Vortragsreihe eines berühmten Neurobiologen anzuhören, der ein didaktisches Genie sei. An sich lag mir nichts an Neurobiologie. Ich hielt nicht viel davon, diesen modischen Trend mitzumachen, der ohnehin in ein paar Jahren wohl wieder abgeflaut sein würde – so wie seinerzeit die Sozialpsychiatrie. Mir war das alles zu technisch, zu mechanistisch, positivistisch. Während des Studiums hatte ich mal versucht, ein Hirnmodell aus Pappe auszuschneiden und zusammenzukleben. Als mir nach ein paar Stunden immer noch das Kleinhirn aus der Halterung fiel, hatte ich den ganzen Krempel wütend in den Papierkorb geschmissen und wollte seitdem nichts mehr von Gyri, Sulci oder Lobi wissen. In der therapeutischen Praxis kam man ohne dieses Zeug ohnehin genauso gut aus wie ohne die Großen Mütter, Tiefen Meere und Hohen Türme, Letztere regten zumindest noch die Fantasie an und förderten in ihrem Bezug zu alten Märchen und zur klassischen Mythologie immerhin die Allgemeinbildung.

Man ging also auch in Eichwiesen neue Wege zu innovativen Themen, musste ja schließlich im Trend bleiben. Ich hatte mich für die Vorlesung des prominenten Neurowissenschaftlers eingeschrieben, saß nun in der Eichwiesner Mehrzweckhalle zwischen Hunderten von Kollegen und ließ ohne große Begeisterung den Reigen von Hippocampus, Gyrus postcentralis, anteriorem cingulären Kortex, Amygdala, Nucleus accumbens usw. an mir vorüberziehen. Im Gegensatz zu den meisten Zuhörern, die an den Lippen des Professors hingen und bei seinen zahlreichen

Neurowitzchen bereitwillig lachten, verfolgte ich den Vortrag aus den geschilderten biografischen Gründen eher widerwillig und abwesend, war ich doch eigentlich hauptsächlich da, weil ich mir von meiner progressiven Kollegin Gabi, die ich jedes Jahr in Eichwiesen traf, nicht wieder vorhalten lassen wollte, ich ginge nicht mit der Zeit und immer nur zu Jung. Ich hing also in meinem Sessel und begann zu dissoziieren. Vor meinem inneren Auge erschien das Bild einer feuchten, warmen, eher schwabbeligen rosa Masse, durch die ich mich vom verlängerten Rückenmark bis zum Riechkolben mühsam durchkämpfen musste. Irgendwie unappetitlich. Ich erinnerte mich, dass ich vor BSE-Zeiten in Italien mal Hirn mit Erbsen gegessen und mich danach fast übergeben hatte.

Inzwischen war der Professor zur Höchstform aufgelaufen, immer mehr unterdrückte erstaunte Lautäußerungen flackerten aus dem gespannt lauschenden Auditorium auf. So ähnlich muss es geklungen haben, als Old Shatterhand den Apachen erstmals seinen Henrystutzen vorführte.

Schon sah ich auf die Uhr und überlegte, wie wohl die sechs Kollegen reagieren würden, die zwischen mir und dem Gang saßen, wenn ich sie jetzt bitten würde, aufzustehen. Außerdem jagte mir der Gedanke durch den Kopf, der Professor, dem sowas zuzutrauen wäre, könnte seinen Vortrag unterbrechen und in den Saal rufen: »Sie dahinten, warum laufen Sie weg? Wir sind ja gerade erst beim limbischen System angekommen und haben noch den ganzen Kortex vor uns!« Mir wäre schon was eingefallen, dringender Anruf aus der Praxis oder so, aber es wäre schon irgendwie peinlich gewesen, und ich will nicht wissen, was Gabi anschließend beim Weißbier dazu gesagt hätte.

Ich blieb also sitzen und versank wieder in meine Halbtrance, als mich plötzlich ein einziges Wort, fast schon eine Melodie, ein terminologischer Akkord, hellwach werden ließ. Ich fuhr geradezu aus meinem Sessel hoch, nahm plötzlich die PowerPoint-Folie an der Leinwand, die Gestalt des Professors auf dem Großbildschirm, den Blumenschmuck auf der Bühne und das Meer von Hinterköpfen vor mir in schon fast unerträglicher Schärfe wahr. Mein Herz klopfte heftig, meine Stimmung wurde schlagartig und ohne dass mir ein konkreter Anlass dafür bewusst wurde, hypomanisch, und ich spürte instinktiv, dass sich soeben etwas ereignet hatte, was vermutlich mein Leben verändern würde. Eine Kaskade überaus angenehmer, anregender, freundlicher Assoziationen sprudelte mir durch das Organ, welches Gegenstand des Vortrags des prominenten Professors war: von exotisch geschnittenen, dunklen Mädchenaugen zum Marzipan, vom knusprigen Weihnachtsplätzchen zum bunten Mandelbrot-Fraktal, vom Jahrmarktduft bis zu der erotischen Variante im Roman »Die Mandel« von Nedjma. Sie erraten vielleicht, welches Zauberwort, welche verbale Harmonie, mich nicht nur geweckt, sondern in einen Zustand subeuphorischer Schwärmerei versetzt hatte: Es lautet MAN-DEL-KERN. Mandelkern.

Mandelsplitter, gebrannte Mandeln, Mandelaugen, Mandelblüten, Salzmandeln, Mandelmilch, biologische Kosmetika auf Mandelölbasis, ja selbst die Mandala, von denen nach dem gemeinsamen Summen in den frühmorgendlichen Vorträgen so viel die Rede gewesen war, all diese schönen Dinge imaginierte ich heftig und in rascher Folge.

Der Professor war inzwischen mit dem präfrontalen Kortex fertig geworden und der Vortrag also beendet, mit dem Strom der heftig diskutierenden Zuhörer ließ ich mich dem Ausgang mehr entgegentreiben, als dass ich meine Schritte selbst lenkte. Es hätte nicht viel gefehlt und ich wäre in die entgegengesetzte Richtung abgedriftet, mit dem Strom von Zuhörern, die den Professor vor dem Podium belagerten und der vor allem aus jungen Kolleginnen bestand. Vor der Halle traf ich Gabi. Meine glänzenden Augen veranlassten sie zu der Frage, ob sie mir zu viel versprochen hätte. Ich versicherte ihr, dass das keineswegs der Fall und ich ihr sehr dankbar für den Tipp sei. Danach suchte ich unverzüglich den Bücherstand im Foyer der Mehrzweckhalle auf, auf dessen Tischen in bunter Reihe die Bücher über Aromatherapie neben denen über DSM-5, die Werke einer singenden Nonne neben denen von Otto Kernberg lagen. Ich suchte, bis ich das Buch des prominenten Neuroprofessors unter einem Stapel von Werken zur Kristall-Homöopathie fand, wohin es von einem achtlosen Standbesucher offenbar disloziert worden war, und erstand es sofort. Dann setzte ich mich auf eine Bank im Kurpark und vertiefte mich in die Publikation. Natürlich schlug ich im Sachwortverzeichnis gleich als Erstes »Mandelkern« auf und ärgerte mich prompt, als ich »siehe Amygdala« fand. Wieder einmal fragte ich mich, warum wir diesen Hang zur fremdsprachlichen Terminologie haben – und warum der Verlagslektor nicht wenigstens die Fundstellen auch beim Mandelkern angegeben hatte. Amygdala klang ja auch recht schön, aber die profunden, kreativen Assoziationen erschließen sich nur bei dem Wort Mandelkern. Atemlos las ich über das kleine Organ nach, das mich so sehr fesselte. Ich erfuhr, dass es assoziative Verknüpfungen vereint, die uns helfen, bei Gefahr mit rettender Angst zu reagieren und rasch das Weite suchen zu können, auch wenn das Beispiel mit der Klapperschlange, das der Professor zur Illustration dieses Sachverhalts gewählt hatte, in unseren Breiten etwas ungewöhnlich war. Aber mir fiel ein, dass ich mich manchmal reflektorisch und blitzartig hinter eine Trauerweide verdrückt hatte, wenn ich Gabi auf der Kurpromenade begegnet war – noch bevor ich sie eigentlich erkannt hatte. Da musste mein Mandelkern im Spiel gewesen sein: Fight or flight – bei Gabi zog ich stets flight vor. Ich las, dass Inhalte, die im Mandelkern gespeichert sind, bei ihrem Abruf automatisch zu körperlichen Reaktionen des Angstaffekts führen und dass eine Hyperaktivierung des Mandelkerns eine permanente Angstreaktion bewirkt, die mit allen einschlägigen unangenehmen körperlichen Sensationen verbunden ist.

Aha. Ich hatte viele Patienten mit einer Angstsymptomatik. Meist war auch bei tiefer Exploration nicht zu ergründen, woher diese Angst eigentlich kam: Angst, in Anwesenheit von anderen irgendwas zu unterschreiben, Angst der Lehrer vor den Schülern oder der Schüler vor den Lehrern, vor Brücken, Tunneln, Spinnen, Flugreisen, Geschlechtsverkehr, Kernkraftwerken, Lösungsmittelausdünstungen, Prüfungen, Aufzügen, Prionen oder sogar Beziehungen. Ich begriff, dass es – mit Verlaub – völlig wurscht war, woher diese Angst kam, welche Konflikte, nach denen ich immer akribisch und vor allem auch für den Erstantrag geforscht hatte, dieser Symptombildung zugrunde oder welche strukturellen Defizite vorlagen. Da war etwas im Mandelkern gespeichert, das da nicht reingehörte, und wenn ein solcher Reiz auftauchte, sprang das Ding an und machte unnötigen Ärger. Bei manchen Leuten hörte es offensichtlich erst gar nicht mehr auf zu rotieren. Fertig.

Nun wissen wir längst, dass Organe, in denen sich zu viel Energie anreichert, nicht nur schädliche Reaktionen hervorrufen, sondern durch geeignete Interventionen gewissermaßen entladen werden können: verspannte Muskeln, hypersekretorische Mägen, Überlaufblasen. Wenn man nun den Blutzufluss zu solchen Organen verstärkt, fördert das natürlich auch den Abtransport schädlicher Stoffwechselprodukte, die die Überaktivität unterhalten. Also lag es doch nahe, dem Mandelkern zu helfen, seine Spannung loszuwerden, und das konnte, wie mir sofort klar wurde, nur durch eine Förderung seiner Durchblutung und damit seines Stoffwechsels geschehen. Angsterkrankungen waren somit nichts anderes als ein Mandelkernstau, und den galt es zu beseitigen!

Ich merkte mir die Bank, auf der mir diese Erleuchtung gekommen war. Sie würde später vielleicht noch eine Rolle spielen.

Doch wie an den kleinen Kern tief im Schädel herankommen? Bei meinen Recherchen, die ich nach den Eichwiesner Psychotherapietagen per Google und Medline zu Hause fortsetzte, erfuhr ich, dass es bereits Überlegungen gegeben hatte, die in meine Richtung gingen. Die Versuche, den Mandelkern mit Magnetfeldern zu stimulieren, mussten allerdings abgebrochen werden, weil sie zu schmerzhaft waren. Es sollte also eine weiche, sanfte, ganzheitliche Methode gefunden werden, meinen kleinen Neurofavoriten zu erreichen und ihm dazu zu verhelfen, seine Hyperaktivität abzulegen – aber es lagen halt so verdammt viele rosa und graue Zellen um ihn herum. Ich war in eine Sackgasse meiner Überlegungen geraten, an deren grundsätzlicher Richtigkeit ich allerdings keinerlei Zweifel mehr hatte.

Die Lösung kam mir sozusagen im Traum. Ich träumte wieder einmal was aus dem Mandelbereich, namentlich von einem Paar gütiger, diesmal freilich betagter Mandelaugen an einem kahlen Schädel mit langem Pferdeschwanz, die über mir leuchteten, und vermeinte, einen sanften Druck auf dem Schädel und ein warmes Fließen im Hinterkopf zu spüren. Das war es: Traditionelle Chinesische Medizin, kombiniert mit moderner Neurowissenschaft!

Fiebrig studierte ich die Standardwerke der TCM und war erschlagen von der Stofffülle, die sich mir darbot. Unzählige Meridiane und Akupunkturpunkte, teils in chinesischer, in einigen Werken gar in lateinischer Terminologie, ließen mich regelrecht schwindlig werden. Bis ich das gelernt hätte, war Neurobiologie längst wieder passé. Vermutlich blieb mir doch nichts anderes übrig, als bis zu meiner Pensionierung weiter an den richtigen Stellen zu schweigen, zu deuten, behutsam zu spiegeln und ab und zu verhaltenstherapeutische Übungen einzubauen.

Da stieß ich auf eine Untersuchung, die eindeutig belegte, dass Akupunktur zwar hilft, dass es aber relativ gleichgültig ist, wohin man die Nadeln piekt. Wunderbar. Das war die Lösung, denn was für das Stechen gilt, dürfte wohl auch fürs Drücken, also für die Akupressur gelten. Ich spürte, dass der Augenblick gekommen war, meine Überlegungen in die Praxis umzusetzen. Es war die Geburtsstunde der Transkraniellen Mandelkern-Massage (TMM).

Entsprechend aufgeregt war ich an dem Nachmittag, für den ich meine erste Mandelkern-Massage vorgesehen hatte. Mit Bedacht hatte ich eine Patientin ausgewählt, die nicht nur vielfältige Ängste, sondern sich auch oft über meine in ihren Augen allzu große Abstinenz beklagt hatte. Sie war erstaunt, als sie das gedämpfte Licht in meiner Praxis und die Moxibustionsstäbchen bemerkte, die ich zur Unterstützung des chinesischen Ambiente angezündet hatte. Ich erklärte ihr kurz den Mandelkern und seine Funktion, machte ihr deutlich, dass er einer Überaktivierung unterworfen war, die ich durch die Anregung seines Stoffwechsels und die Förderung seiner Durchblutung zu normalisieren gedachte. Ich würde sie jetzt um Erlaubnis bitten, hinter sie zu treten und durch behutsame Kompression des Höckers hinter dem Ohr, dessen deutscher Name so hässlich »Warzenfortsatz« lautet, weshalb ich ihn lieber mit seinem wohlklingenden lateinischen Terminus Processus mastoideus titulierte, eine sanfte Druckwelle auszulösen, die den Mandelkern erreichen und dort ihre segensreiche Wirkung entfalten sollte. Wenn sie wollte, könnte ich dabei auch eine Arzthelferin hinzuziehen (man sollte bei Körperkontakt in der Psychotherapie ja immer vorsichtig sein!). Sie lehnte die Herbeibemühung einer dritten Person vehement ab, äußerte leicht vorwurfsvoll, dass ich jetzt endlich begriffen hätte, was sie brauche, und forderte mich auf, unverzüglich mit der Massage loszulegen. So begab ich mich denn hinter sie, lockerte meine Hände, legte die Zeigefinger auf den Warzenfortsatz, die Daumen auf die Muskulatur längs der Halswirbelsäule und begann sanft, aber unnachgiebig zu drücken. Die Wirkung war nicht unerwartet, dennoch verblüffend: Meine Patientin stöhnte leicht auf, schloss die Augen, sank tiefer in den Patientenstuhl, atmete beschleunigt und verkündete dann, sie habe jetzt zum ersten Mal überhaupt keine Angst mehr verspürt und es sei schon sehr verwunderlich, dass ich ihr diese Behandlung bis heute vorenthalten hätte. Ich erklärte ihr, dass die neurobiologischen Erkenntnisse noch sehr jung seien, machte sie vorsorglich darauf aufmerksam, dass sich das Verfahren noch in der Erprobungsphase befinde und die Langzeitwirkung ungewiss sei. Sie entgegnete fröhlich, dann käme sie eben jetzt zweimal die Woche zur Mandelkern-Massage, wenn die Kasse das nicht übernehme, würde sie es halt selbst zahlen, ihr Hausarzt IGeLe schließlich auch. Wenige Tage später kam eine Bekannte jener Patientin in die Praxis und sagte, sie habe gehört, hier könne man irgendwie mit Nüssen massiert werden und das sei offenbar ganz außergewöhnlich wirksam. Als ich sie fragte, worunter sie denn leide, entgegnete sie, das sei egal, sie wolle jedenfalls die gleiche Behandlung wie ihre Freundin, der es seit kurzer Zeit blendend gehe und die sogar einen neuen Lover hätte. Ich war etwas unsicher, da ich aber Erfahrungen sammeln musste, begann ich meine zweite Mandelkern-Massage ohne spezifische Indikation. Wieder war der Erfolg eindrucksvoll. Zwar konnte ich nicht recht erkennen, was sich bei der zweiten Patientin gebessert hatte, sie selbst war jedenfalls begeistert und kündigte an, mich mit meinen Kernen, wie sie sich ausdrückte, weiterzuempfehlen. In der Tat kamen bald fast täglich neue Patientinnen, allmählich auch Männer, die von der neuen Behandlung gehört hatten. Ich fuhr meine 50-minütigen Einzeltherapiesitzungen fast völlig zurück und behandelte schließlich nur noch mandelkerntherapeutisch. Nach drei Monaten war ich genötigt, einen jungen Physiotherapeuten einzustellen, den ich anlernte und der dann einen Teil der Massagen übernahm.

Als ich Gabi von meinen Erfolgen erzählte, tat sie entsetzt. Ich solle damit sofort aufhören, das sei Scharlatanerie, empirisch völlig unbewiesen und grenze an Missbrauch. Wenn überhaupt, solle ich meine Fälle dokumentieren, publizieren und mich der wissenschaftlichen Diskussion und Überprüfung stellen. Besser noch solle ich mit einer Universitätsklinik kooperieren und eine multizentrische randomisierte Doppelblindstudie mit Mandelkern-Massage gegen tiefenpsychologisch fundierte Psychotherapie und Wartegruppe anlaufen lassen. Ich bedankte mich vielmals, bot aber an, ihr eine kostenlose probatorische TMM-Behandlung zu verpassen, woraufhin sie schnaufend auflegte.

So weit käme es noch. Ich dachte nicht im Traum daran, mir meine eindrucksvollen therapeutischen Erfolge von den phantasielosen Wissenschaftsbeamten an unseren Universitäten madig machen zu lassen. Waren nicht die größten Fortschritte der Wissenschaft ohne empirischen Firlefanz und langweilige Studien entstanden? Denken wir an August Friedrich Kekulé, der den Benzolring entdeckte, als er von einer Schlange träumte, die sich selbst in den Schwanz biss! An Freud, der die unbewusste Wunscherfüllung im Traum erkannte, als er träumte, er wäre schon in die Klinik gegangen, obwohl er in der Berggasse noch gemütlich im Bett lag! Und was wäre aus der Psychoanalyse geworden, wenn Sigmund Freud erst einmal randomisiert-kontrollierte Untersuchungen zur Wirksamkeit seiner Methode abgewartet hätte? Welche randomisierten Doppelblindstudien hatte bitteschön Samuel Hahnemann unternommen, als er seine homöopathische Therapie erfand, die inzwischen stolz ungezählte Erfolge für sich in Anspruch nimmt, auch wenn jüngst im Lancet wieder mal behauptet wurde, dass sei alles nur Placebo? Ganz abgesehen davon, dass ich die Ethikkommission sehen möchte, die eine Population von Patienten zur Wartegruppe verdonnern und ihr eine inzwischen an mehr als 20 Fällen – so viele waren es in der Tat bislang! – erfolgreich durchgeführte Therapie vorenthalten würde. Nein, die Mandelkern-Massage würde auch ohne solche akademischen Pflichtübungen ihren Siegeszug antreten, dessen war ich mir immer sicherer.

Irgendwann wurde meine Praxis zu klein. Mein Vermögensberater, der sich jetzt häufiger meldete, fragte mich eines Tages, ob ich nicht schon mal daran gedacht hatte, eine Privatklinik zu eröffnen. Mich schauderte ein wenig, aber der Gedanke leuchtete mir durchaus ein. Ich beauftragte ihn, nach einer geeigneten Location zu suchen. Nach drei

Wochen meldete er sich aufgeregt. Er habe ein ehemaliges Lungensanatorium gefunden, das jetzt keine Funktion mehr habe, weil es die Tuberkulose praktisch nur noch im Roman und in der Oper gebe. Es liege sehr schön im Vorgebirge, übrigens gar nicht so weit von Eichwiesen entfernt. Ich könnte das Personal weitgehend übernehmen, wo früher die Liegekuren stattgefunden hätten, könne man jetzt simultane Gruppenmandelkern-Massagen durchführen. Einen günstigen Kredit habe er schon besorgt. Ich entschloss mich rasch, denn ich sah ein, dass es unethisch gewesen wäre, einer zunehmend größeren Anhängerschaft der TMM eine gegebenenfalls auch stationäre, intensive Behandlung vorzuenthalten.

Die Klinik wurde ein Juwel. Das Tal, in dem sie lag, hieß zwar eigentlich Rebenthal, ich nannte die Klinik aber Mandelthal-Klinik, und entsprechend war sie auch ausgestattet. Die Mandel – die Namensgeberin des kleinen Kerns, der uns so viel Ärger bereitet, wenn er zu aktiv ist – wurde gewissermaßen zum allgegenwärtigen, alles bestimmenden Symbol der Heilung und der energetischen Kanalisierung. Ich ließ mich nicht nur von Feng-Shui-Spezialisten beraten, sondern auch von einem anthroposophischen Innenarchitekten, der mir als Grundfarbe für die Gemeinschaftsräume »mandelblüt« empfahl, die Oberlichter zu Fenstern ohne einen rechten Winkel umbauen und die tristen Lorbeerbäume in den Bottichen vor der Rezeption durch zarte Mandelbäumchen ersetzen ließ. Bildliche Darstellungen der Mandel in verschiedenen Kulturen und Epochen zierten die Einzelzimmer der Patienten und unser Sterne-Koch gab sich alle nur erdenkliche Mühe, täglich neue Kreationen auf Mandelbasis zu servieren: Zanderfilet an Mandelschaum, Mandelsplitter-Sorbet, Jakobsmuscheln in leichtem Mandelsüppchen, Lammfilet im Mandelmantel, um nur einige zu nennen. Für die Eingangshalle schlug der Innenarchitekt ein im Andy-Warhol-Stil gestaltetes, 2 × 3 Meter großes Porträt von Nelson Mandela vor, was mir dann aber doch zu weit ging, weshalb ich lieber auf einen nicht ganz billigen Baselitz zurückgriff, der für die Hirndurchblutung und damit als Vorbereitung zur Mandelkern-Massage übrigens recht vorteilhaft ist, weil er die meisten Patienten veranlasst, ihn kopfüber zu betrachten.

In den Park vor der Mandelthal-Klinik ließ ich die rote Bank aufstellen, auf der sich mir in Eichwiesen offenbart hatte, welche Rolle der Mandelkern spielt und dass es in der Therapie darum ging, ihn von schädlichen Aktivitätsstaus zu befreien. Ich hatte die Bank bei der Kurverwaltung erstanden, nun prangte sie, mit einer kleinen Messingplatte versehen, die auf ihre prominente Herkunft und historische Bedeutung hinwies, vor meiner Klinik.

Übrigens war die Aufhebung der Mandelkernblockade nicht nur in der Therapie von Angsterkrankungen indiziert, wie sich inzwischen herausgestellt hatte, denn die Patienten kamen mit völlig unterschiedlichen Beschwerden zu uns. Wenn sie uns ganz überwiegend deutlich gebessert und guten Mutes verließen – natürlich gab es auch eine kleine Anzahl von Therapieversagern, wie bei jeder Behandlung –, bekamen sie eine Mandel aus unserem mediterranen Gewächshaus als Talisman mit auf den Weg. Viele berichteten, dass es in kritischen Situationen nach der Entlassung oft reichte, diese Mandel fest an die linke Schläfe zu drücken, was möglicherweise im Sinne einer konditionierten Reaktion den Blutzustrom zum Mandelkern erhöhte und zur sofortigen Entlastung führte, wie mir die Patienten in zahlreichen Dankesschreiben bestätigten. Funktionelle Kernspintomografieuntersuchungen in diesem Zusammenhang, die uns von einer benachbarten Universitätsklinik angeboten wurden, lehnten wir ab, weil ich die Gefahr sah, dass sich infolge der unvermeidlichen Varianz solcher Untersuchungen die positive Wirkung nicht durchgehend bestätigen ließ, was dann möglicherweise zur Verunsicherung meiner Patienten geführt hätte.

Dass ich bei diesen Erfolgen eine gewisse Popularität erlangte, war nicht zu vermeiden. Ein ganzseitiger Bericht in der BLICK-Zeitung unter dem Titel »Der Mandeldoktor« war der Anfang, es folgten einige Talkshows und eine halbstündige Sendung im Gesundheitsmagazin einer privaten Fernsehanstalt. Der SPIEGEL druckte einen Artikel, in dem einerseits kritisiert wurde, dass die TMM wissenschaftlich wenig untermauert sei, andererseits die auf Mittelwerte orientierten empirischen Untersuchungen an den deutschen Universitäten individuellen Bedingungen zu wenig Raum ließen. Meine Einladung zu Anne Will, bei der es weniger um innovative medizinische Behandlungsmethoden als um lobenswerte Start-up-Initiativen wie die Gründung meiner Privatklinik gehen sollte, wurde leider in letzter Minute wegen einer Regierungskrise abgesagt. Kurze Zeit später gründete ich in der ausgebauten ehemaligen Wäscherei des Lungensanatoriums ein Ausbildungsinstitut, in dem man das von mir entwickelte TMM-Zertifikat erwerben konnte.

Einer meiner schönsten Erfolge war freilich das Angebot, bei den Eichwiesner Psychotherapietagen ein Hauptreferat zum Thema Mandelkern-Massage zu halten. Ich bekam das kleine Messingschild mit dem Emblem der EPT und meinem Namen und wohnte auf Einladung des Organisationskomitees im »Eichwiesner Hof« in einem Zimmer mit Parkblick. Bei meinem Vortrag war die Mehrzweckhalle fast so voll wie seinerzeit bei der Vorlesung des prominenten Neurobiologen, den ich zu meiner Freude im Publikum entdeckte, eigenartigerweise allerdings nur in einer der hinteren Reihen direkt am Gang. Als ich ihm für seine grundlegenden Anregungen zu meiner Therapiemethode danken wollte, winkte er ab und verschwand ziemlich rasch durch eine Hintertür der Halle. Ich habe das bedauert, wahrscheinlich war er im Gegensatz zu dem Ruf, der er hatte, doch zu bescheiden, sich auch ein wenig in dem Ruhm zu sonnen, den ich mit der praktischen Anwendung seiner neurobiologischen Grundlagenforschung erlangt hatte. Auch Gabi ließ sich nicht blicken, was ich verschmerzen konnte.

Nach dem Vortrag belohnte ich mich durch einen ausgiebigen Aufenthalt im luxuriösen Wellness-Bereich des »Eichwiesner Hofes«. Das Messingschild mit EPT-Logo und meinem Namen heftete ich mir an das Revers des Bademantels.

Epilog: Vorsicht Satire!

Laut Wikipedia ist Satire »... eine Kunstform, mit der Personen, Ereignisse oder Zustände kritisiert, verspottet oder angeprangert werden. Typisches Stilmittel der Satire ist die Übertreibung.«

Diese »Kunstform« tarnt sich zunächst als glaubwürdige Geschichte oder objektiver Bericht, fängt dann aber behutsam an, die Leserin oder den Leser zu irritieren, Fragen aufzuwerfen und ihn oder sie mehr oder weniger heimtückisch in Widerspruch mit den eigenen Erfahrungen und Ansichten zu verwickeln, um sie schließlich bei der Frage »Häh?« landen zu lassen, bevor dann der Groschen fällt und sich die Erkenntnis einstellt, hier werde ich wohl auf die Schippe genommen. Anschließend legt man den Text entweder verärgert oder kopfschüttelnd zur Seite, oder man beginnt, sich für die Intention des Textes zu interessieren. Wird sie im Großen und Ganzen geteilt, machen die Anspielungen, Übertreibungen und Verzerrungen Spaß. Widerspricht der Tenor der Satire den eigenen Haltungen und Überzeugungen, ärgert man sich mehr, als wenn ihnen mit ernsthaft-sachlicher Kritik begegnet würde und ist entsprechend verstimmt. Aber solange das hintergründige satirische Hirngespinst eigene offene Meinungstüren einrennt, bereitet das wiederum deutlich mehr Vergnügen als eine ernsthaft-sachliche Argumentation für oder gegen das, was eine Satire von nonchalant bis boshaft aufspießt.

Im Sinne unseres Buchs, das sich ja schließlich besonders mit der Neurobiologie beschäftigt, würde man, etwas salopp ausgedrückt, sagen, dass in dem Moment des Aha-Effekts, des Durchschauens der Satire, das passiert, was Barbara Wild für das Verständnis eines Witzes schreibt (s. Kap. 11): Die »Aufpasser« unseres Gehirns im frontalen Kortex, wahrscheinlich in der Nähe des Broca-Zentrums, geben die Bahn für den Nucleus accumbens frei, der dann Dopamin und Glückshormone ausschüttet und nicht nur Vergnügen bereitet, sondern auch die Merkfähigkeit verbessert.

Manchmal liest man über einem entsprechenden Text die folgende Warnung: Vorsicht Satire!

Damit versündigen sich der Autor oder die Autorin nicht nur an einer literarischen »Kunstform«, wie Wikipedia dieses Genre nennt, sondern unterfordern gleichzeitig die intellektuelle Kapazität ihrer Leserinnen und Leser, indem sie ihnen die kritische Bewertung des Textes abnehmen und zum Verderber ihres eigenen Spiels mit Worten, Übertreibungen und Anspielungen werden. Sie verhindern den erheiternden zerebralen »Klick«, so, als würde man auf den Buchumschlag eines Kriminalromans mit dem Titel »Mord auf Buckthorne Castle« den Untertitel »Der Gärtner ist der Mörder« setzen. Oder die Pointe eines Witzes als erstes erzählen, um dann mit »...treffen sich zwei Freunde« zu schließen.

Deswegen lag es mir vollkommen fern, eine solche Spoiler-Warnung über meine frei erfundene Geschichte über die Mandelkern-Massage zu schreiben. Wäre vielleicht besser gewesen, aber ich hatte eher die Sorge, mit dieser Persiflage vielleicht doch etwas zu dick aufgetragen, meine neurowissenschaftlichen Freunde sowie eine sakrosankte psychotherapeutische Institution zu sehr durch den Kakao gezogen zu haben.

Weit gefehlt, keiner war beleidigt, aber ich bekam nach dem ersten Erscheinen des Textes mindestens ein Dutzend Anrufe oder E-Mails, in denen Physio- und Psychotherapeuten, überwiegend aber ärztliche (!) Kolleginnen und Kollegen, ernsthaft nachfragten, wo sie denn eine Ausbildung in dieser erfolgsversprechenden Transkraniellen Mandelkern-Massage bekommen könnten, am liebsten natürlich bei mir, dem Erfinder persönlich.

Solche Anfragen brachten mich natürlich stets in Verlegenheit, vor allem dann, wenn sie coram publico – etwa bei einer Buchpräsentation – gestellt wurden. Ich musste den Massage-Interessentinnen und -Interessenten irgendwie schonend und ohne sie nun wiederum in Verlegenheit zu bringen, offenbaren, dass sie einer Satire aufgesessen waren: Einer Persiflage, die eigentlich genau die Leichtgläubigkeit bei einigen unserer Berufskolleginnen und -kollegen sowie Patientinnen und Patienten aufs Korn nehmen sollte.

Ein erstaunliches Ergebnis dieses unbeabsichtigten publizistischen Experiments war also die Tatsache, dass es in der Realität auf erschreckende Weise genau die Wirkung zeitigte, die fiktional, in kritischer Absicht und scheinbar maßlos übertrieben erzählt worden war. Die Realität hatte die Fiktion eingeholt und begann, die Satire in den Schatten zu stellen.

Eine Portion Wunderglaube ist offensichtlich ein schlummerndes essenzielles Element unseres Wesens. Das gilt für Patienten genauso wie für Therapeuten und natürlich ganz besonders dann, wenn es uns nicht so gut geht, wenn wir in Not, krank oder auch nur unzufrieden mit unserer beruflichen Realität sind. Wunderglaube macht verführbar, man neigt dazu, Informationen auszublenden, die das Wunder in Frage stellen könnten – beispielsweise scheinbar unübersehbare, dick aufgetragene satirische Übertreibungen und provozierende wissenschaftliche Unstimmigkeiten wie in meinem Text.

Wunderglaube kann abhängig machen von allen denkbaren Heilsideologien und kritiklos hörig gegenüber Mandelkernmasseuren, Gurus, Heilern, Führern und Diktatoren und ist insofern gefährlich. Aber ohne eine Prise Heilserwartung mit dem Glauben an Kräfte, die außerhalb der Reichweite unseres eigenen aktiven, selbst-bewussten Agierens liegen, funktioniert wiederum kaum eine Therapie so recht. Es ist heilsam, auf ein hilfreiches externes Objekt zu vertrauen, sei es ein Therapeut, die »Droge Arzt«, wie sie Balint identifiziert hat, oder ein Medikament, selbst wenn es ein pharmakologisch unwirksames sein sollte (s. dazu auch der Beitrag von Josef Aldenhoff in diesem Buch, Kap. 9). Nicht nur in der Psychotherapie, sondern bei jeder medizinischen Behandlung tut es gut, wenn der Patient das eigene Wohl getrost ein Stück weit in die Hände des Therapeuten legen und dabei auch eine Prise wundersamer Fähigkeiten in ihn projizieren kann – im Rahmen einer positiven Übertragung etwa. Es ist aber schädlich, wenn wir dabei verhindern, dass er sein Schicksal letztlich in die eigenen Hände nimmt. Oft ist Psychotherapie eine Gratwanderung: Auf der einen Seite das Zulassen der Regressions- und Abhängigkeitswünsche des Patienten – auch mit all dessen irrationalen Heilserwartungen, auf der anderen die behutsame Induktion einer heilsamen Enttäuschung. Deren Ziel muss es sein, die Patientin und den Patienten seine eigenen Ressourcen finden oder wiederentdecken zu lassen, damit er oder sie so weit wie möglich das erreicht, was wir unter Selbstwirksamkeit verstehen.

»Jeder erfindet früher oder später eine Geschichte, die er für sein Leben hält«, lässt Max Frisch seinen Gantenbein sagen. Es ist eine Aufgabe der Therapierenden, ihren Patienten zu helfen, dass es ein autonomes, bejahtes und in seiner Einmaligkeit mit allen Höhen und Tiefen letztlich angenommenes Narrativ wird. Therapeutinnen und Therapeuten müssen sich während dieses Prozesses immer wieder bewusst machen, dass sie dabei auch zur Zielscheibe irrationaler Heilserwartungen werden können und haben der Verführung zu widerstehen, sich zu übermächtigen Gurus stilisieren zu lassen – ob als Bhagwan oder Osho, Schamane oder Druide, Wunderheiler, Familienaufstellungs-Promi, Mandelkernmasseur oder anderweitig Erhabener.

Autorenverzeichnis

Josef B. Aldenhoff
Prof. Dr. med., geboren in Dresden, wollte nach seiner Doktorarbeit eigentlich Chirurg werden, fand sich aber schließlich in der Psychiatrie wieder. Klinisch-psychiatrische Ausbildung am Max-Planck-Institut für Psychiatrie in München, danach zunächst eine Zeit lang patientenferne Labortätigkeit mit Schwerpunkt auf neurobiologischen Fragestellungen. Die Klinik holte ihn zunächst als Oberarzt im Bezirkskrankenhaus Kaufbeuren wieder ein, danach war er Oberarzt an der Psychiatrischen Universitätsklinik Mainz. Nach einer C3-Professur am Zentralinstitut für Seelische Gesundheit in Mannheim war er von 1995 bis März 2012 Ordinarius für Psychiatrie an der Christian-Albrecht-Universität Kiel, von 2004 bis 2011 zusätzlich medizinischer Geschäftsführer des Zentrums für Integrative Psychiatrie. Im selbstgewählten Ruhestand konzentriert er sich auf präventive Ansätze moderner Medizin. Zentrales Interessengebiet: neurobiologische Grundlagen seelischer Störungen und Wirkungsmechanismen von Psychotherapie, Prävention, »Gutes Altern«. Er ist Autor der Bücher »Bin ich psycho, … oder geht das von alleine weg?« (München 2014), »Ich und Du – warum?« (München 2016) und »Bin ich schon alt oder wird das wieder?« (München 2018).

Kontakt: kontakt@josefaldenhoff.de

Wulf Bertram
Dipl.-Psych. Dr. med., geboren in Soest/Westfalen, Studium der Soziologie, Psychologie und Medizin in Hamburg, danach zunächst Klinischer Psychologe am Krankenhaus Hamburg-Eppendorf. Nach medizinischem Staatsexamen und Promotion arbeitete er ein Jahr als Assistenzarzt in einem psychiatrischen Dienst in der Provinz Arezzo/Toskana. Seine psychiatrische Ausbildung setzte er im Bezirkskrankenhaus Kaufbeuren fort, 1985 verließ er die Klinik, um in einem Münchner medizinischen Fachverlag neue Lehrbücher für Studierende zu entwickeln. 1988 ging er als wissenschaftlicher Leiter des Schattauer Verlags nach Stuttgart und war von 1992 bis 2018 dessen verlegerischer Geschäftsführer. Mit Thure von Uexküll und weiteren Kollegen gründete er 2001 die Akademie für Integrierte Medizin (AIM), ist seither deren Generalsekretär und arbeitet als ausgebildeter Psychotherapeut weiterhin psychotherapeutisch und als Coach in eigener Praxis. Für seine »wissenschaftlich fundierte Verlagstätigkeit« im Sinne des Stiftungsgedankens, einen Beitrag zu einer humaneren Medizin geleistet zu haben, »in der der Mensch in seiner Ganzheitlichkeit im Mittelpunkt steht«, wurde Bertram 2018 der renommierte Schweizer Wissenschaftspreis der Margrit-Egnér-Stiftung verliehen. Er ist Ehrenmitglied des Münchner TFP-Instituts für Übertragungsfokussierte Psychotherapie. Gemeinsam mit Manfred Spitzer und Joram Ronel gründete er 2002 das Jazz-Trio »Braintertainers« (www.braintertainers.de) und spielt darin Saxophon und Klarinette.

Kontakt: w.bertram@klett-cotta.de

Valentino Braitenberg
Prof. Dr. med. Dr. rer. nat. h.c., geboren 1926 in Bozen/Italien. Dort besuchte er das italienische Humanistische Gymnasium und das Konservatorium (Fach: Violine). Studium der Medizin in Innsbruck und Rom, wo er die Facharztausbildung in Neurologie und Psychiatrie absolvierte. Schon als Student war er vor allem im neuropathologisch-anatomischen Labor der römischen Nervenklinik tätig. Es folgten Aufenthalte im Hirnforschungsinstitut in Neustadt/Schwarzwald und an der Forschungsstelle für Neuropathologie an der Frankfurter Nervenklinik und an der Section of Neuroanatomy in New Haven. Als einziger Nicht-Physiker wurde er danach Mitglied einer Studiengruppe für Kybernetik und Informationstheorie in Rom und wechselte ein paar Jahre später aus der medizinischen in die physikalische Fakultät. Es folgte eine Dozentur für Kybernetik am physikalischen Institut der Universität Neapel, wo er ein Hirnlabor einrichtete und leitete. Zehn Jahre später Berufung an das California Institute of Technology, kurz darauf an das Max-Planck-Institut für Biologie in Tübingen, wo er bis zu seiner Emeritierung dem Institut für Biologische Kybernetik vorstand. Braitenberg erhielt den Premio Cortina Ulisse und einen Preis der Universität Freiburg für populärwissenschaftliche Buchveröffentlichungen sowie den Jahrespreis der Deutschen Gesellschaft für Künstliche Intelligenz. Valentino Braitenberg starb 2011 in Tübingen.

© Jan Helge Petri

Rafaela von Bredow
Dipl.-Biol., geboren in Saarbrücken. 1988 bis 1994 Studium der Biologie an der FU Berlin, anschließend lernte sie das journalistische Handwerk an der Henri-Nannen-Schule in Hamburg. Es folgten anderthalb Jahre als Wissenschaftsredakteurin bei GEO, mit einer Titelgeschichte über Homöopathie gewann sie den Carl-Sagan-Journalistenpreis des deutschen Ablegers der »Skeptiker« (GwUP). 1998 ging sie für den SPIEGEL nach San Francisco: Als US-Wirtschafts- und Wissenschaftskorrespondentin beschrieb sie die DotCom-Ökonomie und bemerkenswerte Entwicklungen in der amerikanischen Forschung. Nach drei Jahren USA kehrte Bredow zurück und berichtete von Berlin und Hamburg aus über Evolution, Genetik, Hirnforschung, Ökologie und Verhaltensbiologie. Mit ihren Co-Autoren erhielt sie 2008 den Europa-Preis der Nachrichtenagentur Reuters und der Weltnaturschutzunion IUCN für herausragende Umweltberichterstattung. Im selben Jahr übernahm sie die stellvertretende Leitung der Politikredaktion beim SPIEGEL in Hamburg, 2009 wechselte sie – in gleicher Funktion – ins Deutschland-Ressort, wo sie auch den UniSPIEGEL betreute. Seit Juni 2013 leitet Bredow das Ressort Wissenschaft und Technik.

Anna Buchheim
Univ.-Prof. Dr. biol. hum., Dipl.-Psych., geboren in Münster/Westfalen, Studium der Soziologie 1987–1988 an der LMU München, Psychologie-Studium an der Universität Regensburg von 1988–1994 mit dem Schwerpunkt Klinische Psychologie. Von 1994–2008 wissenschaftliche Mitarbeiterin für Psychotherapie und Psychosomatische Medizin an der Universität Ulm, dort promovierte sie 2000 und habilitierte sich 2008 für Psychosomatische Medizin, Psychotherapie und Medizinische Psychologie mit einer Arbeit über klinische Bindungsforschung. Im März 2008 erhielt sie einen Ruf auf eine Professur für Klinische Psychologie an die Universität Innsbruck, seit 2017 ist sie zudem Dekanin der Fakultät für Psychologie und Sportwissenschaft. Anna Buchheim ist als psychologische Psychotherapeutin approbiert und Mitglied der Deutschen Psychoanalytischen Vereinigung (IPA). Mehrere Auszeichnungen und Preise (u.a. Forschungspreis der Deutschen Gesellschaft für Psychiatrie, Psychotherapie und Nervenheilkunde, Fellowship am Hanse-Wissenschaftskolleg bei Professor Gerhard Roth, Fellowship am Freiburg Institute of Advanced Studies). Sie hat sich in mehreren Büchern und zahlreichen internationalen Zeitschriftenpublikationen vor allem mit den Themen Bindungsforschung, Borderline-Persönlichkeitsstörung, Depression, Psychotherapieforschung, Psychoanalyse, Bildgebung und Oxytocin beschäftigt.

Kontakt: www.uibk.ac.at/psychologie/mitarbeiter/buchheim/

© Frank Eidel

Vince Ebert
wurde 1968 in Amorbach im Odenwald geboren und studierte Physik an der Julius-Maximilians-Universität Würzburg. Nach dem Studium arbeitete er zunächst in einer Unternehmensberatung und in der Marktforschung, bevor er 1998 seine Karriere als Kabarettist begann. Seine Bühnenprogramme machten ihn als Wissenschaftskabarettisten bekannt, der mit Wortwitz und Komik sowohl Laien als auch naturwissenschaftliches Fachpublikum begeistert. Ab Herbst 2020 geht er mit seinem neuen Bühnenprogramm »Make Science Great Again!« auf Tour. In der ARD moderiert Vince Ebert regelmäßig die Sendung »Wissen vor acht – Werkstatt«; ob als Kabarettist, Autor oder als Referent, Vince Eberts Anliegen ist die Vermittlung wissenschaftlicher Zusammenhänge mit den Gesetzen des Humors. Seine Bücher »Denken Sie selbst! Sonst tun es andere für Sie«, »Machen Sie sich frei! Sonst tut es keiner für Sie«, »Bleiben Sie neugierig!« und »Unberechenbar: Warum das Leben zu komplex ist, um es perfekt zu planen« (alle Rowohlt Verlag) verkauften sich über eine halbe Million Mal und standen zum Teil monatelang auf den Bestsellerlisten. Auch als Vortragsredner ist Vince Ebert ein gefragter Mann auf Kongressen, Tagungen und Firmenfeiern. Er spricht dort in deutscher und englischer Sprache zu den Themen Erfolg, Innovation und Digitalisierung. Abseits der Bühne engagiert sich Vince Ebert als Botschafter für die »Stiftung Rechnen« und »MINT Zukunft schaffen«, um naturwissenschaftliche Kompetenzen in Deutschland zu fördern.

Mehr über den Autor erfahren Sie unter www.vince-ebert.de

Kai Sammet
Dr. med., geboren 1960 in Marbach/Neckar. Studium der Medizin in Göttingen und Hamburg. Er promovierte mit einer Arbeit über den Psychiater Griesinger (der als Erster die Auffassung vertrat, dass alle psychischen Erkrankungen Störungen des Gehirns seien). Anschließend arbeitete er drei Jahre als Assistenzarzt in der Psychiatrie in Hamburg und Lüneburg, danach wurde er wissenschaftlicher Mitarbeiter im Institut für Geschichte und Ethik der Medizin am Universitätsklinikum Hamburg-Eppendorf.
Kontakt: sammet@uke.uni-hamburg.de

© Elsbeth Hoekstra

Stephan Schleim
PhD., M.A., ist Assoziierter Professor für Theorie und Geschichte der Psychologie an der Universität Groningen (Niederlande). Seine Forschungsschwerpunkte sind die Theorie, die ethischen Implikationen und das öffentliche Verständnis der Neurowissenschaft. Seine kognitionswissenschaftliche Doktorarbeit über Hirnforschung und Moral wurde 2010 mit dem Preis der Barbara-Wengeler-Stiftung zur Verbindung von Philosophie und Hirnforschung ausgezeichnet.
Kontakt: stephan@schleim.info

© Markus Koelle

Manfred Spitzer
Prof. Dr. phil. Dr. med., geboren in Darmstadt, studierte Medizin, Psychologie und Philosophie in Freiburg und finanzierte sein Studium teilweise mit Gitarrenunterricht und als Band-Musiker. 1989 habilitierte er sich an der Universität Freiburg für das Fach Psychiatrie und war von 1990 bis 1997 als Oberarzt an der Psychiatrischen Universitätsklinik Heidelberg tätig, zwischenzeitlich zwei Gastprofessuren an der Harvard-Universität sowie ein Aufenthalt als Gastwissenschaftler am Institute for Cognitive and Decision Sciences in Oregon. Sein Forschungsschwerpunkt liegt im Grenzbereich von kognitiver Neurowissenschaft, Lernforschung und Psychiatrie. Seit 1997 ist er Ordinarius für Psychiatrie in Ulm. Spitzer ist Herausgeber der Zeitschrift »Nervenheilkunde« und leitet das von ihm im Jahr 2004 gegründete »Transferzentrum für Neurowissenschaften und Lernen« in Ulm mit dem Ziel, Bildungsprozesse durch die Erkenntnisse aus der Gehirnforschung zu optimieren. Er hat weit über hundert wissenschaftliche Arbeiten in internationalen Fachzeitschriften veröffentlicht und ist Autor zahlreicher neurowissenschaftlicher Bestseller, seine Bücher wurden in über 20 Sprachen übersetzt. Er konzipierte und moderierte 197 Folgen einer in BR-alpha ausgestrahlten Fernsehserie zum Thema »Geist und Gehirn«. In dem gemeinsam mit Wulf Bertram und Joram Ronel gegründeten Trio »Braintertainers« spielt er Schlagzeug.
Kontakt: manfred.spitzer@uni-ulm.de

Michael Heinrich Wiegand
Professor Dr. med. Dr. med. habil., Dipl.-Psych., geboren in Altena/Westfalen. Studium der Medizin in Münster, Zürich und Heidelberg. Er promovierte in Zürich zum Doktor der Medizin über das Thema »Zur Frage der psychoreaktiven Auslösung endogener Psychosen«. Von 1974–1981 Studium der Psychologie in Heidelberg und Paris, anschließend wissenschaftlicher Assistent an der Forschungsstelle für Psychopathologie und Psychotherapie in der Max-Planck-Gesellschaft München, danach wissenschaftlicher Assistent am Max-Planck-Institut für Psychiatrie, wo er auf einer akutpsychiatrischen und einer neurologischen Station tätig war. Von 1990–1995 Oberarzt an der Klinik und Poliklinik für Psychiatrie und Psychotherapie der TU München, wo er die Psychiatrische Poliklinik, den Psychiatrischen Konsiliardienst sowie das EEG-Labor leitete und ein Schlafmedizinisches Zentrum aufbaute. 1994 Habilitation im Fach Psychiatrie, anschließend Forschungsaufenthalt in den USA mit dem Schwerpunkt »Bildgebende Verfahren in der Depressions- und Schlafforschung«. Anschließend wirkte er bis 2013 als Oberarzt in Forschung, Lehre und Patientenversorgung in der erwähnten Klinik; 2004 wurde er zum apl. Professor der Psychiatrie der Technischen Universität München ernannt. Seine wissenschaftlichen Themenschwerpunkte waren u. a. die Effekte von Schlaf und Schlafentzug bei Patienten mit affektiven Störungen, pharmakologische Behandlung von Schlaf-Wach-Rhythmus-Störungen sowie die neurobiologischen Grundlagen des Träumens. Seit 2013 ist er als Autor und Schriftleiter tätig.
Kontakt: michael.wiegand@posteo.de

Barbara Wild
Prof. Dr. med., geb. 1961 in Bad Godesberg. Medizinstudium in Tübingen, London und Boston, USA. Nach der Habilitation 2004 zur Neurobiologie emotionalen Ansteckung bei Menschen mit psychischen Erkrankungen lag das Interesse an Humor (der ja auch ansteckend ist) gar nicht mehr weit entfernt. Humor ist eine wichtige Fähigkeit, die zwischenmenschliche Kontakte erleichtert und hilft, auch mit schwierigen Lebenssituationen zurechtzukommen. Dies ist natürlich für Patienten mit psychischen Erkrankungen relevant. Wie das im Einzelnen aussieht und wie man Patienten Humor wieder vermitteln kann, hat Barbara Wild in verschiedenen wissenschaftlichen Untersuchungen bearbeitet und dazu mehrere Bücher, unter anderem ein Manual für ein Humortraining, herausgegeben. Niedergelassen in eigener Praxis in Stuttgart, zuvor Chefärztin einer Privatklinik, Tätigkeiten auch als Gutachterin, Coach und Supervisorin.
Kontakt: post@praxis-professor-wild.de

Stichwortverzeichnis

A

Aberglauben 333
Acetylcholin 126
Adrenogenitales Syndrom (AGS) 184
Adult Attachment Projective Picture System (AAP) 156f., 160
Aggression 182
Ainsworth, Mary 145f.
Albtraum 113
Alkmaion von Kroton 38
Alkohol 255
– Abhängigkeit 255f.
– in der Schwangerschaft 255
Alzheimer-Demenz 31
Amunts, Katrin 181, 190
Amygdala 27, 29, 130, 179, 305, 351
anima rationalis 43
anteriores Cingulum (ACC) 160
Antidepressiva 265, 276
Antipsychotika 263f., 266
Arachnoidea 16
Area A10 240f.
Aristoteles 37ff., 111, 187
Aschaffenburg, Gustav 76f., 80
Asklepios-Tempel 112
Assoziationen 72, 77
– begriffliche 78, 84
– freie 74
– klangliche 78, 84
Assoziationsforschung 76
Assoziationspsychologie 85
Äther 67

Aubertin, Simon Alexandre Ernest 47, 49
Augustinus 41
Autismus 149

B

Bahn, Sabine 276
Bahnungseffekt 99
Balken 21, 25, 173, 178
Baron-Cohen, Simon 176
Barres, Barbara/Ben 195, 199
Bartels, Andreas 153
Barth, Mario 172
Basalganglien 26
Belohnungssystem, mesolimbisches 304
Benjamin, Walter 50
Bentham, Jeremy 202f.
Benzodiazepine 261
Berger, Hans 115
Bhutan 202
Bindung 142, 147, 155
– sichere 143, 145
– unsicher-ambivalente 142, 146
Bindungsbedürfnis 143, 145
Bindungsnarrativ 158
Bindungsstörungen 149
Biologismen 188
Blaffer Hrdy, Sarah 194
Bleuler, Eugen 81
Borderline-Persönlichkeitsstörung 158
Borges, Jorge Luis 36
Bouillaud, Jean-Baptiste 48f.
Bowlby, John 142, 144
Boyle, Robert 43
Brain-Interpretation-Wettbewerb 285

Brain-Machine-Interface 297
Braintertainment 124
Brickman, Philip 233
Brizendine, Louann 173, 193, 197
Broca-Areal 50
Broca, Paul 48 f.
Broca-Zentrum 25
Brodmann, Korbinian 24
Brückenhaube 130
Bruttosozialglück 202
Brutverhalten 192

C

Calderón de la Barca, Pedro 136
Cannabis 257 f.
– in der Schwangerschaft 258
Carlsson, Arvid 270 f.
Clozapin 266
Coates, Dan 233
Cold-Pressure-Test 223
Corpus callosum 21, 25, 173, 178
Costa ben Luca 41
Cox, David 284
Crick, Francis 122

D

Dale, Henry 268
Damore, James 176
Darwin, Charles 187
Dement, William 118
Denken, räumliches 191
Deprivation 147 f.
Descartes, René 42
Dopamin 128
Dreizellentheorie 42
Drogenkonsum 253
Duchenne-Lächeln 310
Dura Mater 15
du Vigneaud, Vincent 162

E

Ehrenreich, Hannelore 276
Elektroenzephalogramm (EEG) 115
emotionale Inkontinenz 310
Endorphine 316
Erk, Susanne 289
Erythropoietin 276

F

Fentanyl 260
Ferrier, David 53
Fine, Cordelia 180
Foramen magnum 17
Formatio reticularis 18
Franklin, Benjamin 248
Fremde-Situation-Test 145
Freud, Sigmund 65, 109, 113 f.
Fritsch, Gustav 51 f.
Fürsorge, mütterliche 151

G

Galen 39
Gall, Franz Joseph 45, 47
Galton, Francis 71
Gardner, Howard 301
Gassendi, Pierre 43
Gedächtniskonsolidierung, schlafassoziierte 122
Gedankenlesen 279, 284, 288, 298
Gehirn
– Aktivierungsmuster 287
– elektrische Ladung 6
– Gewicht 2
– Größe 2, 178
– Vergleich Mann/Frau 178
geistige Nahrung 2
Geld und Glück 245
Geschlechterrollen 189
Geschlechterstereotypen 198
Geschlechtshormone 182

Geschlechtsunterschiede 173, 179, 182, 195 ff.
Gewöhnung 232 f.
Glaube
– Lebenserwartung 339
– Naturwissenschaftler 337
Glück 201
– kollektives 202
– messen 210, 219
– Neurobiologie 238
– retrospektiv gefühltes 224
– Selbsteinschätzung 236
– und Geld 245
– Wissenschaft 204
Golgi, Camillo 54
graue Substanz 178, 180
Gray, John 172
Greengard, Paul 270
Großhirn 14, 21, 23
Großhirnhemisphären 21
Großhirnmark 25
Großhirnrinde 21 f.
Gyrus cinguli 31, 130
Gyrus praecentralis 24

H
Harlow, Harry 143
Hausmann, Markus 174, 190
Haynes, John-Dylan 284
Hedonische Tretmühle 243
Hegel, Georg Wilhelm Friedrich 187
Hemisphärendominanz 48
Herculano-Houzel, Suzana 13
Herodot 35
Hines, Melissa 184, 188, 194
Hinterhauptslappen 22
Hippocampus 1, 27, 31 f., 130, 178
Hippokrates 328
Hirnanhangdrüse 21
Hirnkartierung 282
Hirnnerven 17 f.
Hirnstamm 14, 17
Hirnzellen, Anzahl 13
Hirschhausen, Eckart von 23, 206
Hitchens, Christopher 341
Hitzig, Eduard 51 f.
Hobson, Allan 123 ff., 129
Homunculus 23 f.
Hughlings Jackson, John 80
Humor 300, 317
– Geschlechtsunterschiede 312 f.
Humorwahrnehmung 302, 305
– Zwei-Stufen-Modell 307
Hutcheson, Francis 203
Hyde, Janet 181 f.
Hypophyse 21
Hypothalamus 21, 179

I
Impliziter Assoziationstest (IAT) 96, 99 ff.
Insula 305
Intuition 326

J
Jäncke, Lutz 176, 179, 181, 186, 190 f.
Janoff-Bulman, Ronnie 233
Jefferson, Thomas 201
Joel, Daphna 181
Jordan, Kirsten 198
Jung, Carl Gustav 81, 83, 109

K
Kahneman, Daniel 216, 220, 222
Kandel, Eric 270 f.
Kant, Immanuel 113
Kanwisher, Nancy 283
Kardiozentrismus 37, 39

Kauf-Areal 289
Kauf-Entscheidungen 289
Kausalität 332
Kay, Kendrick 287
Kelley, George 210
Kephalozentrismus 37
Kernspintomografie, funktionelle 129
Kitzeln 311
Kleinhirn 14, 18
Klüver-Bucy-Syndrom 29
Korrelation 332
Kortisol 151, 163
Kozel, Andrew 294
Kraepelin, Emil 75
Kuhn, Thomas 125

L

Lächeln 305, 308 ff.
Lachen, Funktion 316
Lachgas 310
Ladman, Cathy 340
Langleben, Daniel 294
Le Bon, Gustave 171
Leibniz, Gottfried Wilhelm 68 f.
Lelord, François 230
Lernen 12, 242
Libet, Benjamin 89
Liebe 152 f.
limbisches System 26 f.
Lincoln, Abraham 247
Liquor 15
Lobus lamentationis 22
Locked-in-Syndrom 297
Loewi, Otto 57, 268
Lokalisationismus 48 ff.
Lottogewinn 234, 236
Lügendetektion 294, 296 f.

M

Magendie, François 45
Magnetresonanztomografie, funktionelle (fMRT) 280, 302
Mandelkern 27, 29, 130, 179, 305, 351
Markscheidenfärbung 36
Marston, William 295
Maximum-Endpunkt-Regel 222
Meaney, Michael 150
Medulla oblongata 17
Melatonin 21
Metzinger, Thomas 288
Meynerts, Theodor 50
Mikrobiom 277
Mimik
– emotionale 309
– willkürliche 308
mind reading 280
Mitchison, Graeme 122
Mittelhirn 17 f.
Miyawaki, Yoichi 288
Mordillo 317
Muttergehirn 193
Mutterliebe 153 f.

N

Naturwissenschaftler, Glaube 337
Neidhart, Eva 191
Nemesios 41
Nervus vagus 17
Netzwerk, semantisches 98
Neuroanatomie 44
Neuroenhancement 253, 262
Neuro-Marketing 289 f.
neuronale Netzwerke 65
neuronale Plastizität 19, 59, 190

Neuronen 66
Neuronendoktrin 54, 56 f.
Neurosexismus 180
Neurotransmitter 58
Nietzsche, Friedrich 202
Nixon, Richard 231
Nobelpreisträger, Neurobiologie und Hirnforschung 60
NREM-Schlaf 115, 120
Nucleus accumbens 26, 30, 240 f.
Nucleus caudatus 26

O
Opiate 257, 259
optische Täuschung 324
Oreibasios von Pergamon 40
Orgon-Akkumulator 67
Orientierungsfähigkeit 191
Oscar-Gewinner, Lebenserwartung 208
Östrogen 193
Oxycodon 260
Oxytocin 150, 162, 165
– und Gefühlswahrnehmung 165
– und Vertrauen 163

P
Paradigma 125
Peak-end-rule 222
phantasia 39 f.
Phlogiston 67
Phrenologie 47
Pia Mater 16
Placebo 254, 274
Plastizität, neuronale 19, 59, 190
Platon 111
Pneuma 38
Polygraph 294 ff.
Pons 17 f.
Posidonios 40
Positive Psychologie 205
Positronenemissionstomografie (PET) 130, 302
Prägung, geschlechtsspezifische 176
Priming
– affektives 99
– semantisches 99
Progesteron 193
Psychoanalyse 134
Psychodynamik 67
Psychopharmaka 254, 262
– Wirkmechanismen 267
Putamen 26

Q
Querschnittslähmung 234, 236

R
Ramón y Cajal, Santiago 54, 56
Ranke, Etta 51
Reading-the-mind-in-the-eyes-Test (RMET) 164
Reich, Wilhelm 67
Reil, Johann Christian 46
Reimer, David 185
REM-Schlaf 115, 117, 120
– Antidepressiva 119
– bei Tieren 119
– Positronenemissionstomografie 131
– Traum 124, 127
REM-Schlaf-Weckung 117
Replikationskrise, Psychologie 102
Retikulartheorie 56
Rippon, Gina 181
Rückenmark 14
Russell, Bertrand 329

S

Säftelehre 41
Satire 362
Savage Landor, Walter 248
Scheitellappen 22
Schläfenlappen 22
Schlafstadien 115
Schlaf, und Gedächtnis 120
Schmerzerleben 221
Schmitz, Sigrid 188
Serotonin 128, 150
Sexualität und psychische Störungen 265
Shakespeare, William 137
Sokrates 327
Solms, Mark 126, 129
soziale Online-Medien 232
Sozialpsychiatrie 263
Spelke, Elizabeth 196
Spiegelneurone 311
Spurzheim, Johann 45, 47
Stirnlappen 22, 310
Stoet, Gijsbert 175
Stress 272
Stresstoleranz 150
Striatum 26
Stroop-Effekt 95
Synapsen 56, 267

T

Take-home-Message 134
Testosteron 176, 183
Thalamus 20, 179
Thematischer Apperzeptionstests (TAT) 159
Todestrieb 67
Tolstoi, Leo 248
Tong, Frank 284
Transkranielle Mandelkern-Massage 346
Traum 109
– Aktivierungs-Synthese-Theorie 123, 125
– Entstehung 127
– Erinnern 133
– Funktion 113, 124, 133
– Heilkraft 111
– luzider 121
– REM-Schlaf 124
Traumforschung 110, 125, 134
Traum-Schlaf 118
Traumunterdrückung 118
Trennungserfahrung 147
Trennungsschmerz 149
Trepanation 35
Treue, Frauen 188
Twain, Mark 300

U

Übertragungsfokussierte Psychotherapie (TFP) 161
Unabhängigkeitserklärung, USA 201
Unbewusste 65, 68
unbewusste Prozesse 66
Utilitarismus 202

V

Vergleiche 230 f.
Vesal, Andreas 44
Vicary, James 87
Voltaire 172
Vorderhirn 22
Vorurteile, unbewusste 101 f.
Voxel 281, 286 f.

W

Wahrnehmung, subliminale 88
Waldeyer-Hartz, Wilhelm von 54, 56
Weigert, Carl 36
Weinberg, Steven 338

weiße Substanz 25, 178, 180
Werbung 290
Wernicke-Areal 50
Wernicke, Carl 50
Wilhelm von Conchis 41
Wille, freier 342
Willis, Thomas 43f.
Wissen 10
Wissenschaft 326
Withers, Bill 142
Wittgenstein, Ludwig 326
Wohlbefinden, subjektives 229
Woolf, Virginia 196

World Happiness Report 213f.
Wort-Assoziationen 75, 79
Wren, Christopher 43
Wright, Ronald 337
Wundt, Wilhelm 75

Z
Zeki, Semir 153
Zirbeldrüse 21
Zufall 335
Zwei-Aufgaben-Methode 83
Zwischenhirn 20